普通高等教育"十三五"规划教材

全国高等医药院校规划教材

供中药学、药学与检验各专业使用

仪 器 分 析

主 编 苏明武 黄荣增

科学出版社

北 京

内 容 简 介

本书是普通高等教育"十三五"规划教材——《分析化学》《仪器分析》系列教材之一，分析化学、仪器分析与波谱解析是中医药与医药院校药学类、中药学类与检验类等各专业的一门极其重要的专业基础课。本书共 12 章，均由具有仪器分析丰富教学与实践经验的教师编写。在编写本书过程中，力求科学性、准确性、合理性与创新性。在此前提下，对内容的深度和广度进行了调整与整合，并以全新的理念、全新的认知对其内容重新进行了准确地定义与描述，概念准确、说理充分、文字精练、重点突出、层次清晰，完全避免了图书编写时的相互抄袭的弊端，并适当地增加了仪器分析的新技术与新方法。

本书可供全国高等院校药学、中药学、药物制剂、制药工程、食品科学、生物技术、医学检验等相关专业使用。

图书在版编目（CIP）数据

仪器分析 / 苏明武，黄荣增主编. —北京：科学出版社，2017.8
普通高等教育"十三五"规划教材　全国高等医药院校规划教材
ISBN 978-7-03-053985-4

Ⅰ．①仪⋯　Ⅱ．①苏⋯　②黄⋯　Ⅲ．①仪器分析–医学院校–教材
Ⅳ．①O657

中国版本图书馆 CIP 数据核字（2017）第 170906 号

责任编辑：郭海燕　王　鑫 / 责任校对：郑金红
责任印制：徐晓晨 / 封面设计：陈　敬

科 学 出 版 社 出版
北京东黄城根北街 16 号
邮政编码：100717
http://www.sciencep.com

固安县铭成印刷有限公司 印刷
科学出版社发行　各地新华书店经销
*
2017 年 8 月第 一 版　开本：787×1092　1/16
2021 年 7 月第四次印刷　印张：16 1/4
字数：365 000

定价：49.80 元
（如有印装质量问题，我社负责调换）

前　言

仪器分析是通过测量物质的某些物理或物理化学性质参数及其变化来确定物质的组成、成分含量及化学结构的一类分析方法。仪器分析是中药学、药学类与检验类各专业非常重要的必修专业基础课之一，仪器分析涉及定性、定量和结构分析等内容，要求学生通过本书的学习，掌握各类分析方法的基本原理，定性、定量与有机化合物结构分析的方法，为后续各门课程的学习奠定基础。不仅如此，仪器分析中所有分析方法在将来的实际工作中可以直接使用。

本书是科学出版社"十三五"规划教材，供高等医药院校中药学、药学类和检验类各专业使用。在编写本书过程中，力求科学性、准确性、合理性与创新性。在此前提下，我们对其内容的深度和广度进行了调整与整合，并以全新的理念、全新的认知对其内容重新进行了准确地定义与描述，概念准确、说理充分、文字精练、重点突出、层次清晰，完全避免了图书编写时的相互抄袭的弊端，并适当地增加了仪器分析的新技术与新方法。

为了便于教学和学生的学习，我们把《分析化学》中的电位法与永停滴定法移入《仪器分析》，把《仪器分析》中的核磁共振氢谱、碳谱和质谱移入《波谱解析》，避免了相应章节不必要的重复，减轻了学生负担。

本书共 12 章，均由具有仪器分析丰富教学与实践经验的教师编写。参编教师有苏明武和黄荣增（第 1 章）、杨琴（第 2 章）、唐尹萍（第 3 章）、曹雨诞（第 4 章）、康安（第 5 章）、宋成武（第 6 章）、彭晓霞（第 7 章）、周江煜（第 8 章）、李菀（第 9 章）、杨敏（第 10 章）、夏林波和陈晓霞（第 11 章）、田婧（第 12 章）。李菀担任本书的编写秘书。本书的配套教材有《分析化学与仪器分析习题集》和《分析化学与仪器分析实验》。

本书及其配套教材的编写与出版得到了参编教师所在高校的大力支持，科学出版社的编辑为本书的出版做了大量细致的编辑工作，在此一并表示感谢！

由于时间仓促，又限于编者的水平，书中难免存在疏漏与不足之处，恳请广大师生和同行提出宝贵意见，以便下次修订。

编　者
2017 年 6 月

目　　录

| 第1章 | 绪 论

仪器分析(instrumental analysis)是通过测量物质的某些物理或物理化学性质相关参数及其变化来确定物质的组成、成分含量及化学结构的一类分析方法。仪器分析是中药类、药学类与检验类各专业非常重要的专业基础课之一，仪器分析涉及定性、定量和结构分析等内容，要求学生通过本书的学习，掌握各类分析方法的基本原理，定性、定量与有机化合物结构分析方法，为后续各门课程的学习奠定基础。

第1节 仪器分析法的发展过程及特点

一、仪器分析法的发展过程

仪器分析的形成和发展与电子学、材料科学、环境科学、计算机技术与生命科学等领域的发展密切相关，从化学分析到仪器分析是一个逐步发展的过程。

20世纪初，由于工农业和科学技术等的发展，对分析化学提出了新的更高的要求，推动分析化学突破了经典分析为主的局面，开创了仪器分析的新阶段，开始出现仪器分析方法及较大型的分析仪器。

20世纪40～50年代，由于材料科学的兴起促进了仪器分析的发展，各种新材料和新技术在分析仪器中得到应用，使分析仪器灵敏度、选择性和分析速度进一步提高。

20世纪60～70年代，计算机与分析仪器的结合，加快了分析仪器的数据处理的速度，初步实现了仪器的自动控制，使许多以往难以完成的任务，如实验室的自动化、图谱的快速检索及复杂的数学统计均可轻而易举地完成。

20世纪80年代以来，生命科学的发展也促进仪器分析的发展，需要对多肽、蛋白质、核酸等生物大分子进行分析，对生物药物进行分析，对超微量生物活性物质如单个细胞内神经传递物质进行分析以及对生物活体进行分析。

目前仪器分析正在围绕以下几方面快速地发展。

1. 更高的灵敏度、更低的检出限、更小的绝对样品量、实现微损或无损分析。
2. 更高的分辨率、更好的选择性、更小的基体干扰。
3. 更高的准确度、更好的精密度。
4. 更快的分析速度，实现原位、活体、实时分析。
5. 仪器的自动化、智能化、微型化、多机联用化。
6. 更多的信息，更完善的多元素同时检测能力及价态和形态分析。
7. 更宽的应用范围，如遥测、极端或特殊环境中的分析。

联用分析技术已成为当前仪器分析的重要发展方向。将几种方法结合起来,特别是分离方法(如色谱法)和检测方法(红外光谱法、质谱法、核磁共振波谱法、原子吸收光谱法等)的结合,汇集了各自的优点,弥补了各自的不足,成为解决复杂体系分析及推动蛋白组学、基因组学、代谢组学等新兴学科发展的重要技术手段。

联用分析技术主要有以下几种。

1. 气相色谱-红外光谱法(GC-IR);
2. 气相色谱-傅里叶变换红外光谱-质谱法(GC-FTIR-MS);
3. 气相色谱-质谱法(GC-MS);
4. 气相色谱-原子发射光谱法(GC-AES);
5. 气相色谱-原子吸收光谱法(GC-AAS);
6. 液相色谱-质谱法(LC-MS);
7. 液相色谱-原子发射光谱法(LC-AES);
8. 液相色谱-原子吸收光谱法(LC-AAS);
9. 离子色谱-质谱法(IC-MS);
10. 离子色谱-原子发射光谱法(IC-AES);
11. 离子色谱-原子吸收光谱法(IC-AAS);
12. 电感耦合等离子体-质谱法(ICP-MS);
13. 电感耦合等离子体-原子发射光谱法(ICP-AES)。

二、仪器分析法的特点

1. 仪器分析的选择性比化学分析好,更适用复杂试样分析,也可进行多组分的同时测定。
2. 分析速度快。由于分析仪器智能化,分析操作自动化,能对实验结果自动记录,数据自动处理,迅速得到分析结果。
3. 检测灵敏度高,检出限低,试样用量少,适用于微量、半微量,甚至超微量组分的分析。
4. 应用范围广。仪器分析方法多,功能各不相同,使仪器分析不但可以用于定性和定量分析,也可用于结构、空间分布、微观分布等有关特征分析,还可进行微区分析、遥测分析,甚至在不损害试样的情况下进行分析等。
5. 相对误差大。化学分析相对误差一般小于 0.2%,只适用于常量和高含量组分分析。仪器分析的相对误差为 1%~3%,但对微量组分的测定,绝对误差小,因此仪器分析适用于测定微量成分。
6. 仪器组成复杂,价格昂贵,分析成本高。

第 2 节　仪器分析方法的分类

一、根据分析的原理分类

1. 光学分析法　光学分析法是根据电磁辐射与待测物质相互作用后所产生的辐射信号

和物质组成及结构的关系所建立起来的分析方法，又分为光谱法和非光谱法。

(1) 光谱法　利用物质与电磁辐射相互作用时，物质内部发生量子化能级跃迁而产生的吸收、发射或散射，并测定其强度随波长的变化来进行分析的一类分析方法，可分为吸收光谱法(如紫外-可见分光光度法、红外分光光度法、原子吸收分光光度法、核磁共振波谱法等)和发射光谱法(如原子发射光谱法、荧光分光光度法等)。

(2) 非光谱法　利用物质与电磁辐射相互作用时，测定电磁辐射的反射、折射、干涉、衍射和偏振等基本性质的变化来进行分析的一类分析方法，如折射法、旋光法、圆二色散法、X射线衍射法等。

2. 电化学分析法　应用电化学的基本原理和实验技术，依据物质溶液的电化学性质，选择适当的化学电池，通过测量某种电信号(如电位、电流、电导、电量等)来确定物质组成及含量的分析方法。按照测量参数的不同有电导分析法(测量电导值)、电位分析法(测量电动势)、电解分析法(测量电解过程电极上析出物量)、库仑分析法(测量电解过程中的电量)、伏安法与极谱法(测定电解过程中的电流-电压曲线)。

3. 色谱法　按物质在固定相与流动相间分配系数的差别而进行分离、分析的方法称为色谱法。按流动相的分子聚集状态分为液相色谱法、气相色谱法及超临界流体色谱法。按分离原理可分为吸附、分配、空间排阻、离子交换等色谱法。按操作形式可分为柱色谱法、平面色谱法等。

4. 质谱法　质谱法是将气态样品分子在离子室内电离与碎裂成各种不同质荷比(m/z)的离子，并在电场与磁场综合作用下，将它们逐一地分离和检测，得到质谱图，根据质谱图确定未知物的相对分子质量，决定分子式与推断未知物结构的分析方法。

5. 其他仪器分析方法　其他仪器分析方法主要包括放射化学分析法、热分析法。放射化学分析法利用放射性核素及核射线对各种元素或化合物进行体外分析(主要是定量分析)的一类分析方法。常用的方法又分为两类：①放射性同位素作为指示剂的方法，如放射分析法、放射化学分析法、同位素稀释法等；②选择适当种类和能量的入射粒子轰击样品，探测样品中放射出的各种特征辐射的性质和强度的方法，如中子活化分析、X射线荧光分析、穆斯堡尔谱等。热分析法是通过指定控温程序控制样品的加热过程，并检测加热过程中产生的各种物理、化学变化的方法，常见的有热重分析(TGA)、差热分析(DTA)、差示扫描量热分析(DSC)等。

二、根据分析的目的分类

1. 成分分析　对物质的组分及元素组成进行分析。主要应用光谱法。

2. 分离分析　对物质的各组分先行分离并同时进行定性、定量分析。主要应用色谱法。

3. 结构分析　确定未知物质的分子结构。主要应用红外分光光度法、一维核磁共振波谱法、二维核磁共振波谱法(2DNMR)、质谱法、圆二色散法、X射线衍射法等。

4. 表面分析　包括表面化学状态、表面结构和表面电子态的分析等。

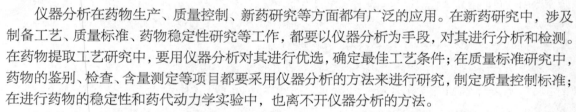

第3节 仪器分析法的应用

　　仪器分析在药物生产、质量控制、新药研究等方面都有广泛的应用。在新药研究中，涉及制备工艺、质量标准、药物稳定性研究等工作，都要以仪器分析为手段，对其进行分析和检测。在药物提取工艺研究中，要用仪器分析对其进行优选，确定最佳工艺条件；在质量标准研究中，药物的鉴别、检查、含量测定等项目都要采用仪器分析的方法来进行研究，制定质量控制标准；在进行药物的稳定性和药代动力学实验中，也离不开仪器分析的方法。

　　《中华人民共和国药典》（简称《中国药典》）2015 年版一部收载的中药材、饮片、植物油脂和提取物、成方制剂和单味制剂；二部收载的化学药品；三部收载的生物制品，其中绝大多数品种都需要应用仪器分析方法进行定性鉴别、含量测定与结构确认。

　　医学检验是医学的一个重要分支，为了便于疾病的诊断、治疗，需要获得相关的信息，仪器分析中的自动分析技术，由于分析速度快，能在短时间内为临床诊断提供大量的信息，已成为临床检验的重要部分。仪器分析在食品分析方面也有着广泛的应用，在食品安全、食品生产、贮藏等过程中的质量控制和污染问题，食品添加剂的检测等方面都离不开仪器分析。

（苏明武　黄荣增）

| 第 2 章 | 电位法和永停滴定法

电化学分析(electrochemical analysis)是最早发展的仪器分析方法之一，是应用电化学的基本原理和实验技术，依据待测物质溶液的电化学性质，选择适当的化学电池，通过测量某种电信号(如电位、电流、电导、电量等)来确定物质组成及含量的分析方法。

电化学分析方法历史悠久，1800 年意大利物理学家伏特(A. Volta)发明了伏打电池，1834 年英国科学家法拉第(M. Faraday)提出了著名的法拉第电解定律，1889 年德国物理化学家能斯特(W. Nernst)提出了能斯特方程——电极电位与离子活度(浓度)的关系式，1922 年捷克斯洛伐克化学家海洛夫斯基(J. Heyrovsky)创建了极谱学等，为电化学分析的发展奠定了理论基础。近几十年来，电化学分析新方法不断涌现，发展日新月异，理论不断深入。

电化学分析根据测得的电学参数一般可分为电位法、伏安法、电导法和电解法。其中电位法可分为直接电位法(direct potentiometry)和电位滴定法(potentiometric titration)。伏安法可分为极谱法(polarography)、溶出伏安法(stripping voltammetry)和电流滴定法(amperometric titration)；电流滴定法包括单指示电极电流滴定法和双指示电极电流滴定法，后者又称永停滴定法(dead-stop titration)。电导法可分为直接电导法(direct conductometry)和电导滴定法(conductometric titration)。电解法可分为电重量法(electrogravimetry)、库仑法(coulometry)和库仑滴定法(coulometric titration)。

电位法和永停滴定法是我国目前生命科学与医药学研究领域应用最多的电化学分析法。它们所需仪器设备简单，操作或携带方便，测量速度较快，不受试样溶液颜色、浑浊等因素的干扰。直接电位法可用于连续测定和遥控测定，易于实现自动化，且不破坏试样；电位滴定法和永停滴定法是用仪器显示的电位或电流信号变化替代指示剂颜色变化确定滴定终点的滴定分析法，它们的应用扩大了滴定分析法的适用范围，并使对滴定终点的判断更为客观、准确。

第 1 节 基 本 原 理

一、化学电池

化学电池(electrochemical cell)是化学能与电能互相转化的一种电化学反应器，由两个电极插入适当电解质溶液中组成。如果自发地将化学能转化为电能，则这种化学电池称为原电池(galvanic cell)；如果由外电源供给能量将电能转化为化学能，则这种化学电池称为电解池(electrolytic cell)。

在化学电池中，发生氧化反应的电极称为阳极(anode)，发生还原反应的电极称为阴极(cathode)。如图 2-1 所示的铜-锌原电池，又称丹聂尔(Daniell)电池，阳极和阴极上发生的氧化还原反应如下：

阳极(锌极、负极) Zn $\rightleftharpoons$ Zn^{2+} + 2e

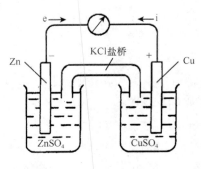

图 2-1　铜-锌原电池示意图

阴极(铜极、正极) Cu^{2+} + 2e $\rightleftharpoons$ Cu

锌电极发生氧化反应，锌棒上的 Zn 原子在电极表面失去电子由固相进入液相成为 Zn^{2+}；铜电极发生还原反应，溶液中的 Cu^{2+}在电极表面得到电子由液相进入固相成为 Cu 原子。电子的传递和转移通过连接两电极的外电路导线完成。因为电子由锌极流向铜极，故锌电极为负极，铜电极为正极。

化学电池的表示方法是：电池的阳极写在左边，电池的阴极写在右边；以单竖线"｜"或"，"表示电池组成的每个相界面；以双竖线"‖"表示盐桥，表明具有两个相界面；溶液注明活(浓)度，气体注明压力；若不特别说明，温度系指 25℃。

铜-锌原电池可表示如下：

$$(-)Zn \mid ZnSO_4(1mol/L) \parallel CuSO_4(1mol/L) \mid Cu(+)$$

二、相界电位和液接电位

1. 相界电位　相界电位(phase boundary potential)是指在金属与溶液两相界面上，由于带电质点的迁移形成了双电层，双电层间的电位差即相界电位。一般金属晶体由金属原子、金属阳离子和自由电子组成。金属离子以点阵结构排列，电子在网格中自由运动。将金属固体放入其阳离子溶液中，该金属固体表面的阳离子就会不断融入溶液中，金属越活泼，溶液越稀，这种趋势越大。其结果就是金属带负电荷，溶液带正电荷，在金属和溶液之间形成双电层(double electric layer)(图 2-2)，双电层所形成的电位差阻止金属阳离子进一步进入溶液，而达到动态平衡，形成稳定的电极电位值。

$$M \underset{沉积}{\overset{溶解}{\rightleftharpoons}} M^{n+} + ne$$

2. 液接电位　电池内部含有两种组成或浓度不同的溶液，直接接触时会在相界面上产生相互扩散作用，在扩散过程中若正离子、负离子的扩散速度不同，速率大的离子就会在前方积累较多的它所带的电荷，在接触面上就形成双电层，产生一定的电位差，称为液体接界电位(liquid junction potential，φ_j)，简称液接电位。液接电位产生的原因是各种离子具有不同的迁移速率。液接电位的产生见图 2-3。

液接电位一般小于 30mV，但影响电动势的测定，需要消除或校正。在图 2-1 中所使用的盐桥(salt bridge)，就是为了有效地消除不同溶液间的液接电位。

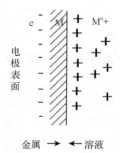

图 2-2　相界电位双电层形成示意图

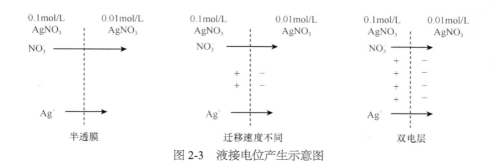

图 2-3　液接电位产生示意图

在电位分析法中,需由两支电极和待测溶液构成原电池,其中一支电极电位随电解质溶液中待测离子活度(或浓度)变化而改变的电极称为指示电极(indicator electrode),另一支电极的电极电位与待测离子活度(或浓度)无关,其电极电位值保持恒定,仅提供测量参考作用,称为参比电极(reference electrode)。

三、指示电极和参比电极

发生在电极表面上的氧化或还原反应统称为电极反应。一大类电极是有电极反应的电极,即电极电位来源于氧化或还原反应,这类电极称为有电极反应的电极,亦称金属基电极(metallic electrode);另一大类电极是在电极表面上没有电极反应,但有离子的扩散与交换反应,即电极电位来源于离子的扩散或/与交换反应,这类电极称为离子选择电极(ion selective electrode,ISE),亦称膜电极(membrane electrode)。

1. 指示电极　一般而言,指示电极应符合下列条件:①电极电位与待测组分活度(或浓度)的关系符合 Nernst 方程;②对所测组分响应快,重现性好;③简单耐用。常用的指示电极包含下述两大类电极。

1) 有电极反应的电极

在这类电极中,根据所存在相界面或在电极反应中牵涉的化学平衡的个数,又分为四小类。

(1) 第一类电极

由金属插入含有该金属离子的溶液组成。由于只有一个相界面,或在电极反应中只牵涉一个化学平衡,故这类电极称为第一类电极,如银电极。

电极组成:　　$Ag \mid Ag^+(a)$

电极反应:　　$Ag^+ + e \rightleftharpoons Ag$

电极电位(25℃):　$\varphi = \varphi^0_{Ag^+/Ag} + 0.0592 \lg a_{Ag^+}$ 　　　　　　(2-1)

该类电极的电极电位能反映相应金属离子的活度(或浓度)。

(2) 第二类电极

①由金属与该金属难溶盐及与含有难溶盐相同阴离子溶液所组成的电极。由于具有两个相界面,或在电极反应中牵涉两个化学平衡,故这类电极称为第二类电极,如 Ag-AgCl 电极。

电极组成:　　$Ag, AgCl \mid KCl(a)$

电极反应:　$①AgCl\downarrow \rightleftharpoons Ag^+ + Cl^-$　　$②Ag^+ + e \rightleftharpoons Ag$

电极电位(25℃):

$$\varphi = \varphi^0_{Ag^+/Ag} + 0.0592\lg a_{Ag^+}$$

$$= \varphi^0_{Ag^+/Ag} + 0.0592\lg \frac{K_{sp(AgCl)}}{a_{Cl^-}}$$

$$= \varphi^0_{Ag^+/Ag} + 0.0592\lg K_{sp(AgCl)} - 0.0592\lg a_{Cl^-} \tag{2-2}$$

$$= \varphi^0_{AgCl/Ag} - 0.0592\lg a_{Cl^-}$$

②由金属和该金属的难溶氧化物组成，如锑电极。

电极组成：Sb，$Sb_2O_3 \,|\, H^+(a)$

电极反应：$Sb_2O_3 + 6H^+ + 6e \rightleftharpoons 2Sb + 3H_2O$

电极电位(25℃)：$\varphi = \varphi^0_{Sb_2O_3/Sb} + 0.0592\lg a_{H^+} = \varphi^0_{Sb_2O_3/Sb} - 0.0592\text{pH}$ (2-3)

由式(2-3)所示的 Nernst 方程式可知，锑电极是 pH 指示电极。因氧化锑能溶于强酸性或强碱性溶液，所以锑电极只宜在 pH 为 3～12 的溶液中使用。

③由金属和该金属的配合物及阴离子溶液组成，可用于测定配体阴离子活(浓)度。

电极组成：$Hg \,|\, HgY^{2-}(a_1)$，$Y^{4-}(a_2)$

电极反应：①$HgY^{2-} \rightleftharpoons Hg^{2+} + Y^{4-}$ ②$Hg^{2+} + 2e \rightleftharpoons Hg$

电极电位(25℃)：$\qquad \varphi = 常数 + \dfrac{0.0592}{2}\lg a_{Y^{4-}}$ (2-4)

推导过程如下：

$$\varphi = \varphi^0_{Hg^{2+}/Hg} + \frac{0.0592}{2}\lg a_{Hg^{2+}} \quad 根据 Hg^{2+} + Y^{4-} \rightleftharpoons HgY^{2-}，平衡时\ K_{HgY^{2-}} = \frac{a_{HgY^{2-}}}{a_{Hg^{2+}} \times a_{Y^{4-}}}$$

$$\varphi = \varphi^0_{Hg^{2+}/Hg} - \frac{0.0592}{2}K_{HgY^{2-}} + \frac{0.0592}{2}\lg a_{HgY^{2-}} - \frac{0.0592}{2}\lg a_{Y^{4-}}$$

$$= \varphi^0_{HgY^{2-}/Hg} + \frac{0.0592}{2}\lg a_{HgY^{2-}} - \frac{0.0592}{2}\lg a_{Y^{4-}}$$

若 HgY^{2-} 稳定且浓度恒定，则

$$\varphi = 常数 + \frac{0.0592}{2}\lg a_{Y^{4-}}$$

(3)第三类电极

由金属、该金属的难溶盐、与此难溶盐具有相同阴离子的另一难溶盐和与此难溶盐具有相同阳离子的电解质溶液所组成，或由金属、两种具有相同配体阴离子的配合物及金属离子溶液所组成。由于具有三个相界面，或在电极反应中牵涉三个化学平衡，故这类电极称为第三类电极，如测定 Ca^{2+} 的电极。

电极组成：$Hg \,|\, HgY^{2-}(a_1)$，$CaY^{2-}(a_2)$，$Ca^{2+}(a_3)$

电极反应：①$Hg^{2+} + Y^{4-} \rightleftharpoons HgY^{2-}$ ②$Hg^{2+} + 2e \rightleftharpoons Hg$ ③$Ca^{2+} + Y^{4-} \rightleftharpoons CaY^{2-}$

电极电位(25℃)：$\qquad \varphi = 常数 + \dfrac{0.0592}{2}\lg a_{Ca^{2+}}$ (2-5)

推导过程如下：

$$\varphi = \varphi^0_{Hg^{2+}/Hg} + \frac{0.0592}{2}\lg a_{Hg^{2+}} \qquad 根据 Hg^{2+} + Y^{4-} \rightleftharpoons HgY^{2-}，平衡时 \qquad K_{HgY^{2-}} = \frac{a_{HgY^{2-}}}{a_{Hg^{2+}} \times a_{Y^{4-}}}$$

$$\varphi = \varphi^0_{Hg^{2+}/Hg} - \frac{0.0592}{2}K_{HgY^{2-}} + \frac{0.0592}{2}\lg a_{HgY^{2-}} - \frac{0.0592}{2}\lg a_{Y^{4-}}$$

$$= \varphi^0_{HgY^{2-}/Hg} + \frac{0.0592}{2}\lg a_{HgY^{2-}} - \frac{0.0592}{2}\lg a_{Y^{4-}}$$

$$根据 Ca^{2+} + Y^{4-} \rightleftharpoons CaY^{2-} \qquad 平衡时 K_{CaY} = \frac{a_{CaY^{2-}}}{a_{Ca^{2+}} \times a_{Y^{4-}}}$$

$$\varphi = \varphi^0_{HgY^{2-}/Hg} + \frac{0.0592}{2}\lg a_{HgY^{2-}} + \frac{0.0592}{2}K_{CaY^{2-}} - \frac{0.0592}{2}\lg a_{CaY^{2-}} + \frac{0.0592}{2}\lg a_{Ca^{2+}}$$

若 HgY^{2-} 和 CaY^{2-} 稳定且浓度恒定，则 $a_{HgY^{2-}}$ 和 $a_{CaY^{2-}}$ 为一定值，上式中四项合并为常数，则

$$\varphi = 常数 + \frac{0.0592}{2}\lg a_{Ca^{2+}}$$

该类电极的电极电位通式为 $\qquad \varphi = 常数 + \frac{0.0592}{n}\lg a_{M^{n+}}$ \hfill (2-6)

(4) 惰性金属电极

由惰性金属(Pt 或 Au)插入含有不同氧化态电对的溶液中构成，如 $Pt|Fe^{3+}$, Fe^{2+}。

电极组成：$Pt|Fe^{3+}$, Fe^{2+}

电极反应： $Fe^{3+} + e \rightleftharpoons Fe^{2+}$

电极电位(25℃)： $\qquad\qquad \varphi = \varphi^0_{Fe^{3+}/Fe^{2+}} + 0.0592\lg\frac{a_{Fe^{3+}}}{a_{Fe^{2+}}}$ \hfill (2-7)

Pt 片在此仅起传递电子的作用，本身不参加电极反应。该电极的电极反应在均相溶液中进行，无相界面，故又称为零类电极。

2) 离子选择电极

一般由对待测离子敏感的膜制成，亦称为膜电极。这类电极不同于上述几类电极，在膜电极上没有电子交换反应，电极电位是基于响应离子在膜上交换和扩散等作用的结果，与试液中待测离子活(浓)度的关系符合 Nernst 方程式：

$$\varphi = K \pm \frac{2.303RT}{nF}\lg a_i$$
\hfill (2-8)

式中，K 为电极常数，阳离子取 "＋"，阴离子取 "－"；n 是待测离子电荷数。

ISE 是电位法中最常用的指示电极，商品电极已有很多种类，如 pH 玻璃电极、钾电极、钠电极、钙电极、氟电极和在药学研究领域中使用的多种药物电极等。

2. 参比电极 参比电极是指电极电位在一定条件下恒定不变的电极。参比电极应具备以下基本要求：①可逆性好；②电极电位稳定；③重现形好，简单耐用。常见的参比电极有以下几种。

1) 标准氢电极

标准氢电极(standard hydrogen electrode，SHE)是最早使用的参比电极。

电极组成：$\qquad\qquad$ Pt(镀铂黑)$|H_2$(101.3kPa)，H^+(1mol/L)

电极反应：$\qquad\qquad\qquad 2H^+ + 2e \rightleftharpoons H_2$

电极电位： $$\varphi = \varphi_{SHE}^0 \frac{2.303RT}{2F} \lg \frac{\alpha_{H_2}^2}{P_{H_2}}$$ (2-9)

按照国际纯粹与应用化学联合会(IUPAC)规定，其他电极的标准电极电位值都是以 SHE 为参比的相对值，因此，SHE 又称为一级参比电极。为方便起见，IUPAC 还规定，在任何温度下，φ_{SHE}^0 为 0。由于制作麻烦、使用不便，在实际测量中，不如以下几种参比电极更为常用。

2) 饱和甘汞电极

饱和甘汞电极(saturated calomel electrode，SCE)由金属汞、甘汞(Hg_2Cl_2)和饱和 KCl 溶液组成(图 2-4)。

电极组成： $Hg，Hg_2Cl_2|KCl(sat.)$

电极反应： $Hg_2Cl_2 + 2e \rightleftharpoons 2Hg + 2Cl^-$

电极电位： $$\varphi = \varphi_{Hg_2Cl_2/Hg}^0 - \frac{2.303RT}{F} \lg a_{Cl^-}$$ (2-10)

由式(2-10)可知，甘汞电极的电极电位与 Cl^- 活度和温度有关，当 KCl 溶液浓度和温度一定时，其电极电位为一固定值(表 2-1)。SCE 构造简单，电位稳定，使用方便，是最常用的参比电极。

表 2-1　甘汞电极的电极电位(相对 SHE)

KCl 溶液浓度/(mol/L)	≥3.5(饱和)	1	0.1
25℃时的电极电位/V	0.2412	0.2801	0.3337
SCE 电极电位(φ)与温度(t)的关系	$\varphi = 0.2412 - 6.61\times10^{-4}(t-25) - 1.75\times10^{-6}(t-25)^2$		

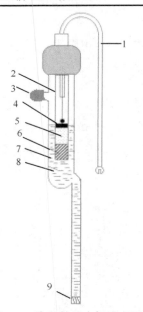

图 2-4　饱和甘汞电极示意图

1. 电极引线；2. 玻璃管；3. 橡皮帽；4. 汞；5. 甘汞糊(Hg_2Cl_2 和 Hg 研成的糊)；6. 石棉或纸浆；7. 玻璃管外套；8. 饱和 KCl；9. 素烧瓷片

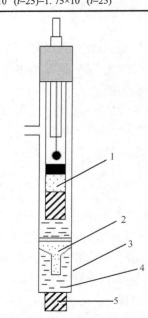

图 2-5　双盐桥饱和甘汞电极示意图

1. 饱和甘汞电极；2. 磨砂接口；3. 玻璃套管；4. 硝酸钾溶液；5. 素烧瓷

3) 双盐桥饱和甘汞电极

双盐桥饱和甘汞电极(bis-salt bridge SCE)亦称双液接 SCE，结构见图 2-5，是在 SCE 下端接一玻璃管，内充适当的电解质溶液(常为 KNO$_3$)。

当使用 SCE 遇到下列情况时，应采用双盐桥饱和甘汞电极。

(1) SCE 中 KCl 与试液中的离子发生化学反应。例如，测 Ag$^+$ 时，SCE 中 Cl$^-$ 与 Ag$^+$ 反应，生成 AgCl 沉淀。

(2) 被测离子为 Cl$^-$ 或 K$^+$，SCE 中 KCl 渗透到试液中将引起干扰。

(3) 试液中含有 I$^-$、CN$^-$、Hg^{2+} 和 S^{2-} 等离子时，会使 SCE 的电位随时间缓慢有序地改变(漂移)，严重时甚至破坏 SCE 电极功能。

(4) SCE 与试液间的残余液接电位大且不稳定时，如在非水滴定中使用较多。

4) 银-氯化银电极

银-氯化银电极(silver-silver chloride electrode，SSE)是在银丝上镀一层 AgCl，浸在一定浓度的 KCl 溶液中构成的。

电极组成：　　Ag，AgCl|KCl(a)

电极反应：　　AgCl + e $\rightleftharpoons$ Ag + Cl$^-$

电极电位：
$$\varphi = \varphi^0_{\text{AgCl/Ag}} - \frac{2.303RT}{F} \lg a_{\text{Cl}^-} \tag{2-11}$$

当 Cl$^-$ 活度和温度一定时，SSE 的电极电位恒定不变(表 2-2)。由于 Ag-AgCl 电极构造更为简单，常用作玻璃电极和其他离子选择电极的内参比电极，以及复合电极的内、外参比电极。此外，Ag-AgCl 电极可以制成很小的体积，并且可以在高于 60℃ 的体系中使用。

表 2-2　银-氯化银电极的电极电位(相对 SHE)

KCl 溶液浓度/(mol/L)	≥3.5(饱和)	1	0.1
25℃时的电极电位/V	0.199	0.222	0.288

四、原电池电动势的测量

在电位法中，若知道指示电极的电极电位，就可计算出待测组分的活度或氧化型和还原型电对的活度比。然而单个电极的电位是无法测定的，必须将指示电极和参比电极插入试液中组成测量电池，通过测量原电池的电动势得到指示电极的电极电位。

电池电动势(EMF 或 E)可表示为
$$E = \varphi_+ - \varphi_- + \varphi_j - I \cdot r \tag{2-12}$$
式中，φ_+ 表示原电池正极(阴极)的电极电位；φ_- 表示原电池负极(阳极)的电极电位；I 为通过电池的电流强度；$I \cdot r$ 为在电池内阻(r)产生的电压降。

由于电池内阻的存在，要求测量电池电动势在零电流或仅有微弱电流通过的条件下进行，即 $I \to 0$，则 $I \cdot r \to 0$。在此条件下，电池电动势只与指示电极、参比电极的电极电位及液接电位有关。

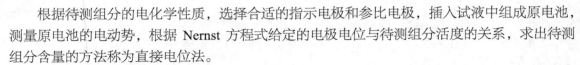

第 2 节 直接电位法

根据待测组分的电化学性质，选择合适的指示电极和参比电极，插入试液中组成原电池，测量原电池的电动势，根据 Nernst 方程式给定的电极电位与待测组分活度的关系，求出待测组分含量的方法称为直接电位法。

直接电位法主要用于测量溶液的 pH 和溶液中其他离子的活(浓)度。

一、溶液 pH 的测定

溶液 pH 的测定在生物、医药领域具有重要的意义。溶液 pH 的测定可采用氢电极、醌-氢醌电极、锑电极和玻璃电极等作为指示电极，目前最常用的是玻璃电极。参比电极常用饱和甘汞电极。

1. pH 玻璃电极

1) 构造

玻璃电极组成为 Ag-AgCl，内充溶液|玻璃膜，构造如图 2-6 所示。内参比电极是 Ag-AgCl 电极，内充溶液是一定 pH 及一定浓度 Cl⁻的缓冲溶液。玻璃膜是由特殊玻璃材料(SiO$_2$ 和 Na$_2$O 及少量 CaO)高温下烧制并吹成球形的薄膜，厚度小于 0.1mm，对溶液中 H⁺能产生选择性响应。因为玻璃电极的内阻很高(＞100MΩ)，电极引出线要高度绝缘，并装有金属屏蔽层。复合 pH 电极(图 2-7)是将玻璃电极和参比电极组成一个整体，外套管还将球泡包裹在内，以防其与硬物接触而破碎。

2) 原理

(1) 玻璃膜内外表面相界电位的建立过程

玻璃膜具有网状带负电的硅酸盐晶格骨架，骨架中有活动能力较强的 Na⁺，如图 2-8 所示。玻璃膜在水中浸泡后(使用前必须在水中浸泡 24h 以上)，膜外表层中的 Na⁺与水中的 H⁺发生如下交换反应：

$$\overset{|}{\underset{|}{Si}}{-}O^{-}Na^{+} \ + \ H^{+} \ \rightleftharpoons \ \overset{|}{\underset{|}{Si}}{-}O^{-}H^{+} \ + \ Na^{+}$$

形成厚度为 $10^{-5} \sim 10^{-4}$mm 的交换层(又称水化层)，由于带负电的硅酸根对 H⁺具有更大的亲和力，所以当玻璃电极的敏感膜浸泡在水中时，交换层中的 Na⁺的点位完全被 H⁺占据，但越进入交换层内部，交换的数量越少，直至未交换层。交换的结果在玻璃外膜相界面上形成双电层，产生相界电位 φ_1，如图 2-9 所示。同理，膜内表面与内充溶液之间的相界亦产生相界电位(φ_2)，并均符合 Nernst 方程。于是有

$$\varphi_1 = k_1 + \frac{2.303RT}{F}\lg\frac{a_1}{a_1'} \tag{2-13}$$

$$\varphi_2 = k_2 + \frac{2.303RT}{F}\lg\frac{a_2}{a_2'} \tag{2-14}$$

式中，a_1、a_2 分别为膜外和膜内溶液中 H⁺活度；a_1'、a_2' 分别为膜外和膜内交换层中 H⁺活度；k_1、k_2 为与玻璃膜外、内表面物理性能有关的常数。

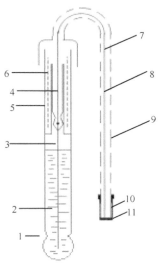

图 2-6　pH 玻璃电极示意图

1. 玻璃膜；2. 内充溶液；3. Ag-AgCl 内参比电极；4. 电极引线；
5. 玻璃管；6. 静电隔离层；7. 电极导线；8. 塑料高绝缘；9. 金
属隔离罩；10. 塑料高绝缘；11. 电极接头

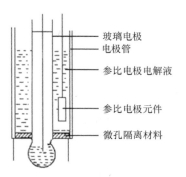

图 2-7　复合 pH 电极

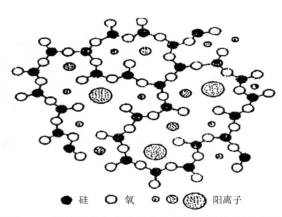

● 硅　○ 氧　◍ 　⊙ 阳离子

图 2-8　网状带负电荷硅酸盐晶格的玻璃结构示意图

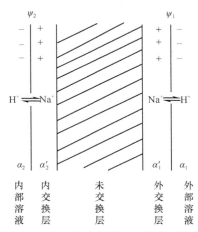

图 2-9　pH 玻璃电极膜电位形成示意图

(2) 膜电位及其变化与试液中氢离子活度的关系

玻璃膜外、内两表面的相间电位之差等于膜电位($\varphi_{膜}$)。因为玻璃膜内外表面性质基本相同，即 $k_1 = k_2$、$a_1' = a_2'$，则

$$\varphi_{膜} = \varphi_1 - \varphi_2 = \frac{2.303RT}{F}\lg a_1 - \frac{2.303RT}{F}\lg a_2 = \frac{2.303RT}{F}\lg \frac{a_1}{a_2} \tag{2-15}$$

又由于内充溶液 H^+ 离子活度 a_2 为一定值，所以

$$\varphi_{膜} = K' + \frac{2.303RT}{F}\lg a_1 \tag{2-16}$$

即膜电位与外部溶液中 H^+ 活度的关系符合 Nernst 方程。当把膜电位形成后的玻璃电极浸入试

样溶液中，由于交换层中的 H^+ 与溶液中的 H^+ 存在活度差异而发生浓度扩散，而使膜电位发生变化，且这种变化同样符合 Nernst 方程。

(3) 玻璃电极的电极电位与溶液 pH

对于整个玻璃电极，其电极电位($\varphi_{玻}$)应为玻璃膜电位和内参比电极电位之和。由于内参比电极 Ag-AgCl 电极电位一定，所以

$$\varphi_{玻} = \varphi_{内参比} + \varphi_{膜} = \varphi_{内参比} + K' + \frac{2.303RT}{F}\lg a_1 \tag{2-17}$$
$$= K + \frac{2.303RT}{F}\lg a_1 = K - \frac{2.303RT}{F}pH$$

式中，K 称为电极常数。

式(2-17)表明，玻璃电极的电位与膜外溶液的 pH 呈线性关系，因而可用于溶液 pH 的测定。

3) 性能

(1)响应斜率　溶液 pH 变化一个单位引起玻璃电极电位的变化值称为响应斜率(或电极斜率 slope)，用 S 表示。

$$S = -\frac{\Delta\varphi}{pH} \tag{2-18}$$

S 的理论值为 $2.303RT/(nF)$，25℃时一价离子为 0.0592V。玻璃电极长期使用会老化，实际响应斜率变小。当 25℃时，S 低于 52mV/pH，该电极就不宜再使用。

(2)不对称电位　由式(2-15)可知，如果玻璃膜两侧 H^+ 活度相同，则膜电位应等于零，但实际上并不为零，而是有几毫伏的电位存在，该电位称为不对称电位(asymmetry potential，φ_{as})。它是因为制作时内、外膜受热不同，所受张力不同；使用时内、外膜的水化程度不同，以及膜外表面受到机械磨损、化学腐蚀、脱水、沾污等作用的不同，导致内、外膜表面结构和性质不完全一致所造成。干玻璃电极的不对称电位很大，在使用前将电极敏感膜置纯水中浸泡 24h 以上(复合 pH 玻璃电极玻璃膜浸泡在 3mol/L KCl 溶液中)，可充分活化电极，减小并稳定不对称电位。

(3)碱差和酸差　已知玻璃电极的电极电位与溶液 pH 呈线性关系，但这种线性关系只适合一定 pH 范围，在强酸强碱条件下则会偏离线性。在较强的碱性溶液中，玻璃电极对 Na^+ 等碱金属离子也有响应，结果由电极电位反映出来的 H^+ 活度高于真实值，即 pH 低于真实值，产生负误差，这种现象称为碱差(the alkaline error)或钠差。而在较强的酸性溶液中，pH 的测定值高于真实值，产生正误差，这种现象称为酸差(the acid error)。产生酸差的原因是由于在强酸性溶液中，水分子活度减小，而 H^+ 是靠 H_3O^+ 传递的，到达电极表面 H^+ 减少，故 pH 增高。不同型号的玻璃电极由于玻璃膜成分的差异，pH 测量范围不完全一样。例如，国产 221 型玻璃电极 pH 使用范围在 0~10；而国产 231 型或 E-201 型复合 pH 电极的 pH 范围在 0~14。

(4)电极内阻　玻璃电极内阻很高，一般在数十至数百兆欧。内阻与玻璃膜成分、膜厚度及温度有关，玻璃电极使用温度通常在 5~60℃。电极内阻随着使用时间的延长而加大(俗称电极老化)，内阻增加将使测定灵敏度下降，所以当玻璃电极老化至一定程度时，应予以更换。

2. 原理和方法

1) 测量原理

测量溶液 pH 的原电池可表示为

$$(-)\text{Ag，AgCl}|\text{HCl}(a)\,|\,\text{玻璃膜}\,|\,\text{试液}(a_{\text{H}^+})\,\|\,\text{KCl(sat.)}\,|\,\text{Hg}_2\text{Cl}_2\text{，Hg}(+)$$

或简化为

$$(-)\text{玻璃电极}\,|\,\text{试液}(a_{\text{H}^+})\,\|\,\text{SCE}(+)$$

则其电池电动势为

$$E = \varphi_{\text{SCE}} - \varphi_{\text{玻}} = \varphi_{\text{SCE}} - \left(K - \frac{2.303RT}{F}\text{pH} \right) = K' + \frac{2.303RT}{F}\text{pH} \tag{2-19}$$

式中，K'是包括饱和甘汞电极电位、玻璃电极常数等的复合常数，在一定条件下为一定值。电池电动势与试液 pH 呈线性关系，pH 每变化一个单位，电池电动势将改变 $2.303RT/F$(V)，这就是直接电位法测定 pH 的理论依据。

但由于 K'还包含不对称电位与液接电位这些未知值，即 K'未知，所以溶液的 pH 不能通过一次测量来完成。

实际的测量方法是：若已知测量仪器与两支电极的性能良好，可以采用两次测量法；否则必须采用三次测量法，即需要增加一次对测量仪器与两支电极的性能是否都良好的检验。

2) 测量方法——三次测量法

(1)定位　把两支电极插入第一种 pH 已知的标准缓冲溶液 s_1 中，测量电池电动势：

$$E_{s_1}(\text{pH}_{s_1,\text{示值}}) = K' + 0.0592\text{pH}_{s_1} \tag{2-20}$$

调节仪器上的"定位"旋钮，使仪器 pH 示值与标液的 pH 一致，即已使 K'为零。(注：测量仪器按每 0.0592V 为 1 个 pH 单位，把电池电动势值自动转换为 pH，使仪器示值为 pH。)

(2)检验　把同样的两支电极浸入第二种标准缓冲溶液 s_2 中，测量其电动势：

$$E_{s_2}(\text{pH}_{s_2,\text{示值}}) = 0.0592\text{pH}_{s_2} \tag{2-21}$$

检验仪器示值与标液的 pH 是否一致，若不一致，并超出了允许范围(0.02pH)，若属于电极问题，则可调节仪器上的"斜率"旋钮，使其相等。若无法调整到位，第三步中 pH_X 的测量值会有误差，故应更换电极或采用计算校正法校正待测溶液的 pH_X。

(3)测定　把同样的两支电极插入待测溶液中，测量电池电动势：

$$E_\text{X}(\text{pH}_{\text{X，示值}}) = 0.0592\text{pH}_\text{X} \tag{2-22}$$

此时仪器 pH 示值即待测溶液的 pH_X。

如果测量仪器和两支电极的性能都良好，可以采用两次测量法测定溶液的 pH，则有

$$E_\text{S} = K' + 0.0592\text{pH}_\text{S} \tag{2-23}$$

$$E_\text{X} = K' + 0.0592\text{pH}_\text{X} \tag{2-24}$$

由于在同样条件下、使用同样电极对进行测量，可以认为两个 K'近似相同，故有

$$\text{pH}_\text{X} = \text{pH}_\text{S} + \frac{E_\text{X} - E_\text{S}}{0.0592} \tag{2-25}$$

根据式(2-25)，只要测出 E_X 和 E_S，通过计算即可得到试液的 pH_X。若在两次测量法测定过程中，使用了定位校准，使 K'为零，则不需计算，仪器可直接显示试液的 pH_X。式(2-25)称为溶液 pH 实用定义或操作定义，即在实际中，所有溶液的 pH 是应用上述方法测定出来的。

《中国药典》2015 年版附录收载了五种 pH 标准缓冲液在 0～50℃下的 pH 基准值，是药品检验中 pH 测量的统一标准。由于标准缓冲液和试样溶液的组成不同，为进一步减小测量误差，标准缓冲液 pH_S 应尽可能地与待测 pH_X 相接近，通常控制 pH_S 和 pH_X 之差在 3 个 pH 单位之内。

二、其他离子活(浓)度的测定

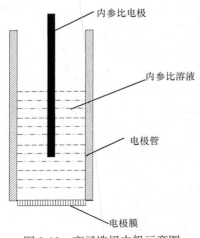

图 2-10　离子选择电极示意图

1. 离子选择电极的基本构造与电极电位　离子选择电极一般包括电极膜、电极管(支持体)、内参比电极和内参比溶液四个基本部分(图 2-10)。电极的选择性随电极膜特性而异。当把电极膜浸入试液时，膜内、外有选择性响应的离子通过离子交换或扩散作用在膜两侧建立电位差，平衡后形成膜电位。由于内参比溶液组成恒定，故离子选择电极电位仅与试液中响应离子的活度有关，并符合 Nernst 方程式:

$$\varphi_{ISE} = K \pm \frac{2.303RT}{nF} \lg a_i \qquad (2\text{-}26)$$

应当指出，有些离子选择电极的电极电位不只是通过离子交换和扩散作用建立的，还与离子缔合、配位等作用有关;另有一些离子选择电极的作用机制目前还不十分清楚。

2. 离子选择电极的分类　根据 IUPAC 关于离子选择电极命名和分类建议，离子选择电极的名称和分类如下。

离子选择电极
(ISE)
- 基本电极
(原电极)
  - 晶体电极
    - 均相膜电极
    - 非均相膜电极
  - 非晶体电极
    - 刚性基质电极
    - 流动载体电极
      - 带正电荷载体
      - 带负电荷载体
      - 中性载体
- 敏化电极
  - 气敏电极
  - 酶电极

1) 基本电极

基本电极(primary electrode)又称原电极，是电极膜直接与试液接触的离子选择电极。根据电极膜材料的不同，又分为晶体电极和非晶体电极。

(1) 晶体电极(crystalline electrode)

电极膜由难溶盐的单晶、多晶或混晶制成。根据电极膜的制备方法不同，晶体电极又分为均相膜电极(homogeneous membrane electrode)和非均相膜电极(heterogeneous membrane electrode)。均相膜电极的膜材料由一种或几种化合物的均匀混合物的晶体制成。氟离子选择电极是这类电极的代表，由氟化镧单晶制成电极膜封在电极管的一端，管内装 0.1mol/L NaF-0.1mol/L NaCl 溶液(内电解液)，以 Ag-AgCl 电极作为内参比电极。在氟化镧单晶中可移动的是 F^-，膜中的 F^- 与溶液中的 F^- 发生浓差扩散而产生电位差(电极电位)，并符合 Nernst 方程。所以，电极电位能准确反映试液中 F^- 活度。若将 LaF_3 晶体膜改为 AgCl、AgBr、AgI、CuS、PbS 或 Ag_2S 等，就可以制成测定 Ag^+、X^+、Cu^{2+}、Pb^{2+}、S^{2-} 等离子选择电极。

除了电活性物质晶体，还加入某种惰性材料(如硅橡胶、聚氯乙烯或石蜡等)制成电极膜的晶体电极称为非均相膜电极。此类电极膜的力学性能较晶体压片电极膜好，但内阻高，不宜在有机介质中使用。

(2) 非晶体电极(non-crystalline electrode)

电极膜由非晶体材料或化合物均匀分散在惰性支持物中制成。其中，电极膜由特定玻璃吹制而成的玻璃电极称为刚性基质电极(rigid matrix electrode)，如 pH 玻璃电极、钠电极、钾电极、锂电极等。玻璃电极对阳离子的选择性与玻璃膜的成分有关，改变玻璃膜的组成或相对含量(摩尔分数)可使其选择性发生改变。

流动载体电极(electrode with a mobile carrier)是非晶体电极中的另一类电极，亦称液膜电极(liquid membrane electrode)。它的电极膜是用浸有某种液体离子交换剂或中性载体的惰性多孔膜制成的。根据流动载体的带电性质，又进一步分为带正、负电荷和中性的流动载体电极。带正电荷的流动载体主要有各种季铵盐、季鏻盐和碱性染料化合物的阳离子等，已制成的带正电荷的流动载体电极有 NO_3^-、BF_4^-、ClO_4^-、Cl^-、Br^-、I^- 和苦味酸根等离子选择电极；带负荷的流动载体主要是各种烷基磷酸酯和四苯硼酸阴离子，已制成的带负电荷的流动载体电极有 Ca^{2+}、K^+、Cu^{2+} 和 Pb^{2+} 等离子选择电极；在膜相中采用中性载体是液膜电极的一个重要进展。中性载体是一类电中性的有机大分子，常用的有缬氨霉素、放线菌素和冠醚等。已成功制得了几乎所有感兴趣的阳离子选择电极，如商品化的 Li^+、K^+、Na^+、NH_4^+、Ca^{2+}、Mg^{2+}、Ba^{2+}、Cd^{2+} 等离子选择电极，用缬氨霉素作为流动载体制成的钾离子液膜电极能在一万倍 Na^+ 存在下测定 K^+。流动载体电极是离子选择电极在药学及检验中应用较多的一类。

2) 敏化电极

敏化电极(sensitized ion-selective electrode)是利用界面反应敏化的离子电极。通过界面反应将待测物质等转化为可供基本电极测定的离子，实现待测物的间接测定。根据界面反应的性质不同，它可分为气敏电极和酶电极。

(1) 气敏电极(gas sensing electrode)　由基本电极、参比电极、内电解液(中介液)和憎水性透气膜等组成的复合电极。例如，NH_3 气敏电极，以 pH 玻璃电极为基本电极，Ag-AgCl 为参比电极，0.1mol/L NH_4Cl 溶液为内电解液，以聚四氟乙烯微孔薄片为透气膜组合而成。测定时，试液中的 NH_3 通过透气膜向内扩散，平衡后膜内外溶液中 NH_3 分压相等。按照 Henry 定律，气体分压与其在溶液中的浓度成正比。膜内的 NH_3 与内电解液中的 NH_4^+ 达到平衡。

$$NH_3 + H_2O \rightleftharpoons NH_4^+ + OH^-$$

$$K_b = \frac{a_{OH^-} a_{NH_4^+}}{a_{NH_3}} \tag{2-27}$$

由于内电解液中含有大量的 NH_4^+，可以认为 $a_{NH_4^+}$ 固定不变，将其与 K_b 合并为 k，有

$$a_{OH^-} = k \times a_{NH_3} \tag{2-28}$$

a_{OH^-} 由 pH 玻璃电极指示，25℃时电极电位(实为 NH_3 气敏电极的电池电动势)可表示为

$$\varphi = K - 0.0592 \lg a_{OH^-} = K - 0.0592 \lg k a_{NH_3} = K' + 0.0592 \lg a_{NH_3} \tag{2-29}$$

NH_3 气敏电极可以测定低达 10^{-6}mol/L 的 NH_3。

除了 NH_3 气敏电极，还有 CO_2、SO_2、H_2S、NO_2、HCN、HAc 和 Cl_2 等气敏电极得到研究和应用。

(2) 酶电极(enzyme electrode)　酶电极是在基本电极上覆盖一层能和待测物发生酶催化反

应的生物酶膜或酶底物膜制成的。酶是生化反应的高效催化剂，对底物具有高度的专一性。研制酶电极的关键，是寻找一个合适的酶催化反应，该反应有确定的产物，并且可以用一种离子选择电极加以测定。例如，尿素在尿素酶催化下发生以下反应：

$$NH_2CONH_2 + 2H_2O \xrightarrow{\text{尿素酶}} 2NH_4^+ + CO_3^{2-}$$

反应生成的 NH_4^+ 可用铵离子电极测定。若将尿素酶固定在铵离子电极上，则成为尿素酶电极。将此电极插入试液，试液中的尿素进入酶膜，发生上述酶催化反应，由铵离子电极产生的电位响应来间接测定尿素的含量。

各类离子选择电极主要构造如图 2-11 所示。

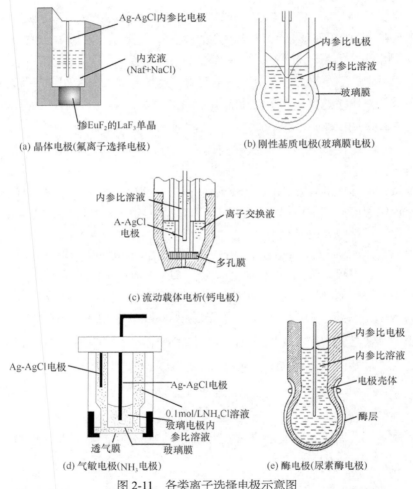

图 2-11　各类离子选择电极示意图

应当指出，自 1976 年 IUPAC 推荐离子选择电极分类后，电极品种又有了很大的发展。其中比较重要的有全固态电极、聚氯乙烯(PVC)膜电极、微生物电极、组织电极、离子选择场效应晶体管器件等。自 20 世纪 80 年代以来，有许多离子选择电极作为生物传感器要件在生命科学研究中发挥了重要作用。

3. 离子选择电极的性能

1) 线性范围和检测下限

线性范围是指离子选择电极的电极电位与待测离子的活度(或浓度)的负对数呈线性关系的活度(或浓度)范围。以电极电位(或原电池电动势)对试液中待测离子活度的对数(或负对数)作图,如图 2-12 所示。图中 C、D 两点所对应的横坐标即 Nernst 响应线性范围,一般在 $10^{-6} \sim 10^{-1}$mol/L。实际测定时,应使待测离子的活度在电极的线性范围以内。

检测下限是指电极能够进行有效测定的最低离子活度。图 2-12 中 GF 与 CD 延长线的交点 A 所对应的待测离子的活度(或浓度)即检测下限。检测下限与电极膜的性能有关,还与试液的组成和测试温度等因素有关。例如,氯化银在 25℃时的溶解度约为 1.4×10^{-5}mol/L,氯化银膜电极的检测下限亦与此相当。

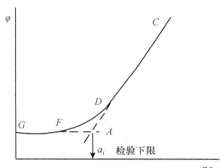

图 2-12　离子选择电极的校正曲线和检测下限

2) 选择性

选择性是指电极对待测离子和共存干扰离子响应程度的差异,可用"选择性系数"(selectivity coefficient,$K_{A,B}$)来量度。若待测离子用 A、共存的干扰离子用 B 表示,选择性系数可表示为

$$K_{A,B} = \frac{a_A}{a_B^{n_A/n_B}} \tag{2-30}$$

$K_{A,B}$ 的意义为在相同的测定条件下,待测离子和干扰离子产生相同的电位时,待测离子的活度 a_A 与干扰离子活度 a_B 的比值。

由于电极对共存的干扰离子 B 也有响应,离子选择电极电位的 Nernst 方程式应修正为

$$\varphi_{ISE} = K \pm \frac{2.303RT}{n_A F} \lg(a_A + K_{A,B} a_B^{n_A/n_B}) \tag{2-31}$$

当共存多种干扰离子 B、C……,并对 A 离子选择电极有响应时,则有

$$\varphi_{ISE} = K \pm \frac{2.303RT}{n_A F} \lg \left[a_A + \left(K_{A,B} a_B^{n_A/n_B} + K_{A,C} a_C^{n_A/n_C} + \cdots \right) \right]$$

$$= K \pm \frac{2.303RT}{n_A F} \lg \left(a_A + \sum K_{A,\ i} a_i^{n_A/n_i} \right) \tag{2-32}$$

通常 $K_{A,B} \leqslant 1$,故 $K_{A,B}$ 越小,表明共存离子干扰越小,电极的选择性越高。

例如,一支玻璃电极的 $K_{H^+,\ Na^+} = 10^{-11}$,表明该电极对 H^+ 响应是对 Na^+ 的响应的 10^{11} 倍,或者说 10^{-11}mol/L H^+ 与 1mol/L Na^+ 在该电极上产生的电位相等。$K_{A,B}$ 还可以用来粗略估计待测离子浓度测定的相对误差。

$$相对误差\% = \frac{\sum K_{A,i} a_i^{n_A/n_i}}{\alpha_A} \times 100 \tag{2-33}$$

选择性系数并非常数,它与实验条件有关。通常商品电极在说明书中附有相应数值,可供电极选用时参考,不宜用作定量校正。

3) 响应时间

响应时间是指从参比电极与离子选择电极一起接触试液起直到电极电位值达到稳定值的95%所需的时间，一般为几秒钟到几分钟。响应时间与电极有关，还与待测离子浓度有关。溶液浓度越低，响应时间越长，搅拌可缩短响应时间。

4) 有效 pH 范围

离子选择电极存在一定的有效 pH 使用范围，超出该范围使用就会产生较大的测量误差或者缩短电极的寿命。例如，LaF_3 晶体膜电极，测定 F^- 最适宜的 pH 范围为 5.5～6.5。超出此范围，在 pH 较低时，随着 pH 下降，F^- 会发生如下转变：$F^- \rightarrow HF \rightarrow HF_2^- \rightarrow HF_3^{2-}$；当 pH 较高时，电极膜活性材料 LaF_3 产生沉淀转化，生成 $La(OH)_3$ 沉淀。两种情况均不利于测量。前者产生测量误差；后者损坏电极膜。因此，在使用 LaF_3 晶体膜电极时，通过加入 HAc-NaAc 缓冲液来保证测量溶液的 pH 范围。

除了上述重要性能，离子选择电极还有温度系数与等电位点、膜电阻、膜不对称电位、漂移、滞后效应和使用寿命等性能参数。

4. **定量分析方法**　以待测离子的选择性电极为指示电极，饱和甘汞电极为参比电极，插入待测试液中组成原电池，测量电池电动势：

$$E = \varphi_{SCE} - \varphi_{ISE} = \varphi_{SCE} - \left(K \pm \frac{2.303RT}{nF} \lg C_x \right) = K' \mp \frac{2.303RT}{nF} \lg C_x \tag{2-34}$$

式中，K' 包括参比电极电位、液接电位、指示电极的电极常数以及试样溶液组成(离子强度、pH、共存组分)等因素，故不能通过一次测量来完成，可采用三次测量法(或两次测量法)，但常采用标准曲线法和标准加入法。

三次测量法(或两次测量法)、标准曲线法都要在标准溶液和试样溶液中加入相同量的总离子强度调节缓冲剂(total ionic strength adjustment buffer，TISAB)，使两种溶液的组成和离子强度一致。TISAB 是一种不含被测离子、不污损电极的高浓度电解质溶液，由调节离子强度和液接电位稳定的离子强度调节剂、控制溶液 pH 的缓冲剂、掩蔽干扰离子的掩蔽剂等组成。用氟电极测定天然水中 F^- 浓度时，可用氯化钠-柠檬酸钠-醋酸-醋酸钠作为 TISAB。NaCl 用以调节标准溶液和试样溶液的离子强度，使相近或相同；柠檬酸钠掩蔽 Fe^{3+}、Al^{3+} 等干扰离子；HAc-NaAc 缓冲液则使试液 pH 控制在 5.5～6.5。

1) 标准曲线法

用待测离子的纯物质配制一系列不同浓度的标准溶液，分别加入等量的 TISAB 溶液，测定各溶液的电位值，以测得的 E 对 $\lg C$ 作图，在一定浓度范围内通常为一条直线，即标准曲线。在同样条件下，在试样溶液中加入等量的 TISAB 溶液，测量试样溶液的 E_X，由标准曲线即可确定试液中待测离子的浓度 C_X(图 2-13)。

标准曲线法优点是即使电极响应不完全服从 Nernst 方程，也能得到较满意的结果。

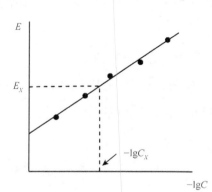

图 2-13　标准曲线图

2) 标准加入法

如果试样溶液组成复杂，难以找到适当的 TISAB 溶液，应采用标准加入法。先测定由试样溶液(C_X，V_X)和电极组成电池的电动势 E_1；再向试样溶液(C_X，V_X)中加入标准溶液(要求：$C_S > 100\,C_X$，$V_S < V_X/100$)，测量其和电极组成电池的电动势 E_2，则有

$$E_1 = K' \mp \frac{2.303RT}{nF} \lg C_X \tag{2-35}$$

$$E_2 = K' \mp \frac{2.303RT}{nF} \lg \frac{C_X V_X + C_S V_S}{V_X + V_S} \tag{2-36}$$

由于加入的标准溶液体积小，对试液的组成和离子强度影响较小，可以认为 K' 相同。

设 $S = \mp \dfrac{2.303RT}{nF}$，式(2-36)与式(2-35)两式相减并改为指数表达式，有

$$10^{\Delta E/S} = \frac{C_X V_X + C_S V_S}{(V_X + V_S)C_X}$$

整理，得

$$C_X = \frac{C_S V_S}{(V_X + V_S)10^{\Delta E/S} - V_X} \approx \frac{C_S V_S}{V_X \cdot (10^{\Delta E/S} - 1)} \tag{2-37}$$

使用标准加入法一般不需要加入 TISAB，无需绘制标准曲线，操作简便、快速。

5. 测量误差 由于仪器、测量电池、标准溶液浓度及温度波动等诸多因素的影响，直接电位法电池电动势的测量存在不低于±1mV 的误差。电池电动势的测量误差(ΔE)导致试样浓度测定的相对误差可据式(2-38)微分求得

$$\Delta E = \frac{RT}{nF} \times \frac{\Delta C}{C}$$

整理，得

$$\frac{\Delta C}{C}(\%) = \frac{96493n\Delta E}{8.314 \times 298.16} \times 100 = 3900 \times n\Delta E \tag{2-38}$$

若电池电动势的测量误差 $\Delta E = \pm 1\mathrm{mV}$，在 25℃时测量一价离子，则试样浓度测定的相对误差为

$$\frac{\Delta C}{C}(\%) = \pm 0.001 \times 3900 \times 1 \approx \pm 4\%$$

由式(2-38)可知，当电池电动势的测量误差为 1mV 时，一价离子有 4%的误差，二价离子有 8%的误差，故直接电位法测高价离子有较大的测量误差。式(2-38)还表明，测量结果的相对误差与待测离子的浓度无关。因此，直接电位法测定高价离子准确度较差，适合于低价离子的测定。

三、超微电极、化学修饰电极和电化学生物传感器

电化学分析的一个重要方向是从宏观转向微观，从非生命体转向活体，从静态转向实时动态，因而发展微型、快速、自动化程度高、对样品实现无损操作的实验技术和检测工具是重要内容，特别体现在新型电极和各类传感器的不断快速涌现。

1. 超微电极 超微电极(ultramicroelectrodes)是采用铂丝、碳纤维或敏感膜制作的直径在 100μm 以下的电极。按电极的制作材料不同，超微电极分为超微铅、金、银、钨电极以及超微碳纤维电极。按电极的形状不同，超微电极可分为超微圆盘电极、圆环电极、圆柱电极、球

形电极以及组合式微电极。

当电极尺寸到达微米级甚至纳米级时，表现出许多优良的电化学特性，比常规电极更能迅速建立稳态，超微电极表面上的双电层电容很低，显著提高了电极响应速度和检测灵敏度，同时具有很小的溶液阻抗，用组合式超微电极和超微修饰电极的放大作用还可进一步提高电化学分析的灵敏度，这些因素更适用于对电化学反应过程的热力学和动力学研究。使用微电极所需样品少，显著降低有毒试剂消耗，减少环境污染，又使分析成本低。通常的超微电极半径在$50\mu m$以下，甚至达到纳米级，在生物活体测量中可进入单个细胞做无损分析，这对生命科学的研究也很有价值。例如，用微电极法研究脑，可定量测定脑内生物活性胺的含量，还可对单个神经细胞中多巴胺及 5-羟酪胺进行活体分析。微电极在电化学分析中的应用近些年来得到了快速的发展。

2. 化学修饰电极 利用物理和化学的方法将分子、离子或聚合物固定在电极表面，改变了原来电极的性质称为化学修饰电极(chemical modified electrode)。经修饰的电极能有选择地在电极上实现、控制特定反应。采用自组膜、聚合物膜、无机化合物膜对电极的修饰或在电极上进行组装是研究的热点。

化学修饰电极的基底材料是碳、铅或半导体。经清洁处理后修饰分子可以共价型键合在电极表面，键合为单分子层，这样修饰的电极导电性好、性能稳定、寿命长，缺点是修饰烦琐、修饰分子的覆盖率低。若以表面吸附的方式进行修饰可以是单层的，也可以是多层的，特别是在电极上自组装成定向有序的膜结构为研究界面化学、膜生物学、主客体化学开辟了新的渠道。另外，许多修饰分子进一步提高了电极的选择性、稳定性和灵敏度，极大地开拓了电位分析的应用范围。

3. 电化学生物传感器 以电化学电极为信号转换器的生物传感器称为电化学生物传感器(electrochemical biosensor)。它由信号转换器和敏感元件组成，其中信号转换器主要是电化学电极和离子选择场效应晶体管。酶电极是一类生物传感器，如葡萄糖传感器、胆固醇传感器、乳酸传感器、过氧化氢传感器、苯丙氨酸传感器、腺苷传感器、尿酸尿素传感器等。以微生物细菌作为信号转换器即微生物传感器，能实时活体分析微生物代谢情况，具有成本低、活性长等优点。以抗原抗体反应为基础的免疫传感器利用了抗原与抗体之间的特异性相互作用，将某些电活性物质标记抗原或抗体，根据反应过程中的电学参数的变化进行定性和定量分析，如绒毛膜促性腺传感器、甲胎蛋白传感器等。将酶或其他生物识别分子与离子选择场效应晶体管结合可制成场效应生物传感器。

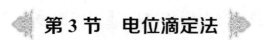

第 3 节　电位滴定法

一、原理及装置

电位滴定法是利用滴定过程中指示电极的电极电位(或电池电动势)的变化来确定滴定终点的滴定分析法。它可以用于酸碱、沉淀、配位、氧化还原及非水等各类滴定，尤其是在有色或浑浊溶液中滴定终点难以判断或很难选择合适指示剂的情况下，还可用于确定新指示剂的变色范围和测定平衡常数。与用指示剂法确定终点相比，具有客观性强、准确度高、不受溶液有色或浑浊等限制、易于实现滴定分析自动化等优点。

电位滴定装置如图 2-14 所示。将指示电极和参比电极插入待测溶液中，组成原电池，随着滴定剂的加入，电池电动势随之改变，通过测量电动势的变化确定滴定终点。

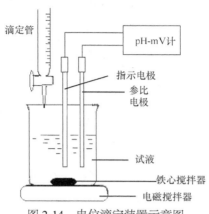

图 2-14　电位滴定装置示意图

二、终点确定方法

进行电位滴定时，每加一次滴定剂，测量一次电池电动势，直到化学计量点以后。一般在远离化学计量点处，滴定剂滴加体积稍大；在计量点附近，应减小滴定剂的加入体积，最好每加一小份(0.10～0.05ml)记录一次数据，并保持每次加入滴定剂的体积相等。表 2-3 为 0.1000mol/L AgNO$_3$ 滴定 NaCl 的电位滴定数据记录和处理表。现以该表数据为例，介绍电位滴定终点确定方法。

1. **E-V 曲线法**　以电动势(E)为纵坐标，用滴定剂体积(V)为横坐标作图，如图 2-15(a)所示。曲线的转折点(拐点)所对应的横坐标值即滴定终点 V_{ep}。该法应用简便，但要求滴定突跃明显；如果滴定突跃不明显，则可用一级或二级微商法。

2. **$\Delta E/\Delta V$-$\bar{V}$ 曲线法**(一级微商法)　以一级微商值($\Delta E/\Delta V$)对滴定剂体积(V)作图，如图 2-15(b)所示。根据函数微商性质可知，该曲线的最高点所对应的横坐标应与 E-$\bar{V}$ 曲线拐点对应的横坐标一致，即峰值横坐标为滴定终点 V_{ep}。因为极值点较拐点容易准确判断，所以用 $\Delta E/\Delta V$-$\bar{V}$ 曲线法确定终点较为准确。

3. **$\Delta^2 E/\Delta V^2$-V 曲线法**(二级微商法)　用表 2-3 中第 9 列对第 1 列 V 数据作图，如图 2-15(c)所示。该法的依据是滴定曲线的拐点，在一级微商图上是极值点,在二级微商图上则是等于零的点，即 $\Delta^2 E/\Delta V^2 = 0$ 时的横坐标为滴定终点 V_{ep}。

由于作图法比较烦琐，只需要截取终点附近的几组数据，按表 2-3 进行数据处理。由于计量点附近的二级微商曲线近似于直线,再用内插法计算滴定终点 V_{ep}。在电位滴定中通常采用"二级微商-线性内插法"计算滴定终点 V_{ep}。

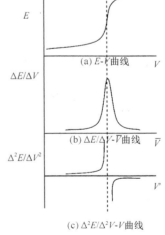

图 2-15　电位滴定曲线

例如，用表 2-3 中的数据计算滴定终点：当加入 24.30ml 标准溶液时，$\Delta^2E/\Delta V^2$=4.4；当加入 24.40ml 标准溶液时，$\Delta^2E/\Delta V^2$=−5.9。其滴定终点的 V_{ep} 应在两者之间。

由

$$\frac{24.40-24.30}{-5.9-4.4}=\frac{V_{ep}-24.30}{0-4.4}$$

整理，得

$$V_{ep}=24.30+0.04=24.34(\text{ml})$$

现已有商品化的自动电位滴定仪,通过计算机实现滴定、终点判断和曲线绘制的全自动化。

表 2-3　0.1000mol/L AgNO₃ 滴定 NaCl 的电位滴定数据记录和处理表

1 V (ml)	2 E (V)	3 ΔE	4 ΔV	5 $\Delta E/\Delta V$	6 $\bar V$	7 $\Delta(\Delta E/\Delta V)$	8 $\Delta\bar V$	9 $\Delta^2E/\Delta V^2$
22.00	0.123							
		0.015	1.00	0.015	22.50			
23.00	0.138					0.021	1.00	0.021
		0.036	1.00	0.036	23.50			
24.00	0.174					0.054	0.55	0.098
		0.009	0.10	0.09	24.05			
24.10	0.183					0.02	0.10	0.2
		0.011	0.10	0.11	24.15			
24.20	0.194					0.28	0.10	2.8
		0.039	0.10	0.39	24.25			
24.30	0.233					0.44	0.10	4.4
		0.083	0.10	0.83	24.35			
24.40	0.316					−0.59	0.10	−5.9
		0.024	0.10	0.24	24.45			
24.50	0.340					−0.13	0.10	−1.3
		0.011	0.10	0.11	24.55			
24.60	0.310					−0.05	0.25	−0.2
		0.024	0.40	0.06	24.80			
25.00	0.375							

三、应用与实例

只要有合适的指示电极，各种滴定分析均可用于电位滴定法，如酸碱滴定、沉淀滴定、配位滴定、氧化还原滴定，各种电位滴定中常用的电极系统见表 2-4。

在一般的滴定分析中，电位滴定法由于操作和数据处理较费时，通常只在水相滴定分析无合适的指示剂，或指示剂指示终点现象不明显等情况下使用。但在非水滴定中，电位滴定法是一个基本的方法。《中国药典》2015 年版将电位滴定法作为核对指示剂正确终点颜色的法定方法。在非水溶液电位滴定中以酸碱滴定应用最多。由于非水溶剂的介电常数与滴定突跃范围和电池电动势读数的稳定性有关，在介电常数较小的溶剂中滴定反应易于进行完全，滴定突跃较为明显，但电动势读数不够稳定；在介电常数较大的溶剂中，电动势读数较为稳定，但有时因突跃不明显而不能滴定。因此在非水电位滴定时，常在介电常数较大的溶剂中加一定比例介电常数较小的溶剂，这样既易得到较稳定的电动势，又能获得较大的电位突跃范围。

表 2-4　各类电位滴定中常用的电极系统

方　法	电　极　系　统	使　用　说　明
酸碱滴定	pH 玻璃电极-饱和甘汞电极	pH 玻璃电极用后即清洗并浸在纯水中保存
非水(酸碱)滴定	pH 玻璃电极-饱和甘汞电极	SCE 套管内装 KCl 的饱和无水甲醇溶液而避免水渗出的干扰，或采用双盐桥 SCE；pH 玻璃电极处理同上
沉淀滴定(银量法)	银电极-硝酸钾盐桥-饱和甘汞电极	甘汞电极中的 Cl$^-$对测定有干扰，因此需要用硝酸钾盐桥将试液与甘汞电极隔开(即采用双盐桥)
	银电极- pH 玻璃电极	pH 玻璃电极作为参比电极，在试液中加入少量酸(HNO$_3$)，可使玻璃电极的电位保持恒定
	离子选择电极-参比电极	
氧化还原滴定	铂电极-饱和甘汞电极	铂电极用加少量 FeCl$_3$ 的 HNO$_3$ 溶液或铬酸清洁液浸洗
配位滴定	pM 汞电极-饱和甘汞电极	预先在试液中滴加 3～5 滴 0.05mol/LHgY^{2-}溶液，适用于和 EDTA 反应生成的配合物不如 HgY^{2-}稳定的金属离子，pM 汞电极适用 pH 的范围为 2～11，当 pH < 2 时，HgY^{2-}不稳定；当 pH > 11 时，HgY^{2-}转变成 HgO 沉淀
	离子选择电极-参比电极	

第4节　永停滴定法

一、原理及装置

　　永停滴定法，又称双指示电极电流滴定法，将两个相同 Pt 电极插入样品溶液中，在两极间外加低电压(100～300mV)，根据滴定过程中电解电流的突然变化来确定滴定终点。

　　永停滴定装置如图 2-16 所示，有三个主要部分：两个 Pt 电极与试液组成电解池；外加小电压的电源电路；测量电解电流的灵敏检流计等。图 2-16 中的 B 为 1.5V 干电池，R 为 5000Ω 电阻，R′ 为绕线电阻(500Ω)，调节 R′ 可得到所需的外加电压；G 为检流计(10^{-7}～10^{-9}A/分度)，S 为分流电阻，用于调节检流计的灵敏度 S，可得合适的灵敏度。

　　溶液中存在可逆电对如 Fe^{3+}/Fe^{2+}，则在正极端(阳极)Fe^{2+}被氧化成 Fe^{3+}，在负极端(阴极)Fe^{3+}被还原成 Fe^{2+}。由于两支电极上都有电极反应发生，外电路有电流流过。具有此性质的电极称为可逆电极或可逆电对(reversible system)。在永停滴定法中常见的可逆电对除了 Fe^{3+}/Fe^{2+}，还有 Ce^{4+}/Ce^{3+}、I$_2$/I$^-$、Br$_2$/Br$^-$ 和 HNO$_2$/NO 等。某些氧化还原电对不具有上述性质，如 S$_4$O$_6^{2-}$ / S$_2$O$_3^{2-}$，因为在微小电流条件下，只能在阳极发生 S$_2$O$_3^{2-}$ 被氧化成 S$_4$O$_6^{2-}$，而在阴极不能同时发生 S$_4$O$_6^{2-}$ 被还原成 S$_2$O$_3^{2-}$，所以电路中没有电流通过。这样的电极称为不可逆电极或不可逆电对(irreversible system)。

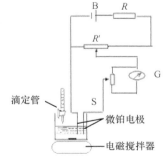

图 2-16　永停滴定装置示意图

　　只要滴定体系中有可逆电对存在，就会有电流产生。电流取决于可逆电对中浓度小的氧化态或还原态的浓度；当氧化态和还原态的浓度相等时电流达到最大值。通过观察滴定过程中电流随滴定剂体积增加而变化的情况，即可确定滴定终点。

二、终点确定方法

按照参加反应的电对的性质，一般分为三种滴定类型。

1. 可逆电对滴定可逆电对

例如，Ce^{4+}滴定Fe^{2+}滴定前，溶液中只存在Fe^{2+}，由于所加电压小，不能产生电解电流。滴定开始至计量点前，发生如下滴定反应：

$$Ce^{4+} + Fe^{2+} \rightleftharpoons Ce^{3+} + Fe^{3+}$$

溶液中存在Fe^{3+}/Fe^{2+}和Ce^{3+}，在微小的外加电压作用下，电极发生如下反应：

阳极　$Fe^{2+} \rightleftharpoons Fe^{3+} + e$　　　阴极　$Fe^{3+} + e \rightleftharpoons Fe^{2+}$

此时，检流计示有电流流过；随着滴定剂体积的增大，$[Fe^{3+}]$增加，电流增大；当$[Fe^{3+}]/[Fe^{2+}]=1$时，电流达最大值；随后，电流逐渐减小。

计量点时，溶液中几乎没有Fe^{2+}，电流降到最小。

计量点后，随着滴定剂体积过量，产生Ce^{4+}/Ce^{3+}可逆电对，电极发生如下反应：

阳极　$Ce^{3+} \rightleftharpoons Ce^{4+} + e$　　　阴极　$Ce^{4+} + e \rightleftharpoons Ce^{3+}$

此时，又有电流产生，并且该电流随滴定剂体积增大而加大。记录滴定过程中电流(I)随滴定剂体积(V)变化的曲线，如图2-17(a)所示，电流由下降至上升的转折点即滴定终点。

2. 不可逆电对滴定可逆电对

例如，$Na_2S_2O_3$滴定含有过量KI的I_2溶液。

滴定反应为　　　　$2S_2O_3^{2-} + I_2 \rightleftharpoons S_4O_6^{2-} + 2I^-$

滴定开始至计量点前，溶液中存在I_2/I^-，在微小的外加电压作用下，发生如下反应：

阳极　$2I^- \rightleftharpoons I_2 + 2e$　　　阴极　$I_2 + 2e \rightleftharpoons 2I^-$

检流计示有电流流过；随着滴定剂体积增大，$[I_2]$逐渐减小，电流也随之下降。

计量点时，溶液中几乎不存在I_2，电流降到最小。

计量点后，随着滴定剂体积过量，溶液中存在$S_2O_3^{2-}/S_4O_6^{2-}$，在阳极，能发生下列电极反应：

$$2S_2O_3^{2-} \longrightarrow S_4O_6^{2-} + 2e$$

但在阴极不能发生下列电极反应：

$$S_4O_6^{2-} + 2e \longrightarrow 2S_2O_3^{2-}$$

因此，没有电流产生。滴定过程中I-V曲线如图2-17(b)所示。这类滴定的终点以检流计指针停止在零或零附近不动为特征，永停滴定法由此得名。

3. 可逆电对滴定不可逆电对

例如，I_2滴定$Na_2S_2O_3$。

滴定开始至计量点前，由于溶液中只存在不可逆电对$S_2O_3^{2-}/S_4O_6^{2-}$，所以检流计显示没有电流通过。

计量点时，依旧有$I=0$。计量点后，随着滴定剂I_2的浓度的增大，I增大。滴定曲线及终点如图2-17(c)所示。

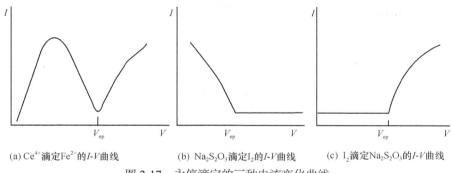

(a) Ce^{4+}滴定Fe^{2+}的I-V曲线　　　　(b) $Na_2S_2O_3$滴定I_2的I-V曲线　　　　(c) I_2滴定$Na_2S_2O_3$的I-V曲线

图 2-17　永停滴定的三种电流变化曲线

三、应用与实例

永停滴定法快速简便，终点判断直观、准确，所用仪器简单，易于实现自动滴定。《中国药典》收载的重氮化滴定法和 Karl-Fischer(卡尔-费歇尔)滴定法，应用永停滴定法。

1. 重氮化滴定法的终点指示　重氮化滴定是在酸性条件下，用 $NaNO_2$ 滴定含芳伯胺类化合物的方法，属于可逆电对滴定不可逆电对。滴定反应如下：

$$R-\!\!\bigcirc\!\!-NH_2 + NaNO_2 + 2HCl \Longrightarrow R-\!\!\bigcirc\!\!-\overset{+}{N}\!\equiv\!N\,Cl^- + 2H_2O + NaCl$$

计量点后因有 $HNO_2\,/\,NO$ 可逆电对存在：

阳极　　$NO + H_2O \Longrightarrow HNO_2 + H^+ + e$

阴极　　$HNO_2 + H^+ + e \Longrightarrow NO + H_2O$

检流计指针突然偏转，并不再回复，即滴定终点。

2. Karl-Fischer 滴定法测微量水分终点指示　试样中的水分与 Karl-Fischer 试剂定量反应，属于可逆电对滴定不可逆电对。滴定反应如下：

计量点后有 I_2/I^- 可逆电对存在，检流计指针突然偏转，并不再回复，即滴定终点。

(杨　琴)

习　题

1. 名词解释：相界电位、液接电位、指示电极、参比电极、不对称电位、可逆电对。
2. 直接电位法的原理是什么?
3. 离子选择电极中标准加入法定量分析应该注意哪些问题?
4. 简述 TISAB 的组成及其作用。
5. 试叙述永停滴定法滴定曲线的形状和滴定终点的确定方法。
6. Daniell 电池中的锌极是(　　)。
A. 还原反应　　　　　　　B. 正极　　　　　　　　C. 负极　　　　　　　　D. 阴极
7. 玻璃电极膜电位产生的机理是(　　)。
A. 电子传导　　　　　　　B. 离子交换和扩散　　　C. 氧化反应　　　　　　　D. 电子扩散

8. 玻璃电极测量溶液 pH 时，采用的测量方法是(　　)。

A. 校正曲线法　　　　　　B. 直接比较法　　　　　　C. 标准加入法　　　　　　D. 三次测量法

9. 用电位法测定未知溶液的 pH，首先将氢电极与饱和甘汞电极浸入已知浓度的酸溶液中：$Pt, H_2(1atm)|H^+(1.00mol/L)\|KCl(0.100mol/L)|Hg_2Cl_2(S), Hg$，25℃时，测得电动势为 328mV。然后将这对电极浸入未知液中，测得电动势为 445 mV，问：未知液 pH 为多少?

(pH=1.98)

10. 钠离子选择电极对氢离子的电位选择性系数为 $1×10^2$，当钠电极用于测定 $1×10^{-5}$ mol/L Na^+ 时，要满足测定的相对误差小于 1%，则应控制试液的 pH 大于多少?

(pH > 9)

11. 用钠离子选择电极在25℃测定溶液中 Na^+ 的浓度。当电极浸于 100.00ml 待测溶液时电动势为 0.1917V，加入 1.00ml $2.00×10^{-2}$mol/L Na^+ 标准溶液后的电动势为 0.2537V。计算待测溶液的 Na^+ 浓度和 pNa。

($[Na^+]$=1.95×10⁻⁵mol/L，pNa=4.710)

12. 下述电池的电动势为 0.580V(25℃)，已知 $\varphi^0_{Ag^+/Ag}$=0.7995V。试计算 $K_{sp(Ag_2C_2O_4)}$。

$$SHE \| C_2O_4{}^{2-}\left(1.00×10^{-3}\,mol/L\right), Ag_2C_2O_4 | Ag$$

(K_{sp}=3.84×10⁻¹¹)

| 第 3 章 | 光学分析法

依据物质与光相互作用后所产生的辐射信号和物质组成及结构的关系而建立起来的一类分析方法，统称为光学分析法(optical analysis)。光学分析法随着光学、电子学、数学和计算机技术的发展，已成为仪器分析中的主要组成部分，广泛应用于以医药学为重要分支的生命科学各个领域。下面对光的基本性质及其与物质的相互作用、光学分析法的分类、常用的仪器部件及分析方法进行简单介绍。

第 1 节　光及电磁波谱

一、光的波粒二象性

光是一种电磁辐射(又称电磁波)，如图 3-1 所示，是一种以巨大速度通过空间、不需要任何物质作为传播媒介的能量。光具有波粒二象性，即波动性与微粒性。

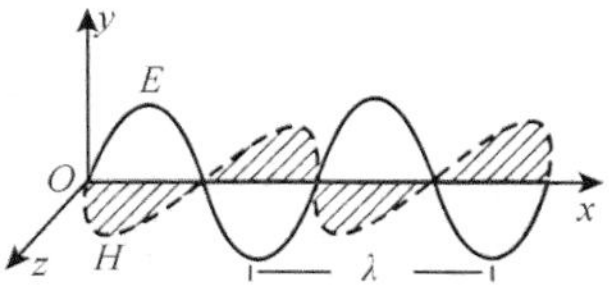

1. 光的波动性　波动性通常用波长 λ、频率 ν 和波数 σ 来表征。波长 λ 是光在波的传播路线上具有相同振动相位的相邻两点之间的线性距离，如图 3-1 所示，单位常用 nm。频率 ν 是每秒内的光波振动次数，单位为 Hz。波数 σ 是每厘米长度中光波的数目，单位为 cm^{-1}。波长、波数和频率的关系如下：

图 3-1　电磁波的传播

$$\nu = c / \lambda \tag{3-1}$$
$$\sigma = 1 / \lambda = \nu / c \tag{3-2}$$

式中，c 是光在真空中的传播速度，$c=3.0\times10^8 m/s$。

波动性体现在反射、折射、衍射、干涉以及偏振等现象。

2. 光的微粒性　光是不连续的能量微粒，这种粒子称为光子(或光量子)。微粒性用每个光子具有的能量 E 作为表征。光子的能量与波长成反比，与频率成正比。它们的关系为

$$E = h\nu = hc / \lambda = hc\sigma \tag{3-3}$$

式中，h 是普朗克常量，其值等于 $6.6262\times10^{-34} J·s$；能量 E 的单位常用电子伏特(eV)和焦耳(J)，$1eV=1.602\times10^{-19}J$。

微粒性体现在吸收、发射、光电效应、热辐射、光压现象以及光的化学作用等方面。

3. 电磁波谱　光按照波长或频率的顺序排列成的图谱，就是电磁波谱，如表 3-1 所示。波谱区及能量跃迁相关图如图 3-2 所示。

表 3-1　电磁波谱分区示意表

波长范围	波谱区名称	跃迁类型	光谱类型
0.0005～0.1nm	γ射线	原子核反应	莫斯鲍尔谱
0.1～10nm	X射线	内层电子	X射线电子能谱
10～200nm	远紫外	外层电子	真空紫外吸收光谱
200～400nm	近紫外	外层电子	紫外吸收光谱
400～760nm	可见	外层电子	可见吸收光谱
0.76～2.5μm	近红外	分子振动	红外吸收光谱、拉曼光谱
2.5～50μm	中红外	分子振动、转动	
50～1000μm	远红外	分子振动、转动	
0.1～100cm	微波	分子转动、电子自旋	电子自旋共振
1～1000m	无线电波	原子核自旋	核磁共振

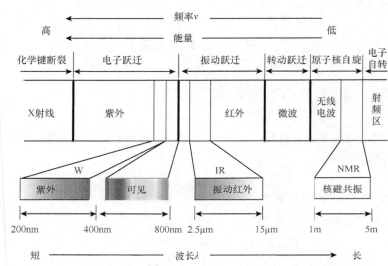

图 3-2　波谱区及能量跃迁相关图

二、光与物质的相互作用

　　光与物质的相互作用是普遍发生的复杂的物理现象，涉及物质内能变化的有吸收、产生荧光或磷光和拉曼散射等，不涉及物质内能变化的有透射、反射、非拉曼散射、衍射和旋光等。常见的光与物质相互作用如下：

　　1. 吸收　原子、分子或离子吸收光子的能量(等于基态和激发态差)后，从基态跃迁到激发态，光能转变为跃迁能。这种现象称为物质对光的吸收，如图 3-3 所示。

　　不同物质吸收不同波长或不同能量的光，这种现象称为物质对光的选择性吸收。物质对光选择性吸收的原因是：不同物质具有不同的电子结构，两能级的能量差(ΔE)不同，所能吸收光的波长或能量也不同。物质对光的选择性吸收的宏观现象体

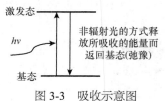

图 3-3　吸收示意图

现在不同的物质有不同的颜色，如图 3-4 所示。物质选择性地吸收白光中某种颜色的光，物质

就会呈现其互补色光的颜色。

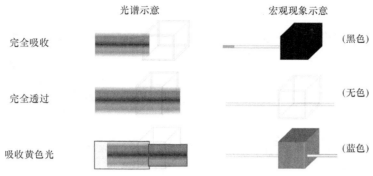

图 3-4　选择性吸收示意图

　　若两种不同颜色的单色光按一定的强度比例混合得到白光，就称这两种单色光为互补色光，这种现象称为光的互补。可见光的互补色光及波长范围如表 3-2 所示。

表 3-2　可见光的互补色光及波长范围

λ /nm	颜色	互补光
400～450	紫	黄绿
450～480	蓝	黄
480～490	绿蓝	橙
490～500	蓝绿	红
500～560	绿	红紫
560～580	黄绿	紫
580～610	黄	蓝
610～650	橙	绿蓝
650～760	红	蓝绿

　　2. 发射　物质从激发态跃迁回基态，并以发射光的形式释放出所吸收能量的过程，如图 3-5 所示。

　　3. 散射　光通过介质时会发生散射。散射中多数是光子与介质之间发生弹性碰撞所致。碰撞过程没有能量交换，光频率不变，但光子的运动方向改变。

　　4. 拉曼散射　光子与介质分子之间发生了非弹性碰撞，碰撞时光子不仅改变了运动方向，而且有能量的交换，光频率发生变化。

　　5. 折射和反射　当光从介质 1 照射到介质 2 的界面时，一部分光在界面上改变方向返回介质 1，称为光的反射；另一部分光则改变方向，以一定的折射角度进入介质 2，此现象称为光的折射。

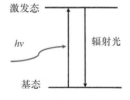

图 3-5　光发射示意图

　　6. 干涉和衍射　在一定条件下光波会相互作用，当其叠加时，将产生一个其强度视各波的相位而定的加强或减弱的合成波，称为干涉。当两个波长的相位差 180° 时，发生最大相消干涉。当两个波同相位时，发生最大相长干涉。光波绕过障碍物或通过狭缝时，以约 180° 的角度向外辐射，波前进的方向发生弯曲，此现象称为衍射。

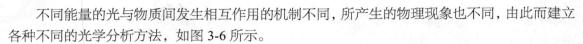

第 2 节　光学分析法的分类

不同能量的光与物质间发生相互作用的机制不同，所产生的物理现象也不同，由此而建立各种不同的光学分析方法，如图 3-6 所示。

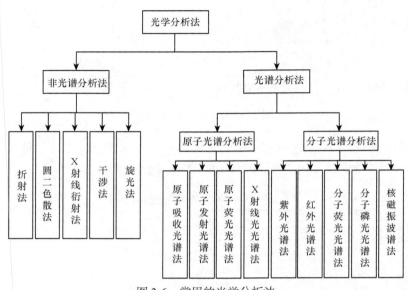

图 3-6　常用的光学分析法

一、光谱法与非光谱法

利用光的粒子性与物质作用时，物质内部发生量子化能级跃迁而产生光的吸收、发射或散射等光的强度随波长变化的定性、定量分析方法，称为光谱分析法，简称光谱法。光谱法的三种基本类型是吸收光谱法、发射光谱法和散射光谱法。常用的光谱法有原子吸收光谱法、原子发射光谱法、分子吸收光谱法、分子发射光谱法。光谱法应用甚广，是现代仪器分析的重要组成部分。

非光谱分析法，简称非光谱法，是指利用光的波动性与物质相互作用，测定光的反射、折射、干涉、衍射和偏振等基本性质变化的分析方法。这类方法主要有折射法、旋光法、浊度法、X 射线衍射法和圆二色散法等。

光谱法与非光谱法的根本区别在于，前者涉及物质内部能量的变化，而产生的对光的吸收、辐射光与光的拉曼散射等，后者不涉及物质内部能量的变化，仅使光的运动方向发生变化，如透射、反射、折射、非拉曼散射、衍射和旋光等。

二、原子光谱法与分子光谱法

1. 原子光谱法　原子光谱是气态原子或离子外层或内层纯电子能级跃迁而产生的光谱，表现为线状光谱(锐线光谱)。原子光谱是由一条条明锐的彼此分立的谱线组成的线状光谱，每一条光谱对应于一定的波长，这种线状光谱只反映原子或离子的性质而与原子或离子来源的分子状态无关，所以原子光谱可以确定试样物质的元素组成和含量，但不能给出物质分子结构的信息。利用原子吸收或发射光谱来确定待测物质的元素组成和含量的分析方法称为原子光谱法。

分析方法有原子发射光谱法、原子吸收光谱法、原子荧光光谱法以及 X 射线荧光光谱法等。原子光谱法能级跃迁及图谱和铁原子光谱图分别见图 3-7 和图 3-8。

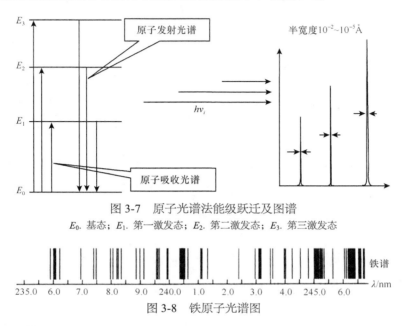

图 3-7　原子光谱法能级跃迁及图谱

E_0. 基态；E_1. 第一激发态；E_2. 第二激发态；E_3. 第三激发态

图 3-8　铁原子光谱图

2. 分子光谱法　分子光谱比原子光谱复杂得多，这是因为当原子组成分子后，分子轨道中的每一电子能层(n)内还有若干个振动能级(v)与转动能级(J)，这三种不同的能级都是量子化的，如图 3-9 所示。转动能级间的能量差 ΔE_J 最小，一般为 $0.005 \sim 0.05\text{eV}$（$250 \sim 25\mu\text{m}$），相当于远红外至微波的能量，产生的光谱为转动光谱，位于远红外区；振动能级间的能量差 ΔE_v 一般是电子能级差的 1/10 倍左右，在 $0.05 \sim 1\text{eV}$（$25000 \sim 1250\text{nm}$），相当于红外线的能量，产生的光谱为振动光谱，位于红外光区；电子能级的能量差 ΔE_e 一般为 $1 \sim 20\text{eV}$（$1250 \sim 60\text{nm}$），相当于紫外线和可见光的能量，产生的光谱为电子光谱，位于紫外可见光区。实际上，只有用远红外线或微波照射分子时才能得到纯粹的转动光谱，无法获得纯粹的振动光谱和电子光谱。

当用紫外-可见光照射时，在电子能级发生跃迁的同时，不可避免地伴随不同振动能级和转动能级的跃迁，使吸收峰的宽度变宽，呈带状。所以电子光谱实际上是电子-振动-转动光谱，是复杂的带状光谱。图 3-10 为四氮杂苯的紫外吸收光谱，气态状态下光谱呈现出明显的振动和转动精细结构，在非极性溶剂环己烷中还可以观察到振动能级跃迁的谱带，而在强极性溶剂水中，精细结构完全消失，呈现宽的谱带。原子光谱中的吸收峰呈线状，就是因为只有纯电子能级的跃迁。原子轨道电子能层内没有振动能级与转动能级。

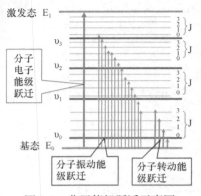

图 3-9　分子能级跃迁示意图

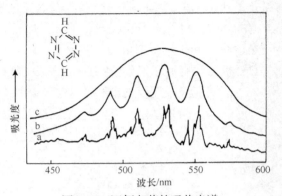

图 3-10　四氮杂苯的吸收光谱

a. 四氮杂苯蒸气；b. 四氮杂苯溶于环己烷中；c. 四氮杂苯溶于水中

　　利用待测物质分子的吸收或发射光谱进行定性、定量及结构分析的方法称为分子光谱法。利用分子能级之间跃迁方向，可将其分为分子吸收光谱和分子发射光谱，如图 3-11 所示。

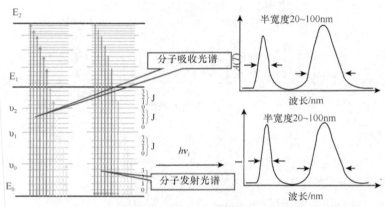

图 3-11　分子吸收光谱及发射光谱能级跃迁及光谱示意图

三、吸收光谱法与发射光谱法

　　1. 吸收光谱法　　吸收光谱产生的必要条件是所提供光的能量恰好等于该物质两能级的能量差。利用物质的吸收光谱进行定性、定量及结构分析的方法称为吸收光谱法。根据物质对不同波长的光的吸收，建立了各种吸收光谱法。

　　1) 分子吸收光谱法

　　分子吸收光谱是在光的作用下，由分子内的能级跃迁所引起。但由于分子内部的运动所涉及的能级变化比较复杂，分子吸收光谱比原子吸收光谱要复杂得多。根据入射光的波谱区域不同，分子吸收光谱法可分为紫外分光光度法、可见分光光度法和红外分光光度法等。

　　(1)紫外分光光度法(ultraviolet spectrophotomery，UV)　又称紫外吸收光谱法。紫外线波长范围为 10～400nm，其中 10～200nm 为远紫外区，又称真空紫外区；200～400nm 为近紫外区。与之对应的方法有远紫外分光光度法和近紫外分光光度法。远紫外线能被空气中的氧气和水强烈地吸收，利用其进行分光光度分析时需将分光光度计抽真空，因此远紫外分光光度法的研究与应用不多。通常所说的紫外分光光度法指的是近紫外分光光度法。近紫外线光子能量为 6.2～3.1eV，能引起分子外层电子(价电子)的能级跃迁并伴随振动能级与转动能级的跃迁，故吸收光谱表现为带状光谱。

(2)可见分光光度法(visible spectrophotometry，Vis)　可见光波长范围为 400～760nm，光子能量为 3.1～1.6eV，能引起具有长共轭结构的有机物分子或有色无机物的价电子能级跃迁，同时伴随分子振动和转动能级跃迁，吸收光谱也为带状。

紫外分光光度计上一般具有可见光波段,因此常把紫外分光光度法和可见分光光度法合称为紫外-可见分光光度法(UV-Vis)。

(3)红外分光光度法(infrared spectrophotometry，IR)　又称红外吸收光谱法，简称红外光谱法。红外线波长为 0.76～1000μm，分近、中、远红外三个波段。其中中红外区(2.5～50μm)最为常用，通常所指的红外分光光度法即中红外分光光度法(Mid-IR，MIR)。中红外光子能量为 0.5～0.025eV，可引起分子振动能级跃迁并伴随着转动能级跃迁，因此，其吸收光谱属于振-转光谱，为带状光谱。红外光谱因由基团中原子间振动而引起，故主要用于分析有机分子中所含基团类型及相互之间的关系。

2) 原子吸收光谱法

原子中的电子总是处于某一种运动状态之中。每一种状态具有一定的能量，属于一定的能级。当原子蒸气吸收紫外-可见光区中一定能量光子时，其外层电子就从能级较低的基态跃迁到能级较高的激发态，从而产生原子吸收光谱。通过测量处于气态的基态原子对光的吸收程度来测量样品中待测元素含量的方法，称为原子吸收光谱法。

此外，还有核磁共振波谱法、电子自旋共振波谱法、莫斯鲍尔(γ 射线)光谱法、X 射线吸收光谱法等。

2. 发射光谱法　发射光谱是指构成物质的原子、离子或分子受到辐射能、热能、电能或化学能的激发，跃迁到激发态后，由激发态回到基态时以辐射光的方式释放能量，从而产生的光谱。物质发射的光谱有三种：带状光谱、线状光谱和连续光谱。带状光谱是由分子被激发而发射的光谱；线状光谱是由气态或高温下物质在离解为原子或离子时被激发而发射的光谱；连续光谱是由炽热的固体或液体所发射的。

利用物质的发射光谱进行定性、定量的方法称发射光谱法。常见的发射光谱法有分子荧光光谱法、分子磷光光谱法、原子发射光谱法、原子荧光光谱法等。

1) 荧光或磷光

气态金属原子和物质分子受光(一次辐射)激发后，能以发射光的形式(二次辐射)释放能量返回基态，这种二次辐射称为荧光或磷光，测量由原子发射的荧光和分子发射的荧光或磷光强度与波长所建立的方法分别称为原子荧光光谱法、分子荧光光谱法和分子磷光光谱法。同样作为发射光谱法，这三种方法与原子发射光谱法的不同之处是以光(一次辐射)作为激发源，然后以辐射光(二次辐射)的形式返回基态。

分子荧光和分子磷光的发光机制不同，荧光是由单线态-单线态跃迁产生的，磷光是由三线态-单线态跃迁产生的。由于激发三线态的寿命比单线态长，在分子三线态寿命时间内更容易发生分子间碰撞导致磷光猝灭，所以测定磷光光谱需要用刚性介质"固定"三线态分子或特殊溶剂，以减少无辐射跃迁达到定量测定的目的。

2) 原子发射光谱法

气态金属原子与高能量粒子(电子、原子或分子)碰撞受到激发，使分子外层电子由能量较低的基态跃迁到能量较高的激发态。处于激发态的电子十分不稳定，在极短时间内便返回到基态或其他较低的能级。在返回过程中，特定元素的原子可发射出一系列不同波长的特征光谱线，这些谱线按一定的顺序排列，并保持一定强度比例，通过这些谱线的特征来识别元素，测量谱线的强度来进行定量，这就是原子发射光谱法。

第 3 节　光谱分析仪器

研究吸收或发射光的强度和波长关系的仪器称为分光光度计(spectrophotometer)。这一类仪器有三个基本的组成部分：①光源；②分光系统，其作用是将复合光分解为"单色"组分；③检测系统和读出装置。至于样品的位置则视方法而定，或置于分光系统和检测系统之间，或置于光源和分光系统之间，或置于光源中。分光光度计的基本结构如图 3-12 和表 3-3 所示。

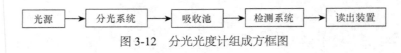

图 3-12　分光光度计组成方框图

表 3-3　各种光学仪器的主要部件

波段	γ 射线	X 射线	紫外	可见	红外	微波	射频
辐射源	原子反应堆 粒子加速器	X 射线管	氢(氘)灯 氙灯	钨灯 氙灯	硅碳棒 Nernst 辉光器	速调管	电子 振荡器
分光系统	脉冲高度 鉴别器	晶体 光栅	石英棱镜 光栅	玻璃棱镜 光栅	盐棱镜　光栅 Michelson 干涉仪	单色辐射源	
检测系统	闪烁计数管 半导体计数管		光电管 光电倍增管	光电池 光电管	差热电偶 热辐射检测器	晶体 二极管	二极管 晶体三极管

一、光源

光谱测量使用的光源应该具有一定的强度并且稳定，因此，对光源最主要的是必须有足够的稳定性和输出功率。因为光源辐射功率的波动与电源功率的变化呈指数关系，必须有稳定的电源才能保证光源的输出有足够的稳定性，所以光学分析仪器一般有良好的稳流或稳压装置。在光学分析中，分子吸收光谱常采用连续光源，原子吸收光谱、原子发射光谱和原子荧光光谱常采用线光源，发射光谱采用等离子体、电弧、火花光源。

1. 连续光源

(1) 紫外光源　通常使用氢灯或氘灯，发射的连续光谱范围是 150～400nm。氘灯的寿命比氢灯长，产生的光谱强度比氢灯大 3～5 倍。

(2) 可见光源　通常使用氙灯和钨灯。氙灯的光谱范围为 200～700nm，发光强度比钨灯大。钨灯的光谱范围为 320～2500nm。

(3) 红外光源　通常使用 Nernst 灯和硅碳棒。它是将惰性固体，通过电加热的方式来产生连续光谱。在 1500～2000K 的温度范围内，所产生的最大辐射强度的光谱范围是 6000～

$200cm^{-1}$，其中 Nernst 灯发光强度大，硅碳棒寿命长。

2. 线光源

(1) 空心阴极灯　原子吸收光谱常用的一种光源。

(2) 金属蒸气灯　通常使用汞蒸气灯和钠蒸气灯。汞蒸气灯的光谱范围为 254～734nm，钠蒸气灯的一对线光谱的波长为 589.0nm 和 589.6nm。

二、分光系统

分光系统具有将来自光源的光谱中分离出所需要的单色光或有一定波长范围的谱带的作用。分光系统常见的有单色器和滤光片两种。单色器通常由进光狭缝、准直镜、色散元件、聚焦镜和出光狭缝组成。光路示意图见图 3-13。聚焦于进光狭缝的光，经准直镜变成平行光，投射于色散元件，色散元件将复合光分解为单色光，再经与准直镜相同的聚焦镜将色散后的平行光聚焦于出光狭缝上，形成按波长排列的光谱。转动色散元件或准直镜方位可在一个很宽的范围内任意选择所需波长的光从出光狭缝分出。

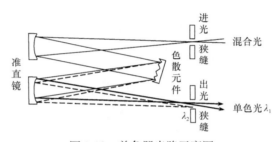

图 3-13　单色器光路示意图

1. 色散元件　在单色器中，最重要的是色散元件。

(1) 棱镜　早期生产的仪器多用棱镜，棱镜的色散作用是依据棱镜材料对不同的光有不同的折射率，因此可将混合光中所包含的各个波长从长波到短波依次分散成为一个连续光谱。折光率差别越大，色散作用(色散率)越大。由棱镜分光得到的光谱其光距与各条波长是非线性的，按波长排列长波长区密，短波长区疏。棱镜材料有石英和玻璃两种，石英棱镜可用于可见光区和紫外光区，玻璃棱镜因为吸收紫外线，只可用于可见光区。

(2) 光栅　光栅是利用光的衍射与干涉作用，使不同波长的光有不同的方向，从而达到将连续光谱的光进行色散的目的。光栅色散后的光谱与棱镜不同，其光谱是由紫到红，各谱线间距离相等且均匀分布的连续光谱。光栅光谱为多级光谱(包括一、二、三级等谱线)，级序增大光谱增宽，但光强减弱，而且光栅光谱各级重叠，相互干扰，因此需用滤光片滤去高级序光谱。实用的光栅是一种称为闪耀光栅(blazed grating)的反射光栅(图 3-14)，其刻痕是有一定角度(闪耀角 β)的斜面，刻痕的间距 d 称为光栅常数，d 越小色散率越大，但 d 不能小于辐射的波长。这种闪耀光栅可使特定波长的有效光强度集中于一级的衍射光谱上。近年来采用激光全息技术产生的全息光栅(holographic grating)质量更高，已得到普遍采用。

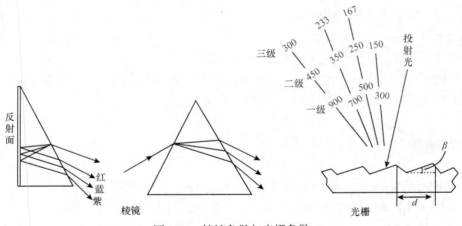

图 3-14　棱镜色散与光栅色散

(3)Michelson 干涉仪　干涉仪工作原理见图 3-15。干涉仪是使光源发出的两束光，经过不同路程后，再聚焦到某一点上，这时发生干涉现象。Michelson 干涉仪由固定镜(M_1)、动镜(M_2)及光束分裂器(BS)(或称分束器)组成。M_2 沿图示方向移动，故称动镜。在 M_1 与 M_2 间放置呈 45°角的半透明光束分裂器。由光源发出的光，经准直镜后其平行光射到分束器上，分束器可使 50%的入射光透过，其余 50%的光反射，分裂为两束光Ⅰ与Ⅱ。Ⅰ与Ⅱ两束光分别被动镜与固定镜反射而形成相干光。因定镜的位置固定，而动镜的位置是可变的，故可改变两光束的光程差，即可以得到干涉图。

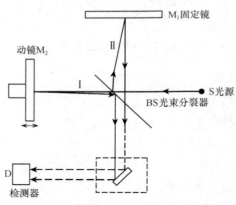

图 3-15　Michelson 干涉仪工作原理图

2. 狭缝　狭缝分进光狭缝和出光狭缝两种。进光狭缝的作用是将光源发出的光形成一束整齐的细光束照射到准直镜上；出光狭缝的作用是选择色散后的"单色光"。但实际上，从出光狭缝射出的并不是严格意义上的单色光，而是有一定的波长范围。因此狭缝宽度直接影响分光质量，狭缝过宽，单色光不纯，可引起对 Beer 定律的偏离。狭缝太窄，光通量小，降低灵敏度，此时若单纯依靠增大放大器放大倍数来提高灵敏度，则会使噪声同步增大，影响准确度。所以狭缝宽度要恰当，通常用于定量分析时，主要考虑光通量，宜采用较大的狭缝宽度，但以误差小为前提；用于定性分析时，更多地考虑光的单色性，宜采用较小的狭缝宽度。

3. 准直镜　准直镜是以狭缝为焦点的聚光镜。其作用是将进入单色器的发散光变成平行光，也常用作聚焦镜，将色散后的平行单色光聚集于出光狭缝。在紫外-可见分光光度计中一般用镀铝的抛物柱面反射镜作为准直镜。铝面对紫外线反射率比其他金属高，可以减少光强的损失，但铝易受腐蚀，应注意保护。

4. 滤光器 最简单的分光系统。它只能分离出一个波长带(带通滤光器)或只能保证消除特定波长以上或以下的所有辐射(截止滤光器)。

三、检测系统

检测系统是将光信号转换为易检测的电信号的装置。在现代的光谱分析仪器中，多采用光电转换器。光电转换器一般分为两类，一类是量子化检测器(光子检测器)，是将接收的辐射功率变成电流的转换器，其中有单道光检测器(如硒光电池、光电管、光电倍增管及硅二极管)和多道光子检测器(如光二极管阵列检测器和电荷转移元件阵列检测器)；另一类是热检测器，为对热产生响应的检测器，如热电检测器和真空热电偶。

(唐尹萍)

 习   题

1. 光学分析法有哪些类型？
2. 光谱法和非光谱法的区别是什么？
3. 简述分子光谱和原子光谱的异同点。
4. 名词解释：电磁波谱、吸收、发射、吸收光谱、发射光谱。
5. 简述电磁辐射的基本性质。
6. 计算 324.7nm 铜的发射线的频率(Hz)、波数(cm^{-1})。

$(9.24\times10^{14}Hz，3.1\times10^{4}cm^{-1})$

| 第 4 章 | 紫外-可见分光光度法

紫外-可见分光光度法(ultraviolet-visible spectrophotometry，UV-Vis)，是研究物质在紫外-可见光区(200～800nm)分子吸收光谱的分析方法。紫外-可见吸收光谱属于电子光谱，可用于定性、定量和结构分析。定量分析准确度较高，相对误差通常在 0.2%～0.5%；灵敏度也较高，一般可达 10^{-5}～10^{-4}g/ml，部分可达 10^{-6}～10^{-7}g/ml。紫外-可见分光光度法的仪器设备简单，操作方便，是药学、中药学科研及生产实践中常用的方法之一。

第 1 节 基 本 原 理

一、紫外-可见吸收光谱

1. 分子的总能量与吸收光谱的产生 一个分子的总能量(E)由内能($E_{内}$)、平动能($E_{平}$)、振动能($E_{振}$)、转动能($E_{转}$)及外层价电子跃迁能($E_{电子}$)之和决定，如图 4-1 所示，即

$$E = E_{内} + E_{平} + E_{振} + E_{转} + E_{电子} \tag{4-1}$$

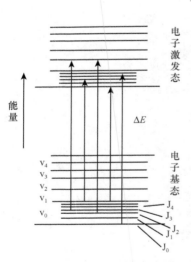

图 4-1 分子能级跃迁示意图
v. 振动能级；j. 转动能级

$E_{内}$是分子固有的内能，$E_{平}$是连续变化的，不具有量子化特征，因而它们的改变不会产生光谱。所以当分子吸收辐射能之后，其能量变化(ΔE)仅是振动能、转动能和价电子跃迁能之总和，即

$$\Delta E = \Delta E_{振} + \Delta E_{转} + \Delta E_{电子} \tag{4-2}$$

式中，$\Delta E_{电子}$最大，一般为 1～20eV，相应的波长范围为 60～1250nm。因此，由分子的外层电子(价电子)跃迁而产生的光谱位于紫外-可见光区，称为紫外-可见吸收光谱。由图 4-1 可以看出，由于分子内部运动所涉及的能级变化较复杂，价电子的跃迁还伴随着振动、转动能级的跃迁，所以紫外-可见吸收光谱为带状光谱。

2. 有机分子中几种外层电子及电子跃迁类型 根据分子轨道理论，当两个原子结合成分子时，两个原子轨道线性组合成两个分子轨道。其中一个具有较低的能量称为成键轨道，另一个具有较高的能量称为反键轨道。有机化合物分子中有三种不同性质的价电子，即形成单键的 σ 电子、形成双键或三键的 π 电子及未成键的 n 电子(亦称 p 电子)。电子通常在成键轨道上，当分子吸收能量后可以激发到反键轨道上。分子中这三种电子的成键和反键分子轨道能级高低顺序如下：

$$\sigma < \pi < n < \pi^* < \sigma^*$$

σ、π 表示成键轨道，n 表示未成键轨道(亦称非键轨道)，σ*、π*表示反键轨道。分子中不同轨道的价电子具有不同的能量，处于较低能级的价电子吸收一定的能量后，可以跃迁到较高能级。电子跃迁的类型主要有 σ→σ*、π→π*、n→σ*及 n→π*跃迁。图 4-2 表示了各种不同类型的电子跃迁所需能量及所处波段的差异。

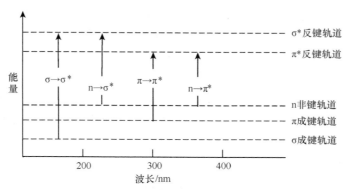

图 4-2　不同类型电子跃迁能量与波段示意图

(1) σ→σ*跃迁　处于成键轨道上的 σ 电子吸收光能后跃迁到 σ*反键轨道,称为 σ→σ*跃迁。分子中 σ 键成键轨道能量最低，反键轨道能量最高，ΔE 最大，因此跃迁所需的能量最大，吸收的辐射波长最短，吸收峰在远紫外区。饱和烃类分子中只含有 σ 键，因此只能产生 σ→σ*跃迁，吸收峰位一般都小于 150nm。

(2) n→σ*跃迁　含—OH、—NH$_2$、—X、—S 等基团的化合物，其杂原子中的 n 电子吸收能量后向 σ*反键轨道跃迁，这种跃迁所需的能量较大，吸收峰位一般在 200nm 附近。

(3) π→π*跃迁　处于成键轨道上的 π 电子跃迁到 π*反键轨道上，称为 π→π*跃迁。不饱和有机化合物，如具有 C＝C 或 C≡C、C≡N 等基团的有机化合物都会产生 π→π*跃迁。该跃迁所需能量较小，吸收强度大($\varepsilon > 10^4$)。一般孤立双键的 π→π*跃迁，吸收峰的波长小于 200nm。分子中若具有共轭体系，可使 π→π*跃迁所需能量降低，吸收增强。共轭系统越长，π→π*跃迁所需能量就越低，λ_{max} 可增大至 210nm，甚至到达可见光区。

(4) n→π*跃迁　含有杂原子的不饱和基团，如 C＝O、C＝S、N＝N 等化合物，其未成键轨道中的 n 电子吸收能量后，向 π*反键轨道跃迁，称为 n→π*跃迁。这种跃迁所需能量最小，吸收强度弱(ε 为 10～100)。吸收峰位通常大于 250 nm。例如，丙酮的 $\lambda_{max} = 279$nm，为 10～30。

二、常用术语

1. 吸收光谱　吸收光谱又称吸收曲线，是以波长 λ(nm)为横坐标、以吸光度 A 为纵坐标所绘制的曲线，如图 4-3 所示。吸收光谱的特征可用以下光谱术语加以描述。

(1) 吸收峰　吸收曲线上的凸起部分称为吸收峰，凸起部分的极大值所对应的波长称为最大吸收波长(λ_{max})。

(2) 吸收谷　峰与峰之间凹下部分称为吸收谷，凹下部分的极小值所对应的波长称为最小吸收波长(λ_{min})。

(3) 肩峰　吸收峰上的小凸起称为肩峰(shoulder peak)，肩峰极大值所对应的波长称为肩峰波长，通常用 λ_{sh} 表示。

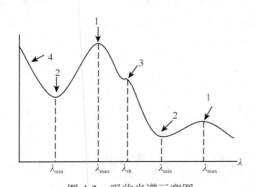

图 4-3　吸收光谱示意图
1. 吸收峰；2. 吸收谷；3. 肩峰；4. 末端吸收

(4) 末端吸收　在吸收曲线的 200nm 附近，不呈峰形的强吸收称为末端吸收(end absorption)。

2. 发色团　发色团(chromophore)亦称生色团，是指能吸收紫外-可见光的基团或含有 π 键的不饱和基团，如 C=C、C=O、—C=S、—NO₂、—N=N—等。该基团的特点是能产生 $\pi \rightarrow \pi^*$ 或 $n \rightarrow \pi^*$ 跃迁。

3. 助色团　助色团(auxochrome)是指本身不能吸收紫外-可见光，但与发色团相连时，可使发色团所产生的吸收峰向长波方向移动并使吸收强度增加的基团，如—OH、—OR、—NH₂、—SH、—X 等含有杂原子的饱和基团。例如，苯的 λ_{max} 在 256nm 处，而苯胺的 λ_{max} 移至 280nm 处。

4. 蓝移和红移　有机化合物的吸收谱带常常因引入取代基或改变溶剂使最大吸收波长 λ_{max} 和吸收强度发生变化。吸收峰向短波方向移动的现象称蓝移(或紫移)(blue shift)，亦称短移。吸收峰向长波方向移动的现象称红移(red shift)，亦称长移。

5. 浓色效应和淡色效应　吸收强度增加的效应称为浓色效应(hyperchromic effect)，亦称增色效应；吸收强度减弱的效应称为淡色效应(hypochromic effect)，亦称减色效应。

6. 强带和弱带　在紫外-可见吸收光谱中，摩尔吸光系数大于 10^4 的吸收峰称为强带(strong band)；小于 10^2 的吸收峰称为弱带(weak band)。

三、吸收带

1. 吸收带的分类　把不同化合物中所含有的不同或相同基团，但具有相同跃迁形式所产生的吸收峰用吸收带(absorption band)来表示。根据吸收带的位置和强度，可以推断化合物可能的结构类型以及所含的官能团。根据电子跃迁和分子轨道的种类，通常将紫外-可见光区的吸收带分为 4 种类型。

(1) R 带　从德文 radikal(基团)得名，是由含杂原子的不饱和基团(如 C=O、—NO、—NO₂、—N=N—等)的 $n \rightarrow \pi^*$ 跃迁引起的吸收。其特点是吸收峰处于较长波长范围(250～500nm)，吸收强度弱($\varepsilon < 100$)。

(2) K 带　从德文 konjugation(共轭作用)得名，是由含共轭不饱和基团的 $\pi \rightarrow \pi^*$ 跃迁引起的吸收带。吸收峰出现在 210nm 以上，吸收强度大($\varepsilon > 10^4$)。随着共轭体系的增大，K 带吸收峰红移，吸收强度增加。

(3) B 带　从 benzenoid(苯的)得名，是由苯等芳香族化合物的骨架伸缩振动与苯环状共轭体系 $\pi \rightarrow \pi^*$ 跃迁的共同作用所引起的吸收带，是芳香族(包括杂芳香族)化合物的特征吸收带之一。苯蒸气 B 带的吸收光谱在 230～270nm 处出现精细结构，亦称苯的多重吸收带。原因是苯在蒸气状态下分子间相互作用弱，反映出了分子振动、转动能级跃迁的吸收峰，如图 4-4(a)

所示。在苯的己烷溶液中，因分子间相互作用较强，转动跃迁的峰的精细结构消失，B 带仅展现部分振动跃迁峰的精细结构，如图 4-4(b)所示。在极性溶剂中，溶质与溶剂间的相互作用更大，振动跃迁峰的精细结构消失，使得苯的 B 带呈一宽峰，其中心在 256nm 附近，$\varepsilon = 220$，如图 4-4(c)所示。

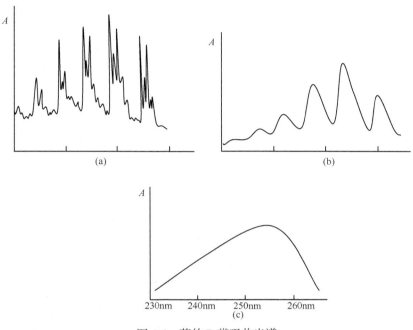

图 4-4　苯的 B 带吸收光谱
(a)苯蒸气；(b)苯的己烷溶液；(c)苯的乙醇溶液

(4) E 带　也是芳香族化合物的特征吸收带，分为 E_1 和 E_2 带。E_1 带为苯环上孤立乙烯基的 $\pi \rightarrow \pi^*$ 跃迁引起，E_2 带为苯环上共轭二烯基的 $\pi \rightarrow \pi^*$ 跃迁引起。E_1 带的吸收峰约在 180nm($\varepsilon \approx 6 \times 10^4$，远紫外区)；$E_2$ 带的吸收峰在 200nm($\varepsilon \approx 7 \times 10^3$)以上，均为强吸收。当苯环上有发色团取代并与苯环产生共轭时，E_2 带便与 K 带合并使吸收带红移，但通常在 210nm 左右。

2. 影响吸收带位置与强度的主要因素

1) 位阻效应

化合物中若有两个发色团共轭，可使吸收带长移。但若两个发色团由于立体阻碍妨碍它们处于同一平面上，就会影响共轭的程度，这种影响在光谱图上可以清晰地显示出来。例如，

$\lambda_{max/nm}$	247	237	231
ε	17000	10250	5600

各种异构现象(顺反异构及几何异构)也可使紫外吸收带产生明显差异。例如，二苯乙烯，反式结构的 K 带 λ_{max} 比顺式明显长移，且吸收系数也有所增加(图 4-5)。其原因就是因为顺式结构有立体阻碍，苯环不能与乙烯双键在同一平面上，共轭程度降低。

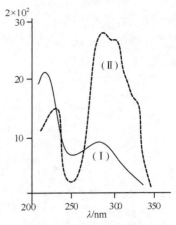

图 4-5　二苯乙烯顺反异构体的紫外吸收光谱
（Ⅰ）顺式；（Ⅱ）反式

顺式二苯乙烯
$\lambda_{max}=280nm$ (10500)

反式二苯乙烯
$\lambda_{max}=295.5nm$ (29000)

2) 跨环效应

跨环效应(transannular effect)是指非共轭基团之间的相互作用。在环状体系中，分子中非共轭的两个发色团因为空间位置，发生轨道间的相互作用，使得吸收带长移，同时吸光强度增强，这种作用即跨环效应。但该效应产生的光谱，并不等同于两个发色团的共轭光谱。例如，$CH_2 = \bigcirc = O$，虽然碳碳双键与羰基相隔 2 个单键不能共轭，但由于环的立体排列，羰基和碳碳双键能产生跨环(π-π 共轭)效应，致使由 $n\rightarrow\pi^*$ 跃迁产生的 R 带向长波移动，出现在 284nm 处；同时出现共轭双键 $\pi\rightarrow\pi^*$ 的 K 带(214nm)，但强度中等，即非典型 K 带。此外，当 C=O 的 π 轨道与一个杂原子的 p 轨道能够产生有效交盖时，也会出现跨环(p-π 共轭)效应，致使羰基 R 带的波长与吸收强度发生变化。

例如，$\bigcirc \!\! \overset{O}{\underset{S}{C}}$ 　$\lambda_{max}=238nm$，$\varepsilon_{max}=2535$

3) 溶剂效应

溶剂除影响吸收峰位置外，还影响吸收强度和光谱形状，所以化合物在溶剂中的紫外吸收光谱一般应注明所用溶剂。溶剂的极性不同，会使 $n\rightarrow\pi^*$ 和 $\pi\rightarrow\pi^*$ 跃迁所产生的吸收峰位置向不同方向移动。溶剂极性增大，一般会使 $\pi\rightarrow\pi^*$ 跃迁吸收峰向长波方向移动；而使 $n\rightarrow\pi^*$ 跃迁吸收峰向短波方向移动，后者的移动一般比前者的移动大。例如，异丙叉丙酮($CH_3\!-\!\underset{O}{\overset{}{C}}\!-\!CH\!=\!C\overset{CH_3}{\underset{CH_3}{}}$)的溶剂效应见表 4-1。

表 4-1　溶剂极性对异丙叉丙酮的两种跃迁吸收峰的影响

跃迁类型	正己烷	三氯甲烷	甲醇	水	迁移
$\pi\rightarrow\pi^*$	230nm	238nm	238nm	243nm	长移
$n\rightarrow\pi^*$	329nm	315nm	309nm	305nm	短移

极性较大的溶剂，使 $\pi\rightarrow\pi^*$ 跃迁吸收峰长移，是因为激发态的极性总比基态极性大，因而激发态与极性溶剂之间相互作用所降低的能量比基态与极性溶剂之间相互作用所降低的能量

大，因而跃迁所需能量变小，产生长移。而在 n→π* 跃迁中，n 电子与极性溶剂之间能形成较强的氢键，使基态能量降低大于激发态与极性溶剂相互作用所降低的能量，因而跃迁所需能量变大，产生短移，见图4-6。

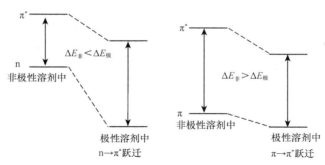

图 4-6　极性溶剂对两种跃迁能级差的影响

4) 体系 pH 的影响

体系 pH 可影响酸碱性物质的解离程度，从而影响其紫外-可见吸收光谱。例如，酚类和胺类化合物由于体系的 pH 不同，其解离情况不同，而产生不同的吸收光谱。

λ_{max} 210.5nm，270nm　　λ_{max} 236nm，287nm

ε_{max} 6200，　1450　　　ε_{max} 9400，　2600

λ_{max} 230nm，280nm　　λ_{max} 203nm，254nm

ε_{max} 8600，　1470　　　ε_{max} 7500，　160

第 2 节　朗伯-比尔定律

一、朗伯-比尔定律

在吸收光谱中有两个重要的参数，即透光率与吸光度。当一束强度为 I_0 的平行单色光照射到吸光物质后，光强度由 I_0 减弱为 I，如图4-7所示。I 与 I_0 的比值称为透光率(transmittance，T，一般用百分数表示)，透光率的负对数称为吸光度(absorbance，A)，分别表示如下：

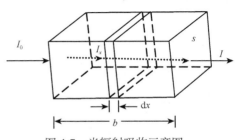

图 4-7　光辐射吸收示意图

$$T = \frac{I}{I_0}　,　A = -\lg T = \lg \frac{I_0}{I}$$

1. 朗伯-比尔定律的导出

朗伯-比尔(Lambert-Beer)定律是物质对光吸收的基本定律，是分光光度分析法的定量依据和基础。Lambert 定律说明了物质对光的吸光度与吸光物质的液层厚度成正比，Beer 定律说明了物质对光的吸光度与吸光物质的浓度成正比。两者合起来称为朗伯-比尔定律，简称吸收定律。定律推导如下。

假设一束平行单色光通过一个吸光物体，入射光强为 I_0，透过光强为 I，吸光物体横截面为 S，液层厚度为 L，吸光质点总数为 N。另设试样溶液由无限个厚度为 $\mathrm{d}x$ 微分薄层组成，照射在微分薄层上的入射光强为 I_x，该薄层内吸光质点的数目为 $\mathrm{d}n$，则光强的减弱：

$$-\mathrm{d}I_x \propto I_x\mathrm{d}n \qquad\qquad -\mathrm{d}I_x = k\,I_x\mathrm{d}n \tag{4-3}$$

$$\frac{\mathrm{d}I_x}{I_x} = -k\mathrm{d}n \tag{4-4}$$

$$\int_{I_0}^{I}\frac{\mathrm{d}I_x}{I_x} = -k\int_{0}^{N}\mathrm{d}n \;\Rightarrow\; \left[\ln I_x\right]_{I_0}^{I} = -k\left[n\right]_{0}^{N} \;\Rightarrow\; \ln I - \ln I_0 = -kN \tag{4-5}$$

$$\ln\frac{I}{I_0} = -kN \;\Rightarrow\; \lg\frac{I}{I_0} = -0.434kN = -KN \tag{4-6}$$

$$\because N = ScL \quad 且\frac{I}{I_0} = T \quad \therefore A = -\lg\frac{I}{I_0} = -\lg T = KScL = Ecl \tag{4-7}$$

2. 吸光度的加和性原理　当溶液中含有多种对光产生吸收的物质，且各组分间不存在相互作用时，该溶液对波长 λ 光的总吸光度等于溶液中每一成分的吸光度之和。可用下式表示：

$$A_{总}^{\lambda} = A_1^{\lambda} + A_2^{\lambda} + A_3^{\lambda} + \cdots + A_n^{\lambda} = (E_1c_1 + E_2c_2 + E_3c_3 + \cdots + E_nc_n)l \tag{4-8}$$

吸光度的加和性是多组分光度测定的基础。

当吸光介质中只有一种吸光物质存在时，

$$A = Elc \tag{4-9}$$

式(4-9)是朗伯-比尔定律的数学表达式，它的物理意义是：当一束平行单色光通过均匀溶液时，溶液的吸光度与液层厚度和吸光物质的浓度成正比。

3. 吸收系数　式(4-9)中 E 值为吸收系数，其物理意义为吸光物质在单位浓度及单位液层厚度时的吸光度。在给定单色光、溶剂和温度等条件下，吸收系数是物质的特性常数。不同物质对同一波长的单色光，可有不同的吸收系数。吸收系数越大，表明该物质的吸光能力越强，灵敏度越高，所以吸收系数可以作为吸光物质定性分析的依据和定量分析灵敏度的估量。吸收系数随浓度所取单位不同而不同，常用的有摩尔吸收系数和百分吸收系数，分别用 ε 和 $E_{1cm}^{1\%}$ 表示。

1) 摩尔吸收系数

如果浓度 c 以物质的量浓度(mol/L)表示，则式(4-9)可以写成

$$A = \varepsilon lc \tag{4-10}$$

式中，ε 称为摩尔吸收系数，单位为 L/(mol·cm)。

摩尔吸收系数是指在一定波长下，溶液浓度为 1mol/L、液层厚度为 1cm 时的吸光度。物质的摩尔吸收系数一般不超过 10^5 数量级，通常大于 10^4 为强吸收，小于 10^2 为弱吸收，介于两者之间的为中强吸收。

2) 百分吸收系数

如果浓度 c 以质量百分浓度(g/100ml)表示，则式(4-9)可以写成

$$A = E_{1cm}^{1\%} lc \tag{4-11}$$

式中，$E_{1cm}^{1\%}$ 称为百分吸收系数，单位为 $100ml/(g·cm)$。

百分吸收系数是指在一定波长下，溶液浓度为 1%(即 1g/100ml)、液层厚度为 1cm 时的吸度。百分吸收系数在药物定量分析中应用广泛，我国现行版药典均采用百分吸收系数，尤其适用于摩尔质量(M)未知的待测组分。

两种吸收系数之间的换算关系如下：

$$\varepsilon = \frac{M}{10} \cdot E_{1cm}^{1\%} \tag{4-12}$$

二、偏离朗伯-比尔定律的因素

根据 Beer 定律，当波长和入射光强度一定时，吸光度 A 与吸光物质的浓度 c 成正比，即 A-c 曲线应为一条通过原点的直线。但在实际工作中，特别是当溶液浓度较高时，A-c 曲线常会出现偏离直线的情况(图 4-8)。若所测试的溶液浓度在标准曲线的弯曲部分，则按 Beer 定律计算的浓度必将产生较大的误差。偏离 Beer 定律的因素主要有化学因素与光学因素。

1. 化学因素

Beer 定律成立的前提之一是稀溶液。随着溶液浓度的改变，溶液中的吸光物质可因浓度的改变而发生离解、缔合、溶剂化以及配合物生成等的变化，使吸光物质的存在形式发生变化，影响物质对光的吸收能力，因而偏离 Beer 定律。

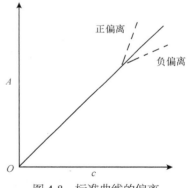

图 4-8 标准曲线的偏离

例如，重铬酸钾的水溶液中存在以下平衡：$Cr_2O_7^{2-} + H_2O \rightleftharpoons 2H^+ + 2CrO_4^{2-}$，若将溶液严格地稀释 2 倍，则溶液中 $Cr_2O_7^{2-}$ 的浓度不是恰好减少为原来的 1/2，而是受稀释平衡向右移动的影响，$Cr_2O_7^{2-}$ 浓度的减少多于原来的 1/2，结果导致偏离 Beer 定律而产生误差。不过若在强酸性溶液中测定 $Cr_2O_7^{2-}$ 或在强碱性溶液中测定 CrO_4^{2-} 则可避免上述偏离现象。

2. 光学因素

1) 非单色光

Beer 定律只适用于单色光，但事实上真正的单色光是难以得到的。实际应用中采用的是连续光源，需采用单色器把所需要的波长从连续光谱中分离出来，其波长宽度取决于单色器中的狭缝宽度和棱镜或光栅的分辨率。由于制作技术的限制，同时为了保证单色光的强度，狭缝就必须有一定的宽度，这就使分离出来的光同时包含所需波长的光和附近波长的光，即具有一定波长范围的光。这一宽度称为谱带宽度，常用半峰宽来表示，即最大透光度一半处曲线的宽度(图 4-9)。实际应用于测量的都是具有一定谱带宽度的复合光，吸光物质对不同波长的光的吸收能力不同，导致了对 Beer 定律的偏离。例如，按如图 4-10 所示的吸收光谱，用谱带 a 所

对应的波长进行测定，吸光度随波长的变化不大，引起的偏离就比较小。用谱带 b 对应的波长进行测定，吸光度随波长的变化较明显，就会产生较大的偏离。

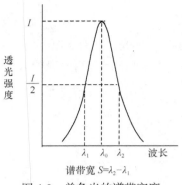

图 4-9　单色光的谱带宽度　　　　　图 4-10　测定波长的选择

为了减小因非单色光所带来的误差，通常选择吸光物质的最大吸收波长作为测定波长。在最大吸收波长处测定，吸收系数变化小，线性关系好；吸光系数大，定量测定的灵敏度、准确度高。

2）杂散光

从单色器得到的单色光中，还有一些不在谱带范围内、与所需波长相隔甚远的光，称为杂散光。它是因仪器光学系统的缺陷或光学元件受灰尘、霉蚀的影响而引起的，特别是在透光率很弱的情况下，会产生明显的干扰作用。具体分析如下。

设入射光的强度为 I_0、透过光的强度为 I，杂散光强度为 I_s，则观测到的吸光度为

$$A = \lg \frac{I_0 + I_s}{I + I_s} \tag{4-13}$$

若样品不吸收杂散光，则 $(I_0 + I_s)/(I + I_s) < I_0/I$，使 A 变小，产生负偏离。这种情况是分析中经常遇到的。随着仪器制造工艺的提高，绝大部分波长内杂散光的影响可忽略不计，但在接近紫外末端处，杂散光的比例相对增大，干扰增强，甚至还会出现假峰。

3）散射光和反射光

入射光通过吸收池内外界面之间时，界面产生反射作用，同时吸光质点对入射光又有散射作用。散射光和反射光均是入射光谱带宽度内的光，导致透射光强度减弱，可用空白溶液进行校正消除。

4）非平行光

倾斜光通过吸收池的实际光程比垂直照射于吸收池的平行光的光程长，吸光度增加。因仪器性能限制，通过吸收池的光通常不是真正的平行光，这也是同一物质用不同仪器测定吸收系数时产生差异的主要原因之一。

三、透光率测量误差和测量条件的选择

1．透光率测量误差　透光率测量误差(ΔT)，来自仪器的噪声。浓度测定结果的相对误差与透光率测量误差间的关系可由定律导出：

$$c = \frac{A}{E \cdot l} = -\frac{\lg T}{E \cdot l}$$

微分后并除以上式，可得浓度的相对误差 $\Delta c/c$ 为

$$\frac{\Delta c}{c} = \frac{0.434 \Delta T}{T \cdot \lg T} \tag{4-14}$$

　　式(4-14)表明，浓度测量的相对误差，取决于透光率 T 和透光率测量误差 ΔT。式(4-14)还表明，浓度测量的相对误差，不但与分光光度计的读数误差 ΔT 有关，而且与透光率 T 有关。ΔT 由分光光度计透光率读数精度所确定，如 72 型分光光度计为±1%，721B 型分光光度计为±0.5%。以仪器的读数误差 ΔT 代入式(4-14)，以浓度相对误差对 T 作图可得到如图 4-11 所示的函数曲线。从图 4-11 中可见，溶液的透光率很大或很小时所产生的相对误差都很大。只有中间一段即 T 值在 20%～65% 或 A 值在 0.2～0.7，浓度相对误差较小，是测量的适宜范围。将式(4-14)求极值可得到浓度相对误差最小时的透光率或吸光度，即 $A = 0.434$，$T = 36.8\%$。但在实际工作中没有必要去寻求这一最小误差点，只要测量的吸光度 A 在 0.3～0.7 即可。

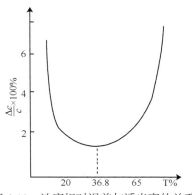

图 4-11　浓度相对误差与透光率的关系

2. 测量条件的选择

1) 测定波长

　　选择波长的原则是"吸收最大，干扰最小"，测定波长一般选择在被测组分最大吸收波长处。如果被测组分有几个最大吸收波长，可选择不易出现干扰吸收、吸光度较大而且峰顶比较平坦的最大吸收波长。

2) 溶剂

　　紫外-可见分光光度法分析的样品一般为液体，都需要用溶剂进行溶解，而溶剂在一定波长范围内会有吸收，所以在实际工作中要考虑溶剂的存在会影响被测组分在某个波长区域的吸收。通常选择的溶剂应易于溶解样品但又不与样品发生作用，且在测定波长范围内吸收小，不易挥发。表 4-2 列出了常用溶剂的截止波长，即大于此波长时，该溶剂无吸收。

表 4-2　常用溶剂的截止波长

溶剂	截止波长/nm	溶剂	截止波长/nm
水	200	环己烷	200
乙腈	210	正己烷	220
95%乙醇	210	二氯甲烷	235
乙醚	210	三氯甲烷	245
异丙醇	210	四氯化碳	265
正丁醇	210	苯	280
甲醇	215	丙酮	330

3) 吸光度的范围

　　测量的吸光度应控制在 0.3～0.7，可通过调节溶液的浓度和吸收池的厚度来解决。

4) 参比溶液

参比溶液又称空白溶液。测量试样溶液的吸光度时，先要将参比溶液装入吸收池，调节透光率为 100%，以消除溶液中其他成分以及吸收池和溶剂对光的反射与吸收所带来的误差。常见的空白溶液如下。

(1) 溶剂空白　在测定波长下，溶液中只有被测组分对光有吸收，而显色剂或其他组分对光没有吸收，或虽有少许吸收，但所引起的测定误差在允许范围内，在此种情况下可用溶剂作为空白溶液。

(2) 试剂空白　试剂空白是指在相同条件下不加试样，依次加入各种试剂和溶剂所得到的空白溶液。试剂空白适用于在测定条件下，显色剂或其他试剂、溶剂等对待测组分的测定有干扰情况。

(3) 试样空白　试样空白是指在相同条件下不加显色剂，依次加入各种试剂、溶剂及等量的试样所得到的空白溶液。试样空白适用于试样中非待测成分在测定条件下有吸收，而显色剂无干扰吸收，也不与试样中非待测成分发生显色反应的情况。

除了上述常用的几种空白溶液，若显色剂、试液中其他组分在测量波长处都有吸收，则可在试液中加入适当掩蔽剂，将待测组分掩蔽后再加显色剂，作为参比溶液。

 ## 第 3 节　紫外-可见分光光度计

紫外-可见分光光度计的类型很多，性能悬殊，但其基本原理相似。一般由五个主要部件构成，即光源、单色器、吸收池、检测器和信号显示系统。其基本结构用方框图可表示如下。

一、主要部件

1. 光源　紫外-可见分光光度计对光源的基本要求是：在仪器操作所需要的光谱范围内，能够发射强度足够而且稳定的连续光谱；光辐射强度随波长的变化小；有足够的使用寿命。

可见光区的光源是钨灯或卤钨灯，发射 > 350nm 的连续光谱。紫外光区的光源是氢灯或氘灯，发射 150～400nm 的连续光谱。

(1) 钨灯和卤钨灯　钨灯是固体炽热发光的光源，又称白炽灯。发射光谱的波长覆盖范围较宽，但紫外光区很弱。通常取其波长大于 350nm 的光为可见光区光源。卤钨灯的灯泡内含碘和溴的低压蒸气，可延长钨丝的寿命，且发光强度比钨灯高。白炽灯的发光强度与供电电压的 3～4 次方成正比，所以供电电压要稳定。

(2) 氢灯和氘灯　氢灯是一种气体放电发光的光源，发射 150～400nm 的连续光谱。氘灯比氢灯昂贵，但发光强度和灯的使用寿命比氢灯增加 2～3 倍，现在仪器多用氘灯。气体放电发光需先激发，同时应控制稳定的电流，所以都配有专用的电源装置。

2. 单色器　单色器的作用是从来自光源的连续光谱中分离出所需要的单色光。通常由进光狭缝、准直镜、色散元件、聚焦镜和出光狭缝组成。见图 4-12。聚焦于进光狭缝的光，经准直镜变成平行光，投射于色散元件。色散元件的作用是将复色光分解为单色光。再经与准直镜相同的聚焦镜将色散后的平行光聚焦于出光狭缝上,形成按波长排列的光谱。转动色散元件或准直镜方位可在一个很宽的范围内任意选择所需波长的光从出光狭缝分出。

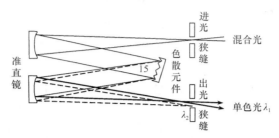

图 4-12　单色器组成示意图

1) 色散元件

在单色器中,最重要的是色散元件。常用的色散元件有棱镜和光栅。

(1) 棱镜　早期生产的仪器多用棱镜,棱镜的色散作用是依据棱镜材料对不同的光有不同的折射率,因此可将混合光中所包含的各个波长从长波到短波依次分散成为一个连续光谱。折光率差别越大,色散作用(色散率)越大。由棱镜分光得到的光谱其光距与各条波长是非线性的,按波长排列长波区密,短波区疏。棱镜材料有玻璃和石英,因玻璃吸收紫外线,故玻璃棱镜只可用于可见光的色散。

(2) 光栅　光栅是利用光的衍射与干涉作用,使不同波长的光有不同的方向,从而达到将连续光谱的光进行色散的目的。光栅色散后的光谱与棱镜不同,其光谱是由紫到红,各谱线间距离相等且均匀分布的连续光谱。光栅光谱为多级光谱(包括一、二、三级等谱线),级序增大光谱增宽,但光强减弱,而且光栅光谱各级重叠,相互干扰,因此需用滤光片滤去高级序光谱。实用的光栅是一种称为闪耀光栅(blazed grating)的反射光栅(图 4-13),其刻痕是有一定角度(闪耀角 β)的斜面,刻痕的间距 d 称为光栅常数,d 越小色散率越大,但 d 不能小于辐射的波长。这种闪耀光栅可使特定波长的有效光强度集中于一级的衍射光谱上。近年来采用激光全息技术产生的全息光栅(holographic grating)质量更高,已得到普遍采用。

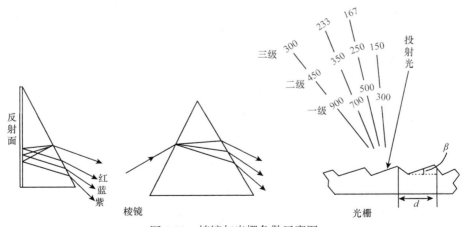

图 4-13　棱镜与光栅色散示意图

2) 准直镜

准直镜是以狭缝为焦点的聚光镜。其作用是将进入单色器的发散光变成平行光，也常用作聚焦镜，将色散后的平行单色光聚集于出光狭缝。在紫外-可见分光光度计中一般用镀铝的抛物柱面反射镜作为准直镜。铝面对紫外光反射率比其他金属高，可以减少光强的损失，但铝易受腐蚀，应注意保护。

3) 狭缝

狭缝分进光狭缝和出光狭缝两种。进光狭缝的作用是将光源发出的光形成一束整齐的细光束照射到准直镜上；出光狭缝的作用是选择色散后的"单色光"。但实际上，从出光狭缝射出的并不是严格意义上的单色光，而是有一定的波长范围，因此狭缝宽度直接影响分光质量。狭缝过宽，单色光不纯，可引起对 Beer 定律的偏离。狭缝太窄，光通量小，降低灵敏度，此时若单纯依靠增大放大器放大倍数来提高灵敏度，则会使噪声同步增大，影响准确度。所以狭缝宽度要恰当，通常用于定量分析时，主要考虑光通量，宜采用较大的狭缝宽度，但以误差小为前提；用于定性分析时，更多地考虑光的单色性，宜采用较小的狭缝宽度。

3. 吸收池 可见光区使用的吸收池为玻璃吸收池，因玻璃在紫外光区有吸收，所以不能在紫外光区使用。应用于紫外光区的吸收池为石英吸收池，该吸收池既适用于紫外光区，也适用于可见光区。但在可见光区使用，应首选玻璃吸收池。在分析测定中，用于盛放供试液和空白液的吸收池，除应选用相同厚度外，两只吸收池的透光率之差应小于 0.5%，否则应进行校正。

4. 检测器 紫外-可见分光光度计常用的检测器有光电池、光电管和光电倍增管。最近几年来出现了光二极管阵列检测器和光学多道检测器。

1) 光电池

光电池有硒光电池和硅光电池两种。硒光电池只能用于可见光区，硅光电池能同时适用于紫外光区和可见光区。当用强光长时间照射时，光电池易"疲劳"，即灵敏度下降，目前仅在少数低端仪器中使用。

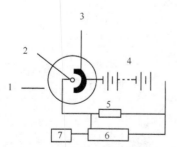

图 4-14 光电管检测器示意图

1. 照射光；2. 阳极；3. 光敏阴极；4.90V 直流电源；
5. 高电阻；6. 直流放大器；7. 指示器

2) 光电管

光电管是由一个阳极和一个半圆柱形的光敏阴极组成的真空(或充少量的惰性气体)二极管，在阴极的凹面镀有碱金属或碱金属氧化物等光敏材料。当阴极内表面接收光照射时，即发射出电子，两极间有一定电位差，发射出的电子流向阳极而产生电流，该电流取决于照射光的强度。光电管有很高内阻，所以产生的电流很容易放大(图 4-14)。

3) 光电倍增管

光电倍增管的原理和光电管相似，结构上的差别是在光敏阴极和阳极之间还有一系列电子倍增极(一般是九个)，如图 4-15 所示。阴极受光辐射发射出电子，此电子被高于阴极 90V 的第一倍增极加速吸引，当电子打击此倍增极时，每个电子使倍增极发射出几个额外电子，如此多次重复到第九个倍增极。从第九个倍增极发射出的电子已比第一倍增极发射出的电子数显著增加，然后被阳极收集，所产生的倍增电流再经进一步放大后输出。因此，光电倍增管检测器显著提高了仪器测量的灵敏度，是目前紫外-可见分光光度计最常用的检测器。

4) 光二极管阵列检测器

光二极管阵列检测器(photodiode array detector)是在晶体硅上紧密排列一系列光二极管检测管，如图 4-16 所示。阵列的每一单元中有一只光敏二极管和一只与之并联的电容器。它们通过场效应开关接入一条公共输出线。开关由移位寄存器扫描电路控制，使之顺序地开与关。在一次扫描的整个周期中，每个单元的场效应开关只开、关一次；每一时刻又只有一个单元的场效应开关是开着的。在场效应开关关着的时候，一定强度的光照射在单元表面形成光电流，使电容器放电。电容器上电荷的失落相当于照在单元上光的总量。在场效应开关开着的时候，单元与电源接通，使电容器重新充电至标准电位，相应于给电容器重新充电所需电流的信号，被送入公共输出线，得到脉冲信号。随着具有 N 个单元

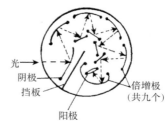

光 →
阴极
挡板
阳极
倍增极
（共九个）

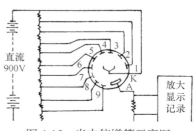

直流
900V

放大
显示
记录

图 4-15　光电倍增管示意图

的阵列中的 N 个场效应开关顺序地开、关 N 次，在扫描中就得到 N 个脉冲信号。每个脉冲与相应的二极管所接收的光强值成正比。二极管阵列中，每一个二极管，可在 1/10s 的极短时间内获得 190～820nm 的全光光谱。

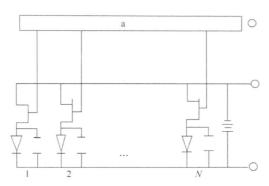

图 4-16　线性阵列检测器示意图
a. 移位寄存器

5. 信号显示系统　检测器输出的电信号很弱，需经过放大才能将测量结果以某种方式显示出来。信号处理过程同时也包含如对数函数、浓度因素等运算乃至微分积分等处理。现代的分光光度计多具有荧屏显示、结果打印及吸收曲线扫描等功能。显示方式通常都有透光率与吸光度可供选择，有的还可转换成浓度、吸收系数等。

二、分光光度计的类型

紫外-可见分光光度计的光路系统，目前一般可分为单光束、双光束、双波长和二极管阵列等几种。

1. 单光束分光光度计　在单光束光学系统中，采用一个单色器，获得可以任意调节的一束单色光，通过改变参比池和样品池位置，使其进入光路，进行参比溶液和样品溶液的交替测量，在空白溶液进入光路时，将吸光度调零，然后移动吸收池架的拉杆，使样品溶液进入光路，就可在读数装置上读出样品溶液的吸光度，其光路图如图4-17所示。

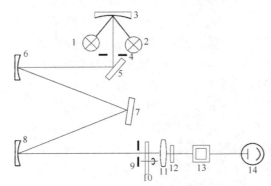

图4-17　单光束分光光度计光路图

1. 溴钨灯；2. 氘灯；3. 凹面镜；4. 入射狭缝；5. 平面镜；6、8. 准直镜；7. 光栅；9. 出射狭缝；10. 调制器；11. 聚光镜；12. 滤光片；13. 样品池；14. 光电倍增管

单光束紫外-可见分光光度计的波段范围为 190(210)~850 nm(1000nm)，钨灯和氢灯两种光源互换使用，大多数仪器用光电倍增管作为检测器，也有用光电管作为检测器，用棱镜或光栅作为色散元件，采用数字显示或仪表读出。

单光束紫外-可见分光光度计的优点是具有较高的信噪比，光学、机械及电子线路结构都比较简单，比较便宜，适合于在给定波长处测量吸光度或透光率，但不能作全波段的光谱扫描(与计算机联用的仪器除外)。欲绘制一个全波段的吸收光谱，需要在一系列波长处分别测量吸光度，费时较长。这种仪器由于光源强度的波动和检测系统的不稳定性易引起测量误差。因此，必须配备一个很好的稳压电源，以利于仪器的稳定工作。

2. 双光束分光光度计　双光束分光光度计是将单色器分光后的单色光分成两束，一束通过参比池，一束通过样品池，一次测量即可得到样品溶液的吸光度(或透光率)，其光路图如图4-18所示。

双光束分光光度计通常采用固定狭缝宽度，使光电倍增管接收器的电压随波长扫描而改变，这样既可使参比光束在不同波长处有恒定的光电流信号，也有利于差示光度和差示光谱的测定。近年来，大多数高精度双光束分光光度计均采用双单色器设计，即利用两个光栅或一个棱镜加一个光栅，中间串联一个狭缝。因所使用的两个色散元件的色散特性非常接近，故这种装置能有效地提高分辨率并降低杂散光。采用计算机控制的双光束分光光度计，不仅操作简便，具有数据处理功能，而且仪器的性能指标有很大改善。

双光束分光光度计的特点是便于进行自动记录，可在较短的时间内(0.5~2min)获得全波段的扫描吸收光谱。由于样品和参比信号进行反复比较，所以消除了光源不稳定、放大器增益变化以及光学、电子学元件对两条光路的影响。

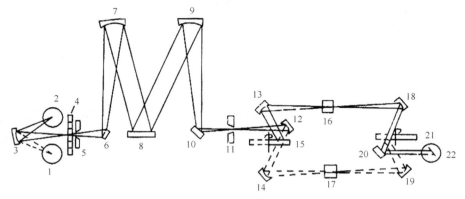

图 4-18　双光束分光光度计光路图

1. 钨灯；2. 氘灯；3. 凹面镜；4. 滤光片；5. 入射狭缝；6、10、20. 平面镜；7、9. 准直镜；8. 光栅；11. 出射狭缝；12、13、14、18、19. 凹面镜；15、21. 扇面镜；16. 参比池；17. 样品池；22. 光电倍增管

3. 双波长分光光度计　对测量波长而言，单光束和双光束分光光度计都属单波长检测。它们都是由一个单色器分光后，将相同波长的光束分别通过样品池和参比池，然后测得样品池和参比池吸光度之差。而双波长分光光度计则是将同一光源发出的光分为两束，分别经过两个单色器，从而可以同时得到两个波长(λ_1 和 λ_2)的单色光，这两个波长的单色光交替地照射同一溶液，然后经过光电倍增管和电子控制系统检测信号，其简化光路图如图 4-19 所示。

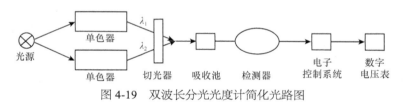

图 4-19　双波长分光光度计简化光路图

双波长分光光度计的特点是不仅能测定高浓度试样和多组分混合试样，而且能测定一般分光光度计不宜测定的浑浊试样。用双波长法测量时，两个波长的光通过同一吸收池，这样可以消除因吸收池的参数不同、位置不同、污垢及制备参比溶液等带来的误差，使测定的准确度显著提高，而且操作简便。另外，双波长分光光度计是用同一光源得到的两束单色光，故可以减小因光源电压变化产生的影响，得到高灵敏度和低噪声的信号。

4. 二极管阵列检测的分光光度计　二极管阵列检测的分光光度计是一种具有全新光路系统的仪器，其光路原理如图 4-20 所示。由光源发出并经消色差聚光镜聚焦后的复色光通过样品池，聚焦于入光狭缝，其透射光经全息光栅表面色散并投射到二极管阵列检测器上，从而得到样品的紫外-可见光谱信息。

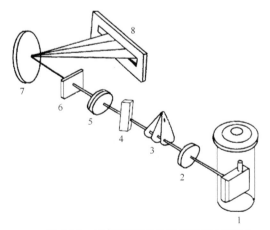

图 4-20　二极管阵列分光光度计光路图

1. 光源(钨灯或氘灯)；2、5. 消色差聚光镜；3. 光闸；4. 吸收池；6. 入光狭缝；7. 全息光栅；8. 二极管阵列检测器

第4节 定性、定量与结构分析

一、定性分析

紫外-可见分光光度法主要适用于不饱和共轭体系化合物的鉴定。利用化合物的紫外-可见吸收光谱进行定性鉴别,通常采用比较的方法进行,即将测定样品紫外光谱与对照品的紫外光谱进行对照、比较;也可以将测定样品的紫外光谱与文献所载的紫外标准图谱进行比较。

1. 比较吸收光谱的一致性 两个化合物如果相同,则其吸收光谱应完全一致。依据这一特性,可将试样与对照品用同样的方法配制成相同浓度的溶液,分别测定其吸收光谱,然后比较光谱图是否完全一致,从而加以判断。

【例4-1】 醋酸可的松、醋酸氢化可的松与醋酸泼尼松的 λ_{max}(240nm)、ε 值(1.57×10^4)与 $E_{1cm}^{1\%}$ 值(390),几乎完全相同,但从它们的吸收曲线(图 4-21)上可以看出其中的某些差别。

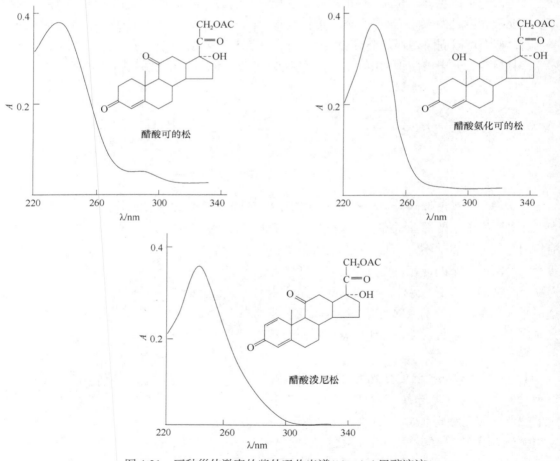

图 4-21 三种甾体激素的紫外吸收光谱(10μg/ml 甲醇溶液)

2. 比较吸收光谱的特征数据 最常用于鉴别的光谱特征数据是最大吸收波长 λ_{max}。若一个化合物中有几个吸收峰,并存在吸收谷或肩峰,可同时作为鉴定依据。

具有不同或相同发色团与助色团的不同化合物可能具有相同的 λ_{max} 值。但由于它们的分子量不同，所以 ε 或 $E_{1cm}^{1\%}$ 存在差别，可以作为鉴别的依据。

【例 4-2】 比较安宫黄体酮(M_r=386.53g/mol)和炔诺酮(M_r=298.43g/mol)。

安宫黄体酮（M=386.53g/mol）

炔诺酮 （M=298.43g/mol）

λ_{max}=240nm±1nm，$E_{1cm}^{1\%}$=408

λ_{max}=240nm±1nm，$E_{1cm}^{1\%}$=571

3. 比较吸光度比值 有些化合物不止一个吸收峰，可用在不同吸收峰处测得吸光度的比值 A_1/A_2 或 $\varepsilon_1/\varepsilon_2$ 作为鉴别的依据。

【例 4-3】 《中国药典》2015 年版对维生素 B_{12} 采用下述方法鉴别：将检品按规定方法配成 25μg/ml 的溶液，测定 361nm 和 550nm 处的吸光度，两者比值应为 3.15～3.45。

二、纯度检查

利用待测物与杂质在紫外-可见光区吸收的差异，选用适当波长可以进行待测物的纯度检查。例如，肾上腺素为苯乙胺类药物，其紫外-可见光谱显示为孤立苯环的吸收特征，在大于 300nm 处没有吸收峰，而其氧化形式肾上腺酮结构中存在共轭体系，因此在 310nm 处有最大吸收，图 4-22 所示。因此可以依据上述的差异，检查肾上腺素中存在的肾上腺酮。例如，对肾上腺素中检查肾上腺酮，《中国药典》2015 年版中规定 2mg/ml 的样品溶液在310nm 处的吸收度不得超过 0.05，已知肾上腺酮在 310nm 处的吸收系数为 453，故限量为 0.06%。

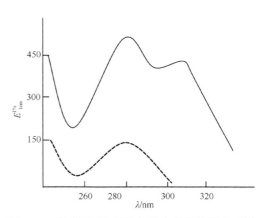

图 4-22 肾上腺素(虚线)与肾上腺酮的吸收光谱

三、定量分析

1. 单组分分析 常用的单组分定量分析方法有标准曲线法、标准对照法、吸收系数法等。

1) 标准曲线法

标准曲线法又称工作曲线法或校正曲线法。该方法在药物分析中应用广泛，简便易行，而且对仪器精度的要求不高。

首先配制一系列不同浓度的标准溶液，在相同条件下分别测定吸光度。以浓度为横坐标，相应的吸光度为纵坐标，绘制标准曲线，如图 4-23 所示，建立吸光度与浓度的回归方程。然

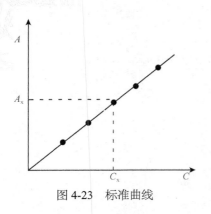

图 4-23　标准曲线

后在相同的条件下测定试液的吸光度，从标准曲线或回归方程中求出被测组分的浓度。

制备一条标准曲线至少需要 5～7 个点，并不得随意延长；待测液浓度必须包括在标准曲线浓度范围内，否则应进行适当调整；供试品溶液和对照品溶液必须在相同的操作条件下进行测定。

理想的标准曲线应该是一条通过原点的直线。实际上，有的标准曲线可能不通过原点。其原因主要有空白溶液的选择不当、显色反应的灵敏度不够、吸收池的光学性能不一致等，应当采取适当措施加以改善。

【例 4-4】　槐花(米)中芦丁含量的测定。

(1) 对照品溶液的制备　精密称取在 120℃减压干燥至恒重的芦丁对照品 50mg，置 25ml 量瓶中，加甲醇适量，置水浴上微热使溶解，放冷，加甲醇至刻度，摇匀。精密吸取 10ml，置 100ml 量瓶中，加水至刻度，摇匀，即得(每 1ml 中含无水芦丁 0.2mg)。

(2) 标准曲线的制备　精密量取对照品溶液(0.2mg/ml)0.0ml、1.0ml、2.0ml、3.0ml、4.0ml、5.0ml、6.0ml，分别置于 25ml 量瓶中，各加水至 6.0ml，加 5%亚硝酸钠溶液 1ml，充分摇匀，放置 6min。加入 10% 硝酸铝溶液 1ml，充分摇匀，放置 6min。加 1mol/L 氢氧化钠溶液 10ml，再加水至刻度，充分摇匀，放置 15min，于分光光度计上，以第一份溶液为空白，在 510nm 波长下测定吸光度。以吸光度为纵坐标，浓度为横坐标，绘制标准曲线。

(3) 测定法　取本品粗粉约 1g，精密称定，置索氏提取器中，加乙醚适量，加热回流至提取液无色，放冷，弃去乙醚液。再加甲醇 90ml，加热回流至提取液无色，移置 100ml 量瓶中，用甲醇少量洗涤容器，洗液并入量瓶中，加甲醇至刻度，摇匀。精密量取 10ml，置 100ml 量瓶中，加水至刻度，摇匀。精密量取 3ml，置 25ml 量瓶中，照标准曲线制备项下的方法，自"加水至 6.0ml"起依法操作，测定样品的吸光度，从标准曲线上读出或由回归方程计算出样品溶液中芦丁的含量，即得。

本品按干燥计，含总黄酮以无水芦丁计，槐花不少于 8.0%，槐米不少于 20.0%。

2) 标准对照法

在相同条件下配制对照品溶液和供试品溶液，在选定波长处，分别测定其吸光度，根据 Beer 定律计算供试品溶液中被测组分的浓度。

计算公式为

$$A_{标} = Elc_{标}$$

$$A_{样} = Elc_{样}$$

因对照品溶液和供试品溶液是同种物质，两者在同台仪器及同一波长处且于厚度相同的吸收池中进行测定，所以

$$\frac{A_{标}}{A_{样}} = \frac{c_{标}}{c_{样}} \tag{4-15}$$

$$c_{样} = \frac{A_{样}c_{标}}{A_{标}} \tag{4-16}$$

标准对照法应用的前提是方法学考察时制备的标准曲线应通过原点。

【例 4-5】 灯盏细辛注射液中总咖啡酸酯的含量测定。

(1) 对照品溶液的制备 取 1，5-氧-二咖啡酰奎宁酸对照品适量，精密称定，加 0.1mol/L 碳氢钠溶液制成 1ml 含总咖啡酸酯以 1，5-氧-二咖啡酰奎宁酸计 10g 的溶液，即得。

(2) 供试品溶液的制备 精密量取本品 1ml，置 200ml 量瓶中，加水至刻度，摇匀即得。

(3) 测定法 分别取对照品溶液与供试品溶液，照紫外-可见分光光度法，在 305nm 波长处测定吸光度，即得。

本品每 1ml 含总咖啡酸酯以 1，5-氧-二咖啡酰奎宁酸计，应为 2.0～3.0mg/ml。

3) 吸收系数法

根据 Beer 定律 $A=Elc$，若吸收系数 $E_{1cm}^{1\%}$ 已知，且 $E_{1cm}^{1\%}$ 大于 100，即可根据供试品溶液测得的 A 值求出被测组分的浓度。

$$c_{样} = \frac{A_{样}}{E_{1cm}^{1\%} \cdot l} \tag{4-17}$$

【例 4-6】 维生素 B_{12} 的水溶液在 361nm 处的 $E_{1cm}^{1\%}$ 值是 207，盛于 1cm 吸收池中，测得溶液的吸光度为 0.457，则溶液浓度为

$$c=0.457/(207\times1)=0.002(g/100ml)$$

应注意计算结果是 100ml 中所含 g 数。

通常 $E_{1cm}^{1\%}$ 可以从手册、文献或药典中查到；也可将供试品溶液吸光度换算成样品的百分吸收系数 $\left(E_{1cm}^{1\%}\right)_{样}$，然后与纯品(对照品)的吸收系数相比较，求算样品中被测组分含量。

【例 4-7】 维生素 B_{12} 样品 25.0mg 用水制成 1000ml 后，盛于 1cm 吸收池中，在 361nm 处测得吸光度 A 为 0.516，则

$$\left(E_{1cm}^{1\%}\right)_{样} = \frac{A}{cb} = \frac{0.516}{0.0025\times1} = 206.4$$

$$B_{12}\% = \frac{\left(E_{1cm}^{1\%}\right)_{样}}{\left(E_{1cm}^{1\%}\right)_{标}} \times 100\% = \frac{206.4}{207} \times 100\% = 99.71\%$$

2. 多组分分析 若样品中有两种或两种以上的组分共存，可根据吸收光谱相互重叠的情况分别采用不同的测定方法。最简单的情况是各组分的吸收峰不重叠，如图 4-24(a)所示。可按单组分的测定方法，分别在 λ_1 处测 a 组分的浓度，而在 λ_2 处测 b 组分的浓度。

第二种情况是 a、b 两组分的吸收光谱有部分重叠，如图 4-24(b)所示。在 a 组分的吸收峰 λ_1 处 b 组分没有吸收，而在 b 组分的吸收峰 λ_2 处 a 有吸收。可先在 λ_1 处按单组分测定法测出混合物中 a 组分的浓度 c_a，然后在 λ_2 处测得混合物的吸光度 A_2^{a+b}，最后根据吸光度加和性原理计算出 b 组分的浓度 c_b。

$$A_2^{a+b} = A_2^a + A_2^b = E_2^a b c_a + E_2^b b c_b$$

$$c_b = \frac{1}{E_2^b b}\left(A_2^{a+b} - E_2^a \cdot c_a\right) \tag{4-18}$$

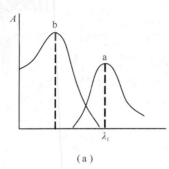 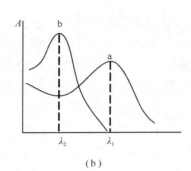 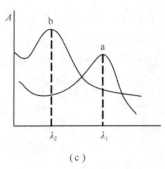

（a） （b） （c）

图 4-24　混合组分吸收光谱的三种相关情况示意图

在混合物的测定中最常见的情况是各组分的吸收光谱间相互重叠，如图 4-24(c)所示。原则上，根据吸光度加和性的原理，只要各组分的吸收光谱有一定的差异，都可以设法进行测定。特别是近年来计算分光光度法的推广运用及计算机技术的普及，各种测定新技术不断出现，为药物分析提供了行之有效的测试手段和方法。下面介绍几种已在药物及其制剂含量测定方面得到广泛应用的方法。

1) 解线性方程组法

吸收光谱相互重叠的两组分，若事先测出 λ_1 与 λ_2 处两组分各自的吸收系数 E 或 ε，再在两波长处分别测得混合溶液吸光度 A_1^{a+b} 与 A_2^{a+b}，当为厚度为 1cm 时，即可通过解线性方程组法计算出两组分的浓度，如图 4-24(c)所示。

$$\lambda_1 \text{ 处：} \quad A_1^{a+b} = A_1^a + A_1^b = E_1^a c_a + E_1^b c_b \tag{4-19}$$

$$\lambda_2 \text{ 处：} \quad A_2^{a+b} = A_2^a + A_2^b = E_2^a c_a + E_2^b c_b \tag{4-20}$$

解得

$$c_a = \frac{A_1^{a+b} \cdot E_2^b - A_2^{a+b} \cdot E_1^b}{E_1^a \cdot E_2^b - E_2^a \cdot E_1^b} \tag{4-21}$$

$$c_b = \frac{A_2^{a+b} \cdot E_1^a - A_1^{a+b} \cdot E_2^a}{E_1^a \cdot E_2^b - E_2^a \cdot E_1^b} \tag{4-22}$$

采用这种方法进行定量分析时，要求两个组分浓度相近，否则误差较大。

2) 等吸收双波长法

吸收光谱重叠的 a、b 两组分混合物中，若要消除组分 b 的干扰以测定 a，可从干扰组分 b 的吸收光谱上选择两个吸光度相等的波长 λ_1 和 λ_2，然后测定混合物的吸光度差值，最后根据 ΔA 值来计算 a 的含量。

由于 $A_2 = A_2^a + A_2^b$，　$A_1 = A_1^a + A_1^b$　，　$A_2^b = A_1^b$

所以 $\Delta A = A_2 - A_1 = A_2^a - A_1^a = \left(E_2^a - E_1^a\right)c_a \cdot b$ \tag{4-23}

等吸收双波长法的关键之处是两个测定波长的选择，其原则是必须符合以下两个基本条件：①干扰组分 b 在这两个波长应具有相同的吸光度，即 $\Delta A^b = A_1^b - A_2^b = 0$；②被测组分在这两个波长处的吸光度差值 ΔA^a 应足够大。下面用作图法说明两个波长的选定方法。如图 4-25 所示，a 为待测组分，可以选择组分 a 的最大吸收波长作为测定波长 λ_2，在这一波长位置作 x 轴的垂线，此直线与干扰组分 b 的吸收光谱相交于某一点，再从这一点作一条平行于 x 轴的直线，此直线可与干扰组分 b 的吸收光谱相交于一点或数点，则选择与这些交点相对应的波长作为参比波长 λ_1。当 λ_1 有若干波长可供选择时，应当选择使待测组分的 ΔA 尽可能大的波长。若待测组分的最大吸收波长不适合作为测定波长 λ_2，也可以选择吸收光谱上其他波长，关键是要能满足上述两个基本条件。

根据式(4-23)，被测组分 a 在两波长处的 ΔA 值越大，越有利于测定。同样方法可消去组分 a 的干扰，测定 b 组分的含量。

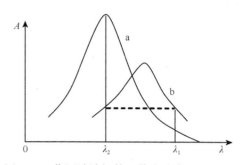

图 4-25　作图法选择等吸收点法中 λ_1 和 λ_2

3) 导数光谱法

导数光谱是指对吸收光谱曲线进行一阶或高阶求导，从而得到的各种导数光谱曲线的简称。因为任何一个幂函数通过求导均可变成一个线性函数或常数，所以可以利用导数光谱法有效消除共存组分的干扰。

(1)基本原理　根据朗伯-比尔定律 $A=\varepsilon bc$，因仅只有 A_λ 和 ε_λ 是波长 λ 的函数，故对波长 λ 进行 n 阶求导后可得

$$\frac{\mathrm{d}^n A_\lambda}{\mathrm{d}\lambda^n} = \frac{\mathrm{d}^n \varepsilon_\lambda}{\mathrm{d}\lambda^n} bc \tag{4-24}$$

从式(4-24)可知，经 n 次求导后，吸光度的导数值仍与试样中被测组分的浓度成正比。这是导数光谱应用于定量分析的理论依据。

导数光谱法中有三个重要参数，即导数阶数(n)、波长间隔($\Delta\lambda$)和中间波长(λ_{m})。n 的选择主要根据干扰组分吸收曲线形状而定，通常 n 越大，分辨率越高，但信噪比会降低。$\Delta\lambda$ 越大，灵敏度越高，但分辨率降低，一般为 1～5nm。λ_{m} 选择原则上是干扰吸收在 λ_{m1}、λ_{m2} 的导数值相等或接近相等，而待测组分的导数曲线在该处的形状较特别，容易辨认。

若用高斯曲线模拟一个吸收峰，则其一至四阶导数光谱如图 4-26 所示。其波形具有以下特征：

① 零阶导数曲线的极大值，在其相应的奇阶导数($n=1$，3，5，…)曲线中为曲线与横轴的交点；零阶曲线的两拐点，在其奇阶曲线中各为极大和极小。该特征有助于对零阶曲线峰值的确定和判断是否有"肩峰"存在。

② 偶阶导数($n=2$，4，6，…)曲线具有零阶曲线的类似形状，零阶曲线的峰值对应于偶阶曲线的极值，极小和极大随导数阶数交替出现。零阶曲线的拐点在偶阶导数曲线中为曲线与横轴的交点。

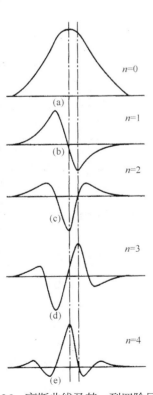

图 4-26　高斯曲线及其一到四阶导数

③ 随着导数阶数的增加，谱带变窄，峰形变锐，这有助于谱带的分辨。

④ 谱带极值数随导数的阶数增加而增大，极值数=n+1。

(2) 定量数据的测量　导数光谱中定量数据的测定方法目前应用最广泛的是几何法，它是以导数光谱上适宜的振幅作为定量信息。常用的有以下几种(图 4-27)：

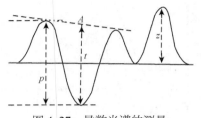

图 4-27　导数光谱的测量
p. 峰谷法；t. 基线法；z. 峰零法

①基线法(切线法)　测量相邻两峰(或谷)中间极值到其公切线的距离(t)；

②峰谷法　测量相邻峰谷间的距离 p；

③峰零法　测量极值到零线之间的垂直距离(z)。

导数信号与待测物浓度成正比，因此根据从导数光谱上测出的定量用数据，就可采用标准对照法、标准曲线法或建立回归方程等方法对被测组分进行定量测定。但在实际工作中，由于受仪器的性能与精度所限，测定中波长、谱带宽度、吸光度等数值都有一定的变动范围；而这些数值的变动会引起导数光谱很灵敏的变异，尤其是对高阶导数光谱。同时由于求导条件不同，如所取的 $\Delta\lambda$ 值不同，导函数的值变异。因此，导数光谱上的数值与浓度之间的比值，不能像吸收系数那样求出一个能通用的常数，随时用来计算浓度，而需用标准对照的方法对导数光谱进行定量。

四、结构分析

紫外-可见吸收光谱可以用来推测有机化合物中共轭发色团和估计共轭体系中取代基的种类、位置及数目等，进而推测分子的骨架结构，但必须结合红外光谱、核磁共振谱和质谱等才能确定未知化合物的分子结构。

1. 饱和烃　烷烃只有 σ 电子，只能产生 σ→σ* 跃迁，因而一般在远紫外区(1～200nm)才有吸收。由于这类化合物在 200～800nm 无吸收，在紫外光谱分析中常用作溶剂，如己烷、庚烷、环己烷等。

2. 含杂原子的饱和化合物　饱和醇、醚、胺、硫化物、卤化物等含有杂原子的化合物，除了含有 σ 电子，还有未共用的 n 电子，能产生 σ→σ* 跃迁、n→σ* 跃迁。例如，甲烷一般跃迁范围在 125～135nm，碘甲烷的吸收峰则处在 150～210nm(σ→σ*)及 259nm(n→σ*)。但大多数情况下，它们在近紫外区无明显吸收。

3. 烯烃、炔烃及共轭烯烃 K 带最大吸收波长的估算　只含一个双键或三键的简单不饱和脂肪烃，含有 π 键，能产生 σ→σ* 跃迁、π→π* 跃迁。例如，乙烯的 λ_{max} 在 165nm 附近，乙炔的 λ_{max} 在 173nm 附近，因此，它们虽为生色团，但若无助色团的助色，在近紫外区仍无吸收。

具有共轭双键的化合物，形成大 π 键，跃迁所需能量减小，吸收峰红移，强度增加。共轭双键越多，吸收峰红移越多。Woodward 和 Fieser 总结了共轭烯烃类化合物取代基对 π→π* 跃迁吸收带(K 带)λ_{max} 的影响，称为 Woodward-Fieser 规则。该规则以 1，3-丁二烯为母核，其 λ_{max} 为 217nm，然后根据取代情况的不同，在此基本值上，再加上一些校正值，用于计算共轭烯烃类化合物 K 带 λ_{max}，见表 4-3。一般计算值与实测值之间的误差不超过±5nm。

表 4-3　共轭烯烃 K 带 λ_{max} 的推算规则(乙醇溶剂)

基准值	链状双烯 — 半环双烯	217nm
	异环双烯	214 nm
	同环双烯	253nm
结构与取代基增量	增加一个共轭双键	30nm
	环外双键	5nm
	烷基或环基取代	5nm
	助色团取代：—OAc	0nm
	—OR	6nm
	—SR	30nm
	—Cl、—Br	5nm
	—NR$_2$	60nm

应用 Woodward-Fieser 规则计算时应注意：对于交叉共轭体系应选择其中长共轭主链作为母体。该规则只适用于共轭四烯烃以内的共轭烯烃，否则误差较大。

【例 4-8】　推算下列化合物的主要紫外吸收带的 λ_{max}。

(1)
解：开链双烯基准值	217nm
烷基取代(2×5)	10nm
	227nm(实测值=226nm)

(2)
解：共轭双烯基准值	217nm
环外双键(1×5)	5nm
烷基取代(4×5)	20nm
	242nm(实测值=241nm)

(3)
解：同环双烯基准值	253nm
共轭双键(1×30)	30nm
环外双键(1×5)	5nm
烷基取代(3×5)	15nm
	303nm(实测值=304 nm)

(4)
解：同环双烯基准值	253nm
共轭双键(2×30)	60nm
环外双键(3×5)	15nm
烷基取代(5×5)	25nm
	353nm(实测值=355nm)

4. 羰基化合物及 α, β-不饱和羰基化合物 K 带最大吸收波长的估算　孤立双键在 165nm 附近有 $\pi \rightarrow \pi^*$ 跃迁吸收带(ε 约为 10000)，孤立羰基在 270nm 附近有 n$\rightarrow\pi^*$ 跃迁吸收带($\varepsilon < 100$)。

当羰基与双键共轭时，形成了 α，β-不饱和羰基，这些吸收带都会发生红移，且吸收强度同时增加。α，β-不饱和羰基化合物 K 带 λ_{max} 可用 Woodward-Fieser 规则计算，其计算方法与共轭烯烃类似，见表 4-4。

表 4-4　α，β-不饱和羰基化合物的 λ_{max} 的计算规则(乙醇溶剂)

$$\overset{\delta}{-C}=\overset{\gamma}{C}-\overset{\beta}{C}=\overset{\alpha}{C}-\overset{O}{C}-$$

母体结构	五元环烯酮	开链与六元环烯酮	醛	酸与酯
基准值	202nm	215nm	207nm	193nm
结构增量	同环双烯	39nm		
	增加一个共轭双键	30nm		
	环外双键	5nm		
取代基增量	α 位	β 位	γ 位	δ 位
烷基	10nm	12nm	18nm	18nm
—OH	35nm	30nm	—	50nm
—OR	35nm	30nm	17nm	31nm
—SR	—	85nm	—	—
—OAc	6nm	6nm	6nm	6nm
—Cl	15nm	12nm	—	—
—Br	25nm	30nm	—	—
—NR$_2$	—	93nm	—	—

应用 Woodward-Fieser 规则计算时应注意：环上羰基不作为环外双键；有两个共轭不饱和羰基时，优先选择波长较大的；共轭不饱和羰基化合物 K 带 λ_{max} 值受溶剂极性的影响较大，因此需要对计算结果进行溶剂校正，见表 4-5。

表 4-5　共轭不饱和羰基化合物 K 带 λ_{max} 值溶剂校正值

溶　剂	甲醇	氯仿	二氧六环	乙醚	己烷	环己烷	水
校正值/nm	0	+1	+5	+7	+11	+11	−8

【例 4-9】　计算下列化合物的主要紫外吸收带的 λ_{max}。

(1)

解：开链双烯基准值　　　　　　215nm

烷基取代　β 位(2×12)　　　　24nm

239nm(实测值 237nm)

(2)

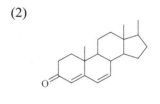

解：α，β-不饱和酮基准值	215nm
共轭双键(1×30)	30nm
环外双键(1×5)	5nm
烷基取代 β 位(1×12)	12nm
δ 位(1×18)	18nm

280nm(实测值：284nm)

5. 芳香族化合物 最简单的芳香族化合物是苯，在紫外光谱中有三个吸收带。在 180～184nm 处(ε=60000)有强吸收带 E_1 带，在远紫外区；在 204nm(ε=7900)有中强吸收的 E_2 带；在 230～270nm(ε=204)范围内有弱吸收的 B 带。B 带虽然强度较弱，但因在气相或非极性溶剂中测定时呈现出明显的精细结构，成为芳香族化合物(包括杂环芳香化合物)的重要特征吸收带，常用于识别芳香族化合物。

第 5 节　可见分光光度法测定无色或浅色物质的含量

对于能吸收紫外线的无色物质可用紫外分光光度法直接测定。对于某些不能吸收紫外线的无色或颜色浅的物质，为了应用可见分光光度计来测定其吸收度，进行定量分析，需加入某种试剂与这些无色或浅色物质发生某种化学反应使其生成深色的有色物质，然后用可见分光光度计测定。加入的试剂称为显色剂，显色剂与被测物的反应称为显色反应。

一、对显色反应的要求

显色反应通常有三种，即配位反应、氧化还原反应与缩合反应，其中配位反应是最常见的显色反应。同一组分，常可有多种显色反应，但显色反应的选择必须考虑下列因素。

1. 定量关系确定 被测物质和显色剂所生成的有色物质之间必须有确定的定量关系，才能使显色产物的吸光度准确地反映出被测物质的含量。

2. 灵敏度高 因为分光光度法常用于微量组分的测定，所以显色反应的选择首先考虑该反应的灵敏度，通常要求 ε=10^3～10^5。

3. 显色产物稳定性好 显色产物必须有足够的稳定性，以保证测量结果有良好的重现性。

4. 显色剂在测定波长处无干扰 显色剂本身若有色，则显色产物与显色剂的最大吸收波长的差别要在 60nm 以上。

5. 选择性好 选择干扰较少或干扰成分容易消除的显色反应，或严格控制反应条件，使显色剂成为选择性试剂。

二、显色条件的选择

绝大多数显色反应需要控制反应条件，提高反应的灵敏度、选择性和稳定性，才能满足分光光度法测定的要求。影响显色反应的主要因素一般为显色剂用量、溶液酸度、显色时间、温度、溶剂等。

1. 显色剂用量 为了使显色反应进行完全，常需要加入过量的显色剂。但显色剂用量过大对有色化合物的组成亦有影响。显色剂用量一般是通过实验确定的。其方法是将被测组分浓度及其他条件固定，然后加入不同量的显色剂，测定其吸光度，绘制吸光度(A)-显色剂浓度(c_R)曲线，选吸光度值大且恒定时的显色剂用量。常见的曲线形式如图 4-28 所示。曲线表明，显色剂浓度 c_R 在 a～b 范围内，曲线平坦，显色产物吸光度不随显色剂用量而变，故可在这段范围内确定显色剂的用量。但图 4-28(b)中 a～b 这一范围较窄，必须严格控制显色剂浓度 c_R。

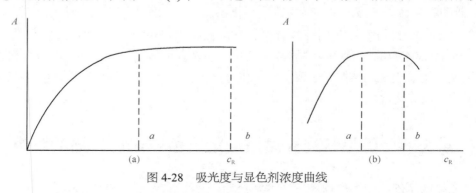

图 4-28 吸光度与显色剂浓度曲线

2. 溶液酸度 很多显色剂是有机弱酸或弱碱，溶液的酸度会直接影响显色剂存在的形式和显色产物的浓度变化，从而引起溶液颜色的改变。其他如氧化还原反应、缩合反应等，溶液的酸碱性也有重要的影响，常常需要用缓冲溶液保持溶液在一定 pH 下进行显色反应。

Fe^{3+} 与磺基水杨酸($C_7H_4SO_6^{2-}$)在不同 pH 条件下生成配比不同的配合物，见表 4-6。

表 4-6 Fe^{3+}与磺基水杨酸($C_7H_4SO_6^{2-}$)在不同 pH 条件下配合物生成表

pH	配合物组成	颜色
1.8～2.5	$Fe(C_7H_4O_6S)^+$	红色(1:1)
4～8	$Fe(C_7H_4O_6S)_2^-$	橙色(1:2)
8～11.5	$Fe(C_7H_4O_6S)_3^{3-}$	黄色(1:3)

当 pH > 12 时，生成 $Fe(OH)_3$ 沉淀。因此在用此类反应进行测定时，控制溶液 pH 是至关重要的。

3. 显色时间 由于各种显色反应的反应速度不同，所以完成反应所需要的时间存在较大差异，同时显色产物在放置过程中也会发生不同的变化。有的显色产物颜色能保持长时间不变，有的颜色会逐渐减退或加深，有的需要经过一定时间才能显色。因此，必须在一定条件下通过实验，绘制显色产物吸光度(A)-时间关系曲线，选择显色产物吸光度数值较大且恒定的时间确定为适宜的显色时间。

4. 温度 显色反应都是通过化学反应来进行的，所以显色反应的结果与温度也有很大关系。例如，原花青素与硫酸亚铁铵在盐酸/丙酮溶剂中的显色反应在室温和煮沸状态下就有很大不同。在室温时，显色产物吸光度极低，但在煮沸状态下，显色产物颜色明显。故同样需固定被测组分浓度及其他条件，绘制显色产物吸光度(A)-温度关系曲线，选择显色产物吸光度数值较大且恒定的温度确定为适宜的显色温度。

5. 溶剂 溶剂的性质可直接影响被测组分对光的吸收，相同的物质溶解于不同的溶剂中，有时会出现不同的颜色。例如，苦味酸在水溶液中呈黄色，而在三氯甲烷中无色。同时显色反应产物的稳定性也与溶剂有关，如硫氰酸铁红色配合物在正丁醇中比在水溶液中稳定。在萃取比色中，应选用分配比较高的溶剂作为萃取溶剂。

三、显色反应干扰消除的方法

在显色反应中，干扰物质的存在往往会影响显色反应的结果。干扰物质的影响一般有以下几种情况：

1. 干扰物质本身有颜色或无色但与显色剂形成有色化合物，在测定条件下也有吸收。

2. 在显色条件下，干扰物质水解，析出沉淀使溶液浑浊，致使吸光度的测定无法进行。

3. 与待测离子或显色剂形成更稳定的化合物，使显色反应不能进行完全。

通常可以采用以下几种方法来消除这些干扰作用：

(1) 控制酸度　根据配合物的稳定性，可以利用控制酸度的方法提高反应的选择性，保证主反应进行完全。例如，二硫腙能与 Hg^{2+}、Pb^{2+}、Cu^{2+}、Ni^{2+}、Cd^{2+} 等十多种金属离子形成有色配合物，其中与 Hg^{2+} 形成的配合物最稳定，在 0.5mol/L H_2SO_4 介质仍能定量进行，而上述其他离子在此条件下不发生反应。

(2) 选择适当的掩蔽剂　使用掩蔽剂消除干扰是常用的有效方法。选取的条件是掩蔽剂不与待测离子发生作用，掩蔽剂以及它与干扰物质形成的配合物的颜色应不干扰待测离子的测定。

(3) 利用生成惰性配合物　例如，钢铁中微量钴的测定，常用钴试剂作为显色剂，但钴试剂不仅与 Co^{2+} 有灵敏反应，而且与 Ni^{2+}、Zn^{2+}、Mn^{2+}、Fe^{2+} 等都有反应。但钴试剂与 Co^{2+} 在弱酸性介质中一旦完成反应后，即使再用强酸酸化溶液，该配合物也不会分解，而 Ni^{2+}、Zn^{2+}、Mn^{2+}、Fe^{2+} 等与钴试剂形成的配合物在强酸介质中会很快分解。因此利用这个差异，可以消除上述离子的干扰，提高钴测定反应的选择性。

(4) 选择适当的测量波长　测定波长的选择除了考虑无干扰时"吸收最大原则"和有干扰时"吸收最大，干扰最小原则"这两个原则，还应注意显色后产物的 λ_{max} 与显色剂的 λ_{max} 之差应大于 60nm。

(5) 选择适宜空白溶液消除干扰　在可见分光光度法中，通常应用的空白溶液是试样空白，以消除试样溶液中未显色的非待测成分干扰吸收。若试样溶液中未显色的非待测成分无干扰吸收，亦可选择溶剂空白。

(6) 分离　上述方法均不宜采用时，也可以采用预先分离的方法来除去干扰物质，如利用沉淀反应、萃取、离子交换、蒸发和蒸馏以及色谱分离法等来消除干扰。

(曹雨诞)

习　题

1. 简述电子跃迁类型及它们的吸收波长范围、吸收强度、产生的结构类型。

2. 简述吸收带的类型及它们的吸收波长范围、吸收强度、产生的结构类型。

3. 偏离朗伯-比尔定律的主要因素有哪些?

4. 推测下列化合物含有的跃迁类型和吸收带。

(1)ph-CH₂ = CHCH₂OH;

(2)CH₂ = CHCH₂CH₂ CH₂OCH₃;

(3)CH₂ = CH—CH = CH₂—CH₂—CH₃;

(4)CH₂ CH = CH—CO—CH₃。

5. 解释下列化合物在紫外光谱图上可能出现的吸收带及其跃迁类型。

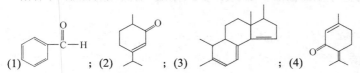

6. 每 100ml 中含有 0.705mg 溶质的溶液，在 1.00cm 吸收池中测得的百分透光率为40%，试计算:

(1)此溶液的吸光度; (0.398)

(2)如果此溶液的浓度为 0.420mg/100ml，其吸光度和百分透光率。 (0.237，57.9%)

7. 取 1.000g 钢样溶解于 HNO_3，其中的 Mn 用 KIO_3 氧化成 $KMnO_4$ 并稀释至 100ml，用 1.0cm 吸收池在波长 545nm 测得此溶液的吸光度为 0.720。用 $1.64×10^{-4}$ mol/L $KMnO_4$ 作为标准，在同样条件下测得的吸光度为 0.360，计算钢样中 Mn 的百分含量。 (0.18%)

8. 已知某溶液中 Fe^{2+} 浓度为 150μg/100ml，用邻菲罗啉显色测定 Fe^{2+}，比色皿厚度为 1.0cm，在波长 508 处测得吸光度 A=0.297，计算 Fe^{2+}-邻菲罗啉络合物的摩尔吸收系数。 ($1.1×10^4$)

9. 某化合物的摩尔吸收系数为 13000 L/ (mol·cm)，该化合物的水溶液在 1.0cm 吸收池中的吸光度为 0.425，试计算此溶液的浓度。 ($3.27×10^{-5}$mol/L)

10. 已知石蒜碱的相对分子质量为 287，用乙醇配制成 0.0075%的溶液，用 1cm 吸收池在波长 297nm 处，测得 A 值为 0.622，其摩尔吸收系数为多少? (2380)

11. 某中药制剂有效成分的 $E_{1cm}^{1\%}$ (356nm)=766，在相同条件下分析某厂生产的该制剂 $E_{1cm}^{1\%}$ (356nm)=759，试计算其含量。 (99.0%)

12. 分析一中药提取物中某成分，浓度为 $2.0×10^{-4}$mol/L，用 1cm 吸收池，在最大吸收波长 248nm 处测得其透光率 T = 20%，试计算其 ε_{max} 及 $E_{1cm}^{1\%}$ (M_r =108g/mol)。 (3495，324)

| 第 5 章 | 荧光分析法

物质分子吸收光子能量跃迁到激发状态后,从激发单线态的最低振动能级返回基态各不同振动能级时所发射出的光称为荧光(fluorescence)。根据物质分子发射的荧光谱线位置(波长)及其强度进行鉴定和含量测定的方法称为分子荧光分析法(molecular fluorometry),简称荧光分析法(fluorometry)。

荧光分析法最主要的优点是测定灵敏度高、选择性好。通常紫外-可见分光光度法的检出限约为 10^{-7}g/mL,而荧光分析法的检出限可达到 10^{-10}g/mL 甚至 10^{-12}g/mL。荧光物质彼此间在激发波长和发射波长方面可能有所差异,因而通过选择适当的激发波长和荧光测定波长,便可达到选择性测定的目的。

虽然具有天然荧光的物质种类较少,但许多重要的生化物质、药物及致癌物质都有荧光。随着荧光衍生化试剂的应用,荧光分析法在医药和临床分析中应用越来越广泛。

 第 1 节　荧光分析法的基本原理

一、分子的激发与去激发

1. 分子的多重态　如前所述,物质分子中存在着一系列紧密相隔的电子能级,而每个电子能级中又包含一系列的振动能级和转动能级(如图 5-1 所示,转动能级未在图中表示)。

大多数分子含有偶数个电子,在基态时,这些电子成对地填充在能量最低的各轨道中。根据 Pauli 不相容原理,一个给定轨道中的两个电子,应当具有相反方向的自旋,即自旋量子数分别为 1/2 和–1/2,其总自旋量子数 S 等于 0,因此基态电子能态的多重性 $M=2S+1=1$,这种状态称为基态单线态。

当基态分子的一个电子吸收光辐射被激发而跃迁至较高的电子能态时,通常电子不发生自旋方向的改变,即两个电子的自旋方向仍相反,总自旋量子数 S 仍等于 0,分子处于激发单线态($M=2S+1=1$);如果电子在跃迁的过程中同时伴随着自旋方向的改变,这时分子具有两个自旋不配对的电子,其两个电子的自旋量子数均为 1/2,因而总自旋量子数 S 等于 1($S=1/2+1/2$),这时分子处于激发的三线态($M=2S+1=3$)。

图 5-1 中,S_0、S_1^*、S_2^* 分别表示分子的基态、第一和第二电子激发的单线态,T_1^* 表示第一电子激发的三线态。激发单线态与相应三线态的区别在于:电子自旋方向不同,三线态的能级稍低。因此单线态至三线态跃迁所需能量较单线态至单线态跃迁小,但因单线态至三线态是禁阻跃迁,故其摩尔吸收系数常常很小。

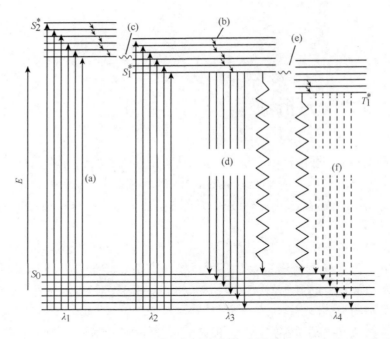

图 5-1　荧光与磷光产生示意图

(a) 吸收；(b) 振动弛豫；(c) 内部能量转换；(d) 荧光；(e) 体系间跨越；(f) 磷光

2. 激发态分子的去激发　根据 Boltzmann 分布，分子在室温时基本上处于电子能级的基态。当吸收紫外-可见光后，基态分子中的电子只能跃迁到激发单线态的各个不同振动-转动能级。

处于激发态的分子是不稳定的，它可以通过辐射跃迁和无辐射跃迁等多种过程释放所吸收的能量而返回基态。具体描述如下：

(1) 振动弛豫　在溶液中，激发态分子通过与溶剂分子的碰撞而将部分振动能量传递给溶剂分子，其电子返回同一电子激发态的最低振动能级的过程称为振动弛豫(vibrational relaxation)。由于能量以热的形式损失，故振动弛豫属于无辐射跃迁。振动弛豫只能在同一电子能级内进行，其发生时间为 $10^{-13} \sim 10^{-11}$s。

(2) 内部能量转换　内部能量转换简称内转换(internal conversion)，当两个电子激发态之间的能量差较小以致其振动能级有部分重叠时，激发态分子常由高电子能级以无辐射跃迁方式转移至低电子能级。图 5-1 中，激发态 S_1^* 的较高振动能级与激发态 S_2^* 的较低振动能级的势能非常接近，因此极易发生内转换过程。

(3) 荧光发射　无论分子最初处于哪一个激发单线态，通过内转换及振动弛豫，均可返回第一激发单线态的最低振动能级，然后以辐射形式向外发射光量子而返回基态的任一振动能级上，此过程即荧光发射。由于振动弛豫和内转换损失了部分能量，所以荧光的能量小于激发光能量，发射荧光的波长总比激发光波长要长。发射荧光的过程为 $10^{-9} \sim 10^{-7}$s。

(4) 外部能量转换　激发态分子在溶液中通过与溶剂分子及其他溶质分子之间相互碰撞而失去能量，常以热能的形式放出，这个过程称为外部能量转换，简称外转换(external conversion)。外转换也是一种热平衡过程，常发生在第一激发单线态或第一激发三线态的最低振动能级向基态转换的过程中，所需时间也为 $10^{-9} \sim 10^{-7}$s。外转换可降低荧光强度，有时也称为荧光淬灭或荧光熄灭。

(5) 体系间跨越　　体系间跨越(intersystem crossing)是指处于激发态分子的电子发生自旋反转而使分子的多重性发生变化的过程。图 5-1 中，如果激发单线态 S_1^* 的最低振动能级同三线态 T_1^* 的最高振动能级重叠，则有可能发生电子自旋反转的体系间跨越。分子由激发单线态跨越到三线态后，荧光强度减弱甚至熄灭。含有重原子如碘、溴等的分子及溶液中存在氧分子等顺磁性物质，容易发生体系间跨越，从而使荧光减弱。

(6) 磷光发射　　经过体系间跨越的分子再通过振动弛豫降至三线态的最低振动能级，分子在三线态的最低振动能级，可以停留一段时间，然后返回基态的各个振动能级而辐射光，这种光称为磷光。从紫外线照射到发射荧光的时间为 $10^{-8} \sim 10^{-14}$ s，而发射磷光则更迟一些，在照射后的 $10^{-4} \sim 10$ s。由于荧光物质分子与溶剂分子间相互碰撞等因素的影响，处于三线态的分子常常通过无辐射过程失活转移至基态，所以在室温下溶液很少呈现磷光，必须采用液氮在冷冻条件下才能检测到磷光，所以磷光法不如荧光分析法应用普遍。

总之，处于激发态的分子可通过上述几种不同途径回到基态，其中以速度最快、激发态寿命最短的途径占优势。

二、荧光激发光谱与荧光发射光谱

由于荧光属于被激发后的发射光谱，所以它具有两个特征光谱，即激发光谱和发射光谱。激发光谱(excitation spectra)是指不同激发波长的辐射引起物质发射某一波长荧光的相对效率。激发光谱的具体测绘方法是，固定荧光发射波长，扫描荧光激发波长，以荧光强度(F)为纵坐标、激发波长(λ_{ex})为横坐标作图，即可得到激发光谱。荧光发射光谱又称为荧光光谱(fluorescence spectra)，表示在所发射的荧光中各种波长组分的相对强度，即固定荧光激发波长，扫描荧光发射波长，记录荧光强度(F)对发射波长(λ_{em})的关系曲线，所得到的图谱称为荧光光谱。

激发光谱和荧光光谱可用来鉴别荧光物质，并作为进行荧光测定时选择适当测定波长的根据。图 5-2 是硫酸奎宁的激发光谱及荧光光谱。由图 5-2 看到硫酸奎宁的激发光谱(或吸收光谱)有两个峰，而荧光光谱仅有一个峰。

荧光光谱通常具有如下特征：

1. 荧光光谱的形状与激发波长无关。虽然分子的电子吸收光谱可能含有几个吸收带，但其荧光光谱

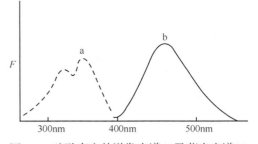

图 5-2　硫酸奎宁的激发光谱(a)及荧光光谱(b)

却只有一个发射带，即使分子被激发到高于 S_1^* 的电子激发态的各个振动能级，然而由于内转换和振动弛豫的速率很快，最终都会下降至激发态 S_1^* 的最低振动能级，所以荧光发射光谱只有一个发射带。由于荧光发射通常发生于第一电子激发态的最低振动能级，而与激发至哪一个电子激发态无关，所以荧光光谱的形态通常与激发波长无关。

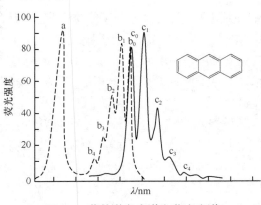

图 5-3 蒽的激发光谱和荧光光谱

2. 荧光光谱与激发光谱的镜像关系。如果将某一物质的激发光谱和它的荧光光谱进行比较，就可发现这两种光谱之间存在着"镜像对称"的关系，图 5-3 为蒽的激发光谱和荧光光谱。

三、荧光与分子结构的关系

荧光的产生及荧光强度与物质分子的结构密切相关，根据物质的分子结构可以判断物质的荧光特性。

1. 荧光效率 荧光效率是荧光物质的重要发光参数。

荧光效率(fluorescence efficiency)又称荧光产率(fluorescence quantum yield)，是指物质激发态分子发射荧光的光子数与基态分子吸收激发光的光子数之比，常 ϕ_f 表示，

$$\phi_f = \frac{发射荧光的分子数}{激发态分子总数} \tag{5-1}$$

荧光效率 ϕ_f 在 0～1。例如，荧光素钠在水中 ϕ_f =0.92；荧光素在水中 ϕ_f =0.65；蒽在乙醇中 ϕ_f =0.30；菲在乙醇中 ϕ_f =0.10。荧光效率低的物质虽然有较强的紫外吸收，但所吸收的能量都以无辐射跃迁形式释放，所以没有荧光发射。

2. 荧光与分子结构的关系

1) 产生荧光的必备条件

物质发射荧光应同时具备两个条件，即分子必须有强的紫外-可见吸收和一定的荧光效率。分子结构中具有 $\pi \rightarrow \pi^*$ 跃迁或 $n \rightarrow \pi^*$ 跃迁的物质都有紫外-可见吸收，但 $n \rightarrow \pi^*$ 跃迁引起的 R 带是一个弱吸收带，电子跃迁概率小，由此产生的荧光极弱。所以实际上只有分子结构中存在共轭的 $\pi \rightarrow \pi^*$ 跃迁，也就是强的 K 吸收带时，才可能产生荧光。

2) 影响荧光强度的结构因素

(1) 共轭效应 绝大多数能产生荧光的物质都含有芳香环或杂环，因为芳香环或杂环分子具有长共轭的 $\pi \rightarrow \pi^*$ 跃迁。π 电子共轭程度越大，荧光强度(荧光效率)越大，而荧光波长也长移。例如，苯、萘、蒽三个化合物的共轭结构与荧光的关系如下。

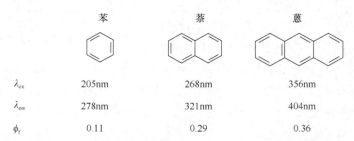

	苯	萘	蒽
λ_{ex}	205nm	268nm	356nm
λ_{em}	278nm	321nm	404nm
ϕ_f	0.11	0.29	0.36

除芳香烃外，含有长共轭双键的脂肪烃也可能有荧光，但这一类化合物的数目不多。维生素 A(含共轭多烯醇侧链)是能发射荧光的脂肪烃之一，其结构式如下。

$$\text{(structure with CH}_2\text{OCOCH}_3\text{)}$$

(2) 刚性和共平面性效应　在同样的长共轭分子中，分子的刚性和共平面性越大，荧光效率越大，并且荧光波长产生长移。例如，在相似的测定条件下，联苯和芴的荧光效率 ϕ_f 分别为 0.2 和 1.0，两者的结构差别在于芴的分子中加入亚甲基成桥，使两个苯环不能自由旋转，成为刚性分子，共轭 π 电子的共平面性增加，使芴的荧光效率显著增加。

联苯　　　　　　　芴

同样情况还有酚酞和荧光素，它们分子中共轭双键长度相同，但荧光素分子中多一个氧桥，使分子的三个环呈一个平面，随着分子的刚性和共平面性增强，π 电子的共轭程度增加，因而荧光素有强烈的荧光，而酚酞的荧光很弱。

本来不发生荧光或发生较弱荧光的物质与金属离子形成配位化合物后，如果刚性和共平面性增强，就可以发射荧光或增强荧光。例如，8-羟基喹啉是弱荧光物质，与 Mg^{2+}、Al^{3+} 形成配位化合物后，荧光就增强。

8-羟基喹啉　　　　　　　8-羟基喹啉镁

相反，如果原来结构中共平面性较好，但在分子中取代了较大基团后，位阻使分子共平面性下降，则荧光减弱。例如，1-二甲氨基萘-7-磺酸盐的 $\phi_f=0.75$，而 1-二甲氨基萘-8-磺酸盐的 ϕ_f 为 0.03，这是因为二甲氨基与磺酸盐之间的位阻效应，使分子发生了扭转，两个环不能共平面，因而使荧光显著减弱。

1-二甲氨基萘-7-磺酸盐　　　　　1-二甲氨基萘-8-磺酸盐

同理，对于顺反异构体，顺式分子的两个基团在同一侧，位阻使分子不能共平面而没有荧光。例如，1，2-二苯乙烯的反式异构体有强烈荧光，而其顺式异构体没有荧光。

(3) 取代基效应　荧光分子上的各种取代基对分子的荧光光谱和荧光强度都产生很大影响。取代基可分为三类：第一类取代基能增加分子的 π 电子共轭程度，常使荧光效率提高，荧光波长长移，这一类基团包括—NH_2、—OH、—OCH_3、—NHR、—NR_2、—CN 等；第二类取代基减弱分子的 π 电子共轭性，使荧光减弱甚至熄灭，如—COOH、—NO_2、—C≡O、—NO、—SH、—$NHCOCH_3$、—F、—Cl、—Br、—I 等；第三类取代基对 π 电子共轭体系作用较小，如—R、—SO_3H、—NH_3^+ 等，对荧光的影响不明显。

四、影响荧光强度的其他因素

分子所处的外界环境，如温度、溶剂、pH、荧光熄灭剂等都会影响荧光效率，甚至影响分子结构及立体构象，从而影响荧光光谱的形状和强度。了解和利用这些因素的影响，可以提高荧光分析的灵敏度和选择性。

1. 温度　温度对于溶液的荧光强度有显著的影响。在一般情况下，随着温度的升高，溶液中荧光物质的荧光效率和荧光强度将降低。这是因为，当温度升高时，分子运动速度加快，分子间碰撞概率增加，使无辐射跃迁增加，从而降低了荧光效率。例如，荧光素钠的乙醇溶液，在 0℃以下，温度每降低 10℃，ϕ_f 增加 3%，在 -80℃时，ϕ_f 为 1。

2. 溶剂　同一物质在不同溶剂中，其荧光光谱的形状和强度都有差别。一般情况下，荧光波长随着溶剂极性的增大而长移，荧光强度也有所增强。这是因为在极性溶剂中，$\pi \rightarrow \pi^*$ 跃迁所需的能量差 ΔE 小，而且跃迁概率增加，从而使紫外吸收波长和荧光波长均长移，强度也增强。

溶剂黏度减小时，可以增加分子间碰撞机会，使无辐射跃迁增加而荧光减弱，所以荧光强度随溶剂黏度的减小而减弱。由于温度对溶剂的黏度有影响，一般是温度上升，溶剂黏度变小，因此温度上升，荧光强度下降。

3. pH　当荧光物质本身是弱酸或弱碱时，溶液的 pH 对该荧光物质的荧光强度有较大影响，这主要是因为弱酸(碱)分子和它们的离子结构有所不同，在不同酸度中分子和离子间的平衡改变，因此荧光强度也有差异。每一种荧光物质都有它最适宜的发射荧光的存在形式，也就是有它最适宜的 pH 范围。例如，苯胺在不同 pH 下有下列平衡关系。

苯胺在 pH7～12 的溶液中主要以分子形式存在，由于—NH₂ 是提高荧光效率的取代基，故苯胺分子会发生蓝色荧光。但在 pH<2 和 pH>13 的溶液中均以苯胺离子形式存在，故不能发射荧光。

4. 荧光熄灭剂　荧光熄灭是指荧光物质分子与溶剂分子或溶质分子相互作用引起荧光强度降低的现象。引起荧光熄灭的物质称为荧光熄灭剂(quenching medium)。卤素离子、重金属离子、氧分子以及硝基化合物、重氮化合物、羰基和羧基化合物均为常见的荧光熄灭剂。

荧光物质中引入荧光熄灭剂会使荧光分析产生测定误差，但是，如果一种荧光物质在加入某种熄灭剂后，荧光强度的减小和荧光熄灭剂的浓度呈线性关系，则可以利用这一性质测定荧光熄灭剂的含量，这种方法称为荧光熄灭法(fluorescence quenching method)。例如，利用氧分子对硼酸根-二苯乙醇酮配合物的荧光熄灭效应，可进行微量氧的测定。

当荧光物质的浓度超过 1g/L 时，由于荧光物质分子间相互碰撞的概率增加，产生荧光自熄灭现象。溶液浓度越高，这种现象越严重。

5. 散射光的干扰　当一束平行光照射在液体样品上时，大部分光线透过溶液，小部分由于光子和物质分子相碰撞，使光子的运动方向发生改变而向不同角度散射，这种光称为散射光

(scattering light)。

光子和物质分子发生弹性碰撞时，不发生能量的交换，仅仅是光子运动方向发生改变，这种散射光称为瑞利光(Rayleigh scattering light)，其波长与入射光波长相同。

光子和物质分子发生非弹性碰撞时，在光子运动方向发生改变的同时，光子与物质分子发生能量交换，光子把部分能量转给物质分子或从物质分子获得部分能量，而发射出比入射光波长稍长或稍短的光，这两种光均称为拉曼光(Raman scattering light)。

散射光对荧光测定有干扰，尤其是波长比入射光波长更长的拉曼光，因其波长与荧光波长接近，对荧光测定的干扰更大，必须采取措施消除。

选择适当的激发波长可消除拉曼光的干扰。以硫酸奎宁为例，从图 5-4(a)可见，无论选择320nm 还是选择 350nm 为激发光，荧光峰总是在448nm。将空白溶剂分别在 320nm 及 350nm 激发光照射下测定荧光光谱(此时实际上是散射光而非荧光)，从图 5-4(b)可见，当激发光波长为 320nm 时，瑞利光波长是 320nm，拉曼光波长是 360nm，360nm 的拉曼光对荧光无影响；当激发光波长为 350nm 时，瑞利光波长是 350nm，拉曼光波长是 400nm，400nm 的拉曼光对荧光有干扰，因而影响测定结果。

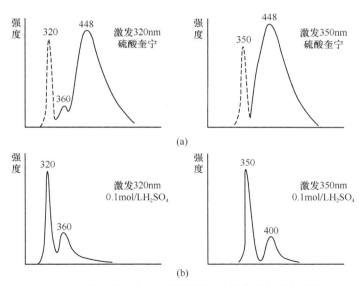

图 5-4 硫酸奎宁在不同波长激发下的荧光与散射光谱

表 5-1 为水、乙醇、环己烷及四氯化碳四种常用溶剂在不同波长激发光照射下拉曼光的波长，可供选择激发光波长或溶剂时参考。从表中可见，四氯化碳的拉曼光与激发光的波长极为相近，所以其拉曼光几乎不干扰荧光测定；而水、乙醇及环己烷的拉曼光波长较长，使用时必须注意。

表 5-1 在不同波长激发光下主要溶剂的拉曼光波长 (单位：nm)

λ_{ex}	248	313	365	405	436
水	271	350	416	469	511

λ_{ex}	248	313	365	405	436
乙醇	267	344	409	459	500
环己烷	267	344	408	458	499
四氯化碳	—	320	375	418	450

第 2 节　定量分析方法

一、荧光强度与物质浓度的关系

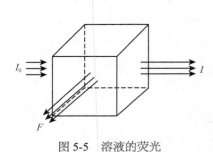

图 5-5　溶液的荧光

由于荧光物质是在吸收光能、被激发之后才发射荧光的，所以，溶液的荧光强度与该溶液中荧光物质吸收光能的程度以及荧光效率有关，溶液中荧光物质被入射光（I_0）激发后，可以在溶液的各个方向观察荧光强度（F）。但为了避免入射光的干扰，一般是在与激发光源垂直的方向观测，如图 5-5 所示。设溶液中荧光物质浓度为 C，液层厚度为 b。

荧光强度 F 正比于荧光物质吸收的光强度，即 $F \propto (I_0 - I_t)$，

$$F = K'(I_0 - I_t) \tag{5-2}$$

式 中 ， K' 为常数，其值取决于荧光效率。根据 Beer 定律，

$$I_t = I_0 10^{-abC} \tag{5-3}$$

将式(5-3)代入式(5-2)，得

$$F = K'I_0(1 - 10^{-abC}) = K'I_0(1 - e^{-2.3abC}) \tag{5-4}$$

将 $e^{-2.3abC}$ 展开，得

$$e^{-2.3abC} = 1 + \frac{(-2.3abC)^1}{1!} + \frac{(-2.3abC)^2}{2!} + \frac{(-2.3abC)^3}{3!} + \cdots \tag{5-5}$$

将式(5-5)代入式(5-4)

$$
\begin{aligned}
F &= K'I_0\left\{1 - \left[1 + \frac{(-2.3abC)^1}{1!} + \frac{(-2.3abC)^2}{2!} + \frac{(-2.3abC)^3}{3!} + \cdots\right]\right\} \\
&= K'I_0\left[2.3abC - \frac{(-2.3abC)^2}{2!} - \frac{(-2.3abC)^3}{3!} - \cdots\right]
\end{aligned} \tag{5-6}
$$

若浓度 C 很小，abC 的值也很小，当 $abC \leqslant 0.05$ 时，式(5-6)括号中第二项以后的各项可以忽略。所以，

$$F = 2.3K'I_0\,abC = KC \tag{5-7}$$

在低浓度时，溶液的荧光强度与溶液中荧光物质的浓度呈线性关系；当 $abC > 0.05$ 时，式(5-6)括号中第二项以后的数值就不能忽略，此时荧光强度与溶液浓度之间不呈线性关系。

荧光分析法定量的依据是荧光强度与荧光物质浓度的线性关系，而荧光强度的灵敏度取决于检测器的灵敏度，即只要改进光电倍增管和放大系统，使极微弱的荧光也能被检测到，就可以测定很稀的溶液浓度，因此荧光分析法的灵敏度很高。紫外-可见分光光度法定量的依据是吸光度(或透光率的负对数)与吸光物质浓度的线性关系，所测定的是透过光强和入射光强的比

值，即 I_t/I_0，因此即使将光强信号放大，由于透过光强和入射光强都被放大，比值仍然不变，对提高检测灵敏度不起作用，故紫外-可见分光光度法的灵敏度不如荧光分析法高。

二、定量分析方法

1. **标准曲线法**　荧光分析一般采用标准曲线法，即用已知量的标准物质经过和试样相同的处理之后，配成一系列标准溶液，测定这些溶液的荧光强度，以荧光强度为纵坐标、标准溶液的浓度为横坐标绘制标准曲线。然后在同样条件下测定试样溶液的荧光强度，由标准曲线求出试样中荧光物质的含量。

2. **比较法**　如果荧光分析的标准曲线通过原点，也可用比较法进行测定。取已知量的对照品，配制一标准溶液(C_S)，使其浓度在线性范围之内，测定荧光强度(F_S)，然后在同样条件下测定试样溶液的荧光强度(F_X)。按比例关系计算试样中荧光物质的含量(C_X)。在空白溶液的荧光强度调不到 0% 时，必须从 F_S 及 F_X 值中扣除空白溶液的荧光强度(F_0)，然后计算。

$$F_S - F_0 = KC_S$$
$$F_X - F_0 = KC_X$$

对于同一荧光物质，其常数 K 相同，则

$$\frac{F_S - F_0}{F_X - F_0} = \frac{C_S}{C_X} \qquad C_X = \frac{F_X - F_0}{F_S - F_0} \times C_S$$

3. **多组分混合物的荧光分析**　荧光分析法也可像紫外-可见分光光度法一样，从混合物中不经分离就可测得被测组分的含量。

如果混合物中各个组分的荧光峰相距较远，而且相互之间无显著干扰，则可分别在不同波长处测定各个组分的荧光强度，从而直接求出各个组分的浓度。如果不同组分的荧光光谱相互重叠，则利用荧光强度的加和性质，在适宜的荧光波长处，测定混合物的荧光总强度，再根据被测物质各自在适宜荧光波长处的荧光强度，列出联立方程式，分别求算各自的含量。

 ## 第3节　荧光分光光度计与新技术

一、荧光分光光度计组成

荧光分光光度计的种类很多，一般有五个主要部件，即激发光源、激发和发射单色器、样品池、检测器及读出装置。其结构如图 5-6 所示。

1. **激发光源**　荧光分光光度计所用的光源应具有强度大、适用波长范围宽两个特点，常用的有汞灯、氙灯。氙灯所发射的谱线强度大，而且是连续光谱，连续分布在 250～700nm 波长，并且在 300～400nm 波长的谱线强度几乎相等。

2. **单色器**　荧光分光光度计有两个单色器。置于光源和样品池之间的单色器称为激发单色器，用于获得单色性较好的激发光；置于样品池和检测器之间的单色器称为发射单色器，用于分出某一波长的荧光，消除其他杂散光干扰。

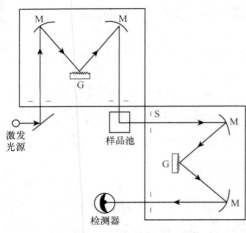

激发光源

样品池

检测器

图 5-6　荧光分光光度计的光路示意图

3．样品池　测定荧光用的样品池必须用弱荧光的玻璃或石英材料制成。其形状以散射光较少的方形为宜，并且适用于 90° 测量，以消除入射光的背景干扰。

4．检测器　荧光分光光度计多采用光电倍增管检测，为了改善信噪比，常用冷却检测器的方法。二极管阵列和电荷转移检测器也可用于荧光分光光度计，它们可以迅速地记录激发和发射光谱，特别适用于色谱法和电泳法。此外，可以记录二维相关光谱图。

5．读出装置　荧光分光光度计的读出装置有数字电压表、记录仪等。现在常用的是带有计算机控制的读出装置。

二、荧光分析新技术简介

随着仪器分析的日趋发展，分子荧光法的新技术发展亦很迅速。现简述如下。

1．激光荧光分析　激光荧光法与一般荧光法的主要差别在于使用单色性极好、强度更大的激光作为光源，显著提高了荧光分析法的灵敏度和选择性。高压汞灯仅能发出有限的几条谱线，而且各条谱线的强度悬殊。氙弧灯在紫外光区输出功率较小，只有用大功率氙弧灯才有显著输出，但目前大功率氙弧灯在稳定性和热效应方面还存在不少问题。激光光源可以克服上述缺点，特别是可调谐激光器用于分子荧光法具有突出的优点。另外，普通的荧光分光光度计一般用两个单色器，而以激光为光源仅用一个单色器即可。目前，激光分子荧光分析法已成为分析超低浓度物质的灵敏而有效的方法。

2．时间分辨荧光分析　由于不同分子的荧光寿命不同，可在激发和检测之间延缓一段时间，使具有不同荧光寿命的物质得以分别检测，这就是时间分辨荧光分析。时间分辨荧光分析采用脉冲激光作为光源。激光照射样品后所发射的荧光是一混合光，它包括待测组分的荧光、其他组成或杂质的荧光和仪器的噪声。如果选择合适的延缓时间，可测定被测组分的荧光而不受其他组分、杂质的荧光及噪声干扰。该法在测定混合物中某一组分时的选择性比用化学法处理样品时更好，而且省去前处理的麻烦。目前已将时间分辨荧光分析法应用于免疫分析，发展成为时间分辨荧光免疫分析法(time-resolved fluoroimmunoassay)。

3．同步荧光分析　同步荧光分析(synchronous fluorometry)是在荧光物质的激发光谱和荧光光谱中选择一适宜的波长差值 $\Delta\lambda$ (通常选用 λ_{ex}^{max} 与 λ_{em}^{max} 之差)，同时扫描发射波长和激发波长，得到同步荧光光谱。若 $\Delta\lambda$ 值相当于或大于斯托克斯位移，能获得尖而窄的同步荧光峰。因荧光物质浓度与同步荧光峰峰高呈线性关系，故可用于定量分析。同步荧光光谱的信号 $F_{sp}(\lambda_{em}, \lambda_{ex})$ 与激光信号 F_{ex} 及荧光发射信号 F_{em} 间的关系为：$F_{sp}(\lambda_{em}, \lambda_{ex})=KCF_{ex}F_{em}$，$K$ 为常数。可见，当物质浓度 C 一定时，同步荧光信号与所用的激发波长信号及发射波长信号的乘积成正比，所以此法的灵敏度较高。

（康　安）

习　题

1. 荧光的波长为什么比激发光的波长长?

2. 何谓荧光效率? 具有何种分子结构的物质有较高的荧光效率?

3. 为什么荧光分析法的灵敏度比紫外-可见分光光度法高?

4. 在紫外-可见分光光度法定量分析时只需用空白溶液校正零点, 而荧光定量分析时除了校正零点, 为什么还需用标准溶液校正仪器刻度?

5. 下列化合物中, 荧光最强的是(　　)。

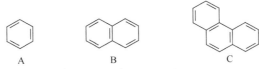

A　　　　　　　　B　　　　　　　　C

6. 计算:用荧光法测定某片剂中维生素 B_1 的含量时,取供试品 10 片(每片含维生素 B_1 应为 34.8~46.4μg),研细溶于盐酸溶液中, 稀释至 1000ml, 过滤, 取滤液 5ml, 稀释至 10ml, 在激发波长 365nm 和发射波长 435nm 处测定荧光强度。如果维生素 B_1 对照品的盐酸溶液(0.2μg/ml), 在同样条件下荧光强度为 56, 则合格的荧光读数应在什么范围内?

(49~65)

| 第6章 | 红外分光光度法

第1节 概 述

当样品分子受到频率连续变化的红外线照射时，光的能量通过分子(振动或转动运动所引起的)偶极矩的变化而传递给分子，这样分子就吸收某些频率的红外线，产生振动和转动能级的跃迁，使相应光的透射光强度减弱。记录红外线的百分透光率与波数或波长的关系曲线，就得到红外吸收光谱(infra-red absorption spectrum)，简称红外光谱(infra-red spectrum)。利用红外光谱对待测物质进行定性、定量和结构分析的方法，称为红外吸收光谱法(infra-red absorption spectrum，IR)。一般来说每一种化合物都有其特征的红外光谱，即红外光谱的特征性强。在实际工作中红外光谱法主要用于化合物的定性鉴别和结构分析，根据红外光谱吸收峰的位置、吸收峰的强度及吸收峰的形状，可以判断化合物的类别、官能团的种类、取代类型、结构异构及氢键等，从而推断出未知物的结构。

一、红外光区的划分

红外线(0.76~1000μm)可划分为三个区域：近红外区、中红外区、远红外区，如表6-1所示。

表6-1 红外光区的划分

区域名称	波长 $\lambda/\mu m$	波数 σ/cm^{-1}	能级跃迁类型
近红外区	0.76~2.5	13158~4000	O—H，NH 及 CH 倍频吸收区
中红外区	2.5~25	4000~400	振动、转动吸收区
远红外区	25~1000	400~10	转动吸收区

其中，中红外区是研究、应用最多的区域。通常，红外光谱是指中红外吸收光谱，即振动-转动光谱，简称振-转光谱。本章主要研究中红外吸收光谱。

二、红外与紫外吸收光谱的比较

1. 起源不同 紫外光谱和红外光谱都属于分子吸收光谱，紫外光谱是分子吸收紫外线引起外层价电子电子能级的跃迁产生的；红外线能量低，只能引起振-转能级的跃迁。

2. 适用范围不同 紫外光谱只适用于芳香族、具有共轭结构的不饱和化合物的分析；而红外光谱适用于几乎所有有机物(同核双原子分子除外)的分析。

3. 特征性及用途不同 紫外光谱主要为 π 与 n 电子能级的跃迁($π-π$，$n-π$ 跃迁)，光谱简单，特征性差，主要用于含量测定，推测有机化合物共轭骨架；而在红外光谱中，一个官能团往往有几种振动形式，光谱复杂，特征性强，主要用于鉴定官能团、化合物类别与推测结构等。

三、红外吸收光谱的表示方法

一般多用透光率-波数($T-σ$)曲线或透光率-波长($T-λ$)曲线来描述红外吸收光谱。纵坐标采用透光率时，无吸收部分的曲线在图的上部，所谓吸收峰实际上是向下的峰谷。通常红外吸收光谱的横坐标都有波长及波数两种标度，光栅光谱以波数为等间距，棱镜光谱以波长为等间距。同一样品，以波数为等间距和以波长为等间距的两张光谱图的外貌是有差异的，即除峰的位置一致外，峰的强度和形状往往不同。在红外光谱中，由于在低波数区峰多而密，高波数区峰少而疏，所以光谱的横坐标以 $2000cm^{-1}$ 为界，有两种不同的比例尺。$2000\sim400cm^{-1}$ 波数区为 $100cm^{-1}$/大格，$4000\sim2000cm^{-1}$ 波数区为 $200cm^{-1}$/大格。例如，聚苯乙烯薄膜的红外光栅光谱见图 6-1。

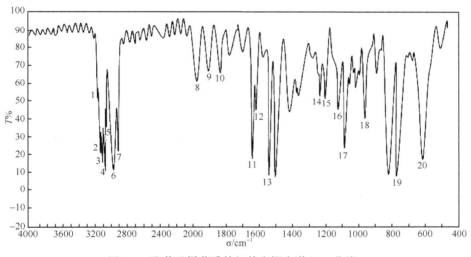

图 6-1 聚苯乙烯薄膜的红外光栅光谱($T-σ$ 曲线)

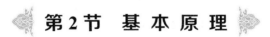

第 2 节 基 本 原 理

一、振动能级和振动光谱

1. 振动能级 为了讨论问题的方便，首先选取最简单的一种分子——双原子分子，并将此微观物体宏观化，然后用经典力学的理论来研究宏观物体在振动过程中，振动势能随原子间的距离 r 的变化。

这时把双原子分子中 A 与 B 两个原子视为两个小球，其间的化学键看成质量可以忽略不计的弹簧，则两个原子间的伸缩振动，可近似地看成沿键轴方向的简谐振动(图 6-2)，双原子

分子可视为谐振子(harmonicity)，则振动势能与原子间的距离 r 及平衡距离 r_0 间的关系为

$$U = \frac{1}{2}k(r - r_0)^2 \tag{6-1}$$

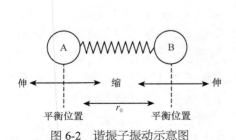

图 6-2 谐振子振动示意图

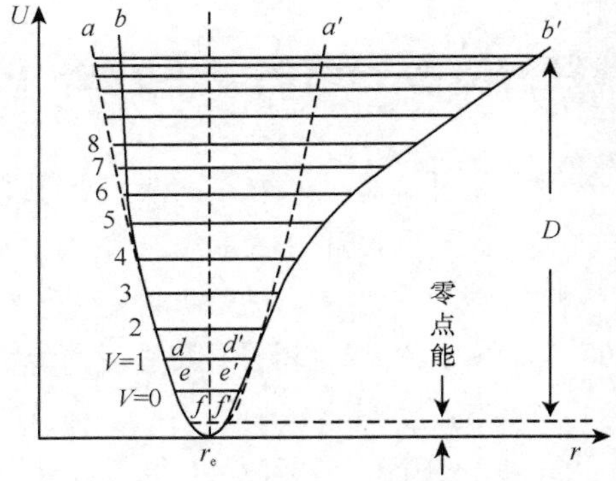

图 6-3 双原子分子振动势能曲线

式中，k 为化学键力常数(N/cm)；r_0 为平衡时两原子之间的距离；r 为振动时某瞬间两原子之间的距离；当 $r = r_0$ 时，$U = 0$；当 $r > r_0$ 或 $r < r_0$ 时，$U > 0$。振动过程中势能随 r 的变化关系绘制成势能曲线，如图 6-3 中 a-a' 所示。

再把此宏观物体应用量子力学理论向微观物体逼近，通过解薛定谔方程，得微观物体在振动过程中能量 U 随振动量子数 V 的变化：

$$U = E_V = \left(V + \frac{1}{2}\right)h\nu \tag{6-2}$$

式中，ν 是分子振动频率；V 是振动量子数，$V = 0, 1, 2, 3, \cdots$。当 $V = 0$ 时分子振动能级处于基态，$E_V = \frac{1}{2}h\nu$，为振动体系的零点能；当 $V \neq 0$ 时，分子的振动能级处于激发态。双原子分子(非谐振子)的振动势能曲线如图 6-3 中 b-b' 所示。

由势能曲线图 6-3 可知，

(1) 由于在常温下，分子的振动能级都处于 $V = 0$ 的基态，即使受到外能的作用，振动量子数的变化(ΔV)也很小(通常为 1~3)。由图 6-3 可见，当势能变化不大时，两条曲线的底部重合性很好，由此说明，在红外光谱中可用经典力学的理论与方法来处理微观物体所遇到的问题，如振动形式的描述、振动自由度的研究和振动频率公式的导出等。

(2) 振幅越大，势能曲线的能级间隔越小。

(3) 振幅超过一定值时，化学键断裂，分子离解，此时的能量等于离解能，势能曲线趋近于一条水平直线，如图 6-3 中 b-b' 所示。

2. 振动能级跃迁 分子吸收适当频率的红外辐射($h\nu_L$)后，可以由基态跃迁至激发态，其所吸收的光子能量必须等于分子振动能量之差，即

$$h\nu_L = \Delta E_V = \Delta V h\nu \quad \text{或} \quad \nu_L = \Delta V \nu \tag{6-3}$$

式(6-3)表明：分子由基态跃迁到激发态吸收红外线的频率等于分子振动频率的 ΔV 倍。当分子吸收某一频率的红外辐射后，由基态($V = 0$)跃迁到第一激发态($V = 1$)时所产生的吸收峰称为基频峰(fundamental bands)，是红外光谱的主要吸收峰。

分子吸收红外辐射后，由振动能级的基态($V = 0$)跃迁至第二激发态($V = 2$)、第三激发态($V = 3$)等，所产生的吸收峰称为倍频峰(overtone bands)；由两个或多个基频峰频率的和或差产生的吸收峰称为合频峰或差频峰；倍频峰、合频峰与差频峰统称为泛频峰；泛频峰多为弱峰(跃迁概率小)，一般谱图上不易辨认；泛频峰的存在，增加了光谱的特征性，对结构分析有利。

二、振动形式与振动自由度

1. 振动形式　讨论振动形式的目的是揭示吸收峰的来源。分子的振动形式分为伸缩振动和弯曲振动两大类。

1) 伸缩振动

分子中原子沿着键轴方向发生键长伸长或缩短的周期性变化的振动称为伸缩振动(stretching vibration)。伸缩振动可分为对称伸缩振动(ν_s)和不对称伸缩振动(ν_{as})，如图 6-4(a)所示。对称伸缩振动是指各键同时伸长或缩短的振动；不对称伸缩振动是指某些键伸长而另外的键缩短的振动。

2) 弯曲振动

键角发生周期性变化的振动称为弯曲振动(bending vibration)。弯曲振动分为面内弯曲振动、面外弯曲振动及变形振动。弯曲振动的吸收频率较低，受分子结构的影响十分敏感。

(1) 面内弯曲振动(in-plane bending vibration，β)　在由几个原子(AX_2，如 CH_2)构成的平面内进行的弯曲振动。面内弯曲振动又可分为剪式振动(scissoring vibration，δ)和面内摇摆振动(rocking vibration，ρ)。剪式振动是指在几个原子构成的平面内，键角的变化类似剪刀的"张、合"的运动。面内摇摆振动是指在几个原子构成的平面内，基团作为一个整体在平面内进行摇摆的振动，见图 6-4(b)。

(2) 面外弯曲振动(out-of-plane bending vibration，γ)　在垂直于几个原子所构成的平面外进行的弯曲振动，分为面外摇摆振动(out-of-plane bending vibration，ω)和蜷曲振动(twisting vibration，τ)两种，如图 6-4(c)所示。面外摇摆振动是指两个原子同时向平面上(+)或同时向平面下(−)进行振动。蜷曲振动是指一个原子向平面上(+)，另一个原子向平面下(−)的来回振动。

(3) 变形振动(deformation vibration，δ)　AX_3 组成的基团(如 CH_3)，3 个 AX 键与轴线组成的夹角发生周期性变化的振动，分为对称变形振动(δ_s)和不对称变形振动(δ_{as})，如图 6-4(d)所示。对称变形振动是指 3 个 AX 键与轴线组成的夹角同时缩小或增大，形如花瓣开、闭的振动。不对称变形振动是指 3 个 AX 键与轴线组成的夹角，有的变大、有的变小的振动。

2. 振动自由度　振动自由度(f)是分子基本振动的数目，即分子的独立振动数。双原子分子只有一种振动形式，组成分子的原子越多，基本振动的数目就越多。

对于含有 N 个原子的分子，每个原子在三维空间的位置可用 x、y、z 三个坐标表示，所以每个原子有 3 个自由度，分子的自由度总数为 $3N$。分子总的自由度为分子的振动自由度、分子的转动自由度与分子的平动自由度之和，所以分子的振动自由度为

$$f = 3N - 转动自由度 - 平动自由度$$

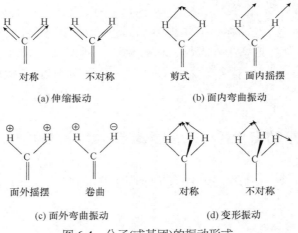

图 6-4 分子(或基团)的振动形式

对于非线性分子，除 3 个平动自由度外，整个分子可以绕三个坐标轴转动，有 3 个转动自由度。从总自由度 $3N$ 中扣除 3 个平动自由度及 3 个转动自由度，则 $f = 3N-6$。

对于线性分子，由于绕自身键轴转动的转动惯量为零，所以线性分子只有 2 个转动自由度，则 $f = 3N-5$。

由振动自由度，可以阐明振动形式的数目即基频峰的总数。例如，CO_2 为线性分子，振动自由度为 4，即有 4 种振动形式：

$v_s=1388cm^{-1}$ 　　$v_{as}=2349cm^{-1}$ 　　$\beta=667cm^{-1}$ 　　$\gamma=667cm^{-1}$

又如，H_2O 为非线性分子，振动自由度为 3，即有 3 种振动形式：

$v_s=3652cm^{-1}$ 　　　　$v_{as}=3756cm^{-1}$ 　　　　$\delta=1595cm^{-1}$

三、红外光谱产生的条件及吸收峰峰数

1. 红外光谱产生的条件　红外光谱的产生必须同时满足以下两个条件：

(1) 分子吸收红外辐射的频率恰好等于分子振动频率的整数倍($v_L = \Delta V v$)；

(2) 分子在振动过程中偶极矩的变化不为零($\Delta \mu \neq 0$)，即分子产生红外活性振动。红外活性振动是指分子振动发生偶极矩的变化，产生红外吸收的现象；红外非活性振动是指分子振动不发生偶极矩的变化，不产生红外吸收的现象(如一些单原子分子、同核分子，He、Ne、N_2、O_2、Cl_2、H_2 等)。

2. 吸收峰的峰数　理论上来说，每个振动自由度代表一个独立的振动形式，在红外光谱中产生一个吸收峰。但是实际上吸收峰的数目往往少于基本振动数，其主要原因如下：

(1) 红外非活性振动。

(2) 吸收峰简并　简并是指分子中振动形式不同，但其振动吸收频率相等的现象。例如，

CO_2分子中$\delta_{C=O}=667cm^{-1}$与$\gamma_{C=O}=667cm^{-1}$频率相同，发生简并，仅出现一个峰。

(3) 仪器的灵敏度和分辨率　吸收峰特别弱或彼此十分接近时，仪器检测不出或分辨不开而使吸收峰减少。

(4) 吸收峰不在中红外区。

此外，泛频峰与振动耦合会使吸收峰增多。泛频峰一般很弱或者超出中红外区。

四、吸收峰强度

1. 吸收峰强度的表示　分子或基团对红外线的吸收符合朗伯-比耳定律，因此用摩尔吸收系数ε表示，并分为5级：极强峰($\varepsilon > 100$, vs)、强峰($20 < \varepsilon < 100$, s)、中强峰($10 < \varepsilon < 20$, m)、弱峰($1 < \varepsilon < 10$, w)、极弱峰($\varepsilon < 1$, vw)。

2. 影响吸收峰强度的因素

1) 跃迁的概率

跃迁过程中激发态分子占总分子的百分数，称为跃迁概率。跃迁概率越大，则吸收峰的强度越大。跃迁概率取决于振动量子数的变化。

如基频($V_0 \rightarrow V_1$)跃迁概率大，所以吸收较强；倍频($V_0 \rightarrow V_2$)尽管偶极矩变化大，但跃迁概率很低，峰很弱。

2) 偶极矩的变化

振动过程中分子偶极矩的变化越大，吸收峰越强。偶极矩变化又与下列因素有关。

(1) 化学键两端原子的电负性之差　键合原子电负性差别越大，偶极矩的变化$\Delta\mu$越大，峰越强。例如，C＝O和C＝C，C＝O吸收峰强度远比C＝C吸收峰强度大。

(2) 分子的对称性　分子的对称性越高，偶极矩的变化就越小，峰越弱。对于高度对称的结构，$\Delta\mu=0$，产生红外非活性振动。

$v_{C=C} \approx 1585cm^{-1}$　　　　　无$v_{C=C}$峰

(3) 分子的振动形式　相同基团的振动形式不同，偶极矩变化也不同。例如，$v_{as} > v_s$，$v > \beta$。

(4) 其他因素。

①氢键的形成使有关的吸收峰变宽变强。

②与极性基团共轭使吸收峰增强。例如，C＝C、C≡C 等基团的伸缩振动吸收峰很弱。但如果它们与 C＝O 或 C≡N 共轭，吸收强度会显著增加。

③费米共振。

五、吸收峰峰位与影响吸收峰峰位的因素

1. 基本振动频率　根据 Hooke 定律，分子中每个谐振子的伸缩振动频率如下：

$$\nu = \frac{1}{2\pi}\sqrt{\frac{k}{\mu}} \tag{6-4}$$

式中，ν 为化学键的伸缩振动频率；k 为化学键力常数(N/cm)，即两原子由平衡位置伸长1Å(0.1nm)后的恢复力[(毫达因/Å)，1 毫达因$=10^{-8}$N，1Å$=10^{-8}$cm]；μ 为两原子的折合绝对质量，即 $\mu = m_A m_B /(m_A + m_B)$，$m_A$，$m_B$ 分别为化学键两端的原子 A、B 的绝对质量。为应用方便，用原子 A、B 的折合相对原子质量 μ' 代替折合绝对质量 μ，$\mu' = \mu \times 6.023 \times 10^{23}$，又由于 $\sigma = 1/\lambda = \nu/c$，所以有

$$\sigma = 1307\sqrt{\frac{k}{\mu'}} \tag{6-5}$$

由式(6-5)可知，伸缩振动频率取决于键两端原子的折合相对原子质量和化学键力常数。某些键的伸缩力常数见表 6-2。

表 6-2　某些键的伸缩力常数　　　　　　　　　　　(电位：N/cm)

键	分子	k	键	分子	k
H—F	HF	9.7	H—C	$CH_2{=}CH_2$	5.1
H—Cl	HCl	4.8	C—Cl	CH_3Cl	3.4
H—Br	HBr	4.1	C—C		4.5~5.6
H—I	HI	3.2	C=C		9.5~9.9
H—O	H_2O	7.8	C≡C		15~17
H—S	H_2S	4.3	C—O		5.0~5.8
H—N	NH_3	6.5	C=O		12~13
C—H	CH_3X	4.7~5.0	C≡N		16~18

折合相对原子质量相同时，如 $\mu_{C\equiv C} = \mu_{C=C} = \mu_{C-C}$，由于 $k_{C\equiv C} > k_{C=C} > k_{C-C}$，则 $\sigma_{C\equiv C} > \sigma_{C=C} > \sigma_{C-C}$，分别约为 $2060cm^{-1}$、$1680cm^{-1}$ 和 $1190cm^{-1}$。化学键类型相同时，随着折合相对原子质量 μ' 的增大，其吸收频率变低。例如，

C—H	C—C	C—O	C—Cl	C—Br	C—I	
3000	1200	1100	800	550	500	(cm^{-1})

【例 6-1】　由表 6-2 中查知 C=C 键的 k =9.5~9.9，令其为 9.6，计算波数值。

解：$\sigma = 1307\sqrt{\dfrac{k}{\mu'}} = 1307\sqrt{\dfrac{9.6}{12 \times 12/(12+12)}} = 1650 (cm^{-1})$

正己烯中 C=C 键伸缩振动频率实测值为 $1652cm^{-1}$。

2. 影响吸收峰峰位的因素　分子中各基团不是孤立的，它不仅受到整个分子结构中邻近基团的影响，也要受到外部环境的影响，即同一基团在不同化合物中，由于化学环境不同，吸收频率不同；同一基团即使在相同化合物中，由于外部环境不同，吸收频率也不同。因此，了解基团吸收峰位置的影响因素有利于对分子结构的准确判定。

1) 内部因素

(1) 诱导效应　吸电子基团的诱导效应，使电荷分布发生变化，从而引起化学键力常数的改变，导致峰位改变。例如，下列化合物中，C=O 与电负性越来越大的元素相连，双键性增加，化学键力常数增大，$\nu_{C=O}$ 伸缩振动产生的吸收峰向高频方向移动。

$$R-\overset{\overset{\displaystyle O}{\|}}{C}-R'$$ $$R-\overset{\overset{\displaystyle O}{\|}}{C}\rightarrow O-R'$$ $$R-\overset{\overset{\displaystyle O}{\|}}{C}\rightarrow Cl$$

$1715\ cm^{-1}$ $1735\ cm^{-1}$ $1780\ cm^{-1}$

(2)共轭效应 不饱和基团的共轭效应，使 π 电子离域，双键性减弱，化学键力常数减小，吸收峰向低频方向移动。例如，下列化合物中的 $v_{C=O}$。

$1715\ cm^{-1}$ $1690\ cm^{-1}$ $1680\ cm^{-1}$

(3) 空间效应 空间效应是指由于空间作用的影响，基团电子云密度发生变化，从而引起振动频率发生变化的现象。常见的有场效应、空间位阻效应等。

如下图中，2-溴-4，4-二甲基环己酮和 2-溴-环己酮的 $v_{C=O}$ 表现出明显的不同。2-溴-环己酮的 Br 处于直立键，并且其孤对电子可与 C=O 的 π 电子很好地共轭，所以 $v_{C=O}$ 出现在低波数区；而 2-溴-4，4-二甲基环己酮结构中，受间位的两个甲基的影响，Br 处于平伏键，Br 和 C=O 中的氧靠得很近，产生同电荷的排斥作用，导致氧外层电子向碳氧双键中间转移，使得 C=O 的双键性增加，$v_{C=O}$ 出现在高波数区；又如下图中，1-乙酰环己烯中的 $v_{C=O}(1663cm^{-1})$ 低于 1-乙酰-2-甲基-6，6-二甲基环己烯中的 $v_{C=O}(1715cm^{-1})$，这是由于后者环上的取代基多，共平面性减弱，共轭受到限制，致使 $v_{C=O}$ 出现在高波数区。

$v_{C=O}=1716\ cm^{-1}$ $v_{C=O}=1728\ cm^{-1}$ $v_{C=O}=1663\ cm^{-1}$ $v_{C=O}=1715\ cm^{-1}$

(4) 环张力效应 通常情况下，由于环张力的影响，环状化合物吸收频率比碳数相同的链状化合物吸收频率高；而在环状化合物中随着环元素的减少，环张力增加，环外双键振动频率增加，环内双键振动频率降低，环丁烯达到最小，环丙烯振动频率反而增加。

(5) 氢键效应 氢键的形成，可使形成氢键基团的吸收带明显向低频方向移动，且强度增强。氢键形成程度不同，使吸收频率在一定范围内分布，导致吸收峰变宽。分子内氢键与形成氢键化合物的浓度无关，分子间氢键受形成氢键化合物的浓度影响较大。

例如，2-羟基-4-甲氧基苯乙酮，由于分子内氢键的存在，羰基和羟基的伸缩振动的基频峰大幅度地向低频方向移动。分子中 v_{OH} 为 $2835\ cm^{-1}$(通常酚羟基 v_{OH} 为 $3705\sim3200cm^{-1}$)，$v_{C=O}$ 为 $1623cm^{-1}$(通常苯乙酮 $v_{C=O}$ 为 $1700\sim1670cm^{-1}$)。

分子间氢键受浓度的影响较大，随着浓度的增加，分子间形成氢键的可能性增大，形成氢键基团的吸收带逐渐向低频方向移动，且强度增强。例如，乙醇在极稀溶液中呈游离状态，随浓度增加而形成二聚体、多聚体，它们的 v_{OH} 分别为 $3640cm^{-1}$、$3515cm^{-1}$ 及 $3350cm^{-1}$，同时吸收强度增大。

(6) 杂化影响　在碳原子的杂化轨道中，s 成分增加，键能增加，键长变短，C—H 伸缩振动频率增加，见表 6-3。碳-氢伸缩振动频率是判断饱和氢与不饱和氢的重要依据。通常以 3000cm^{-1} 为界，不饱和碳氢的伸缩振动频率 $\nu_{=C-H}$ 大于 3000cm^{-1}；饱和碳氢的伸缩振动频率 ν_{C-H} 小于 3000cm^{-1}。

表 6-3　杂化对峰位的影响

化学键	—C—H	=C—H	≡C—H
杂化类型	SP^3	SP^2	SP
C—H 键长/nm	0.112	0.110	0.108
C—H 键能/(kJ/mol)	423	444	506
ν_{C-H}/cm^{-1}	~2900	~3100	~3300

(7) 振动耦合效应　当两个或两个以上相同的基团，在分子中靠得很近或共用一个原子时，由于其振动频率相近或相同，一个键的振动通过公用原子使另一个键的长度发生变化，形成振动的相互作用。结果使频率发生变化，并使谱带发生分裂，出现一个高于原有频率、另一个低于原有频率的两个峰，这种现象称为振动耦合。通常有下列四种。

①伸缩振动与伸缩振动之间的耦合　例如,酐中两个相同的羰基由于伸缩振动与伸缩振动之间的耦合，使两个相同的羰基吸收峰(峰位 1790cm^{-1})裂分为两条，产生一条高于原有频率、另一条低于原有频率的两个峰。

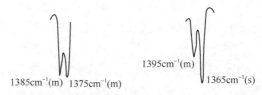

②弯曲振动与弯曲振动之间的耦合　例如，偕二甲基或异丙基，$\delta^s_{CH_3}$ 1380 cm^{-1} 的峰被裂分为两条：1385cm^{-1}(m)，1375cm^{-1}(m)。叔丁基(偕三甲基)1380cm^{-1} 的峰被裂分为两条：1395cm^{-1}(m)，1365cm^{-1}(s)。

1385cm^{-1}(m)　1375cm^{-1}(m)　　　1395cm^{-1}(m)　1365cm^{-1}(s)

③伸缩振动与弯曲振动的耦合　例如，羧酸的 ν_{C-O} 与 δ_{OH} 之间的耦合在 1420cm^{-1} 和 1250cm^{-1} 处产生两个吸收带。

④当倍频峰(或泛频峰)出现在某强的基频峰附近时，弱的倍频峰(或泛频峰)的吸收强度会显著增强，有时发生分裂。这种振动耦合现象称为费米共振(Fermi resonance)。例如，醛基的 $2\delta_{CH}$ 与 ν_{CH} 的振动耦合，在 2820cm^{-1}、2720cm^{-1} 处出现两个强度大致相等的吸收峰。

(8) 互变异构　分子有互变异构现象存在时，在其红外吸收光谱上能看到各异构体的吸收峰，吸收峰位也将发生移动。例如，乙酰乙酸乙酯在溶液中有两种不同存在形式：酮式与烯醇式，在酮式结构中，有两个羰基的 $v_{C=O}$ 吸收峰，分别在 1738cm^{-1}、1717cm^{-1}；在烯醇式结构中，有一个羰基的 $v_{C=O}$ 吸收峰，峰位 1650cm^{-1}。所以乙酰乙酸乙酯一共有三个羰基的 $v_{C=O}$ 吸收峰。

2) 外部因素

外部因素是指实验条件如样品的物理状态、溶剂性质等因素对分子或基团吸收峰位置的影响。

(1) 物态效应　物质有固态、液态和气态，聚集状态不同，其吸收频率和强度也会发生变化。通常，物质由固态向气态变化，其波数将增加。例如，羧酸中 $v_{C=O}$ 气态在 1780cm^{-1}，液态(单体形式)在 1760cm^{-1}。

(2) 溶剂效应　极性基团的伸缩频率，常随溶剂的极性增大而降低。在红外光谱测定中，应尽量采用非极性溶剂。例如，羧酸中 $v_{C=O}$ 在非极性溶剂、乙醚、乙醇和碱中的振动频率分别为 1760cm^{-1}、1735cm^{-1}、1720cm^{-1} 和 1610cm^{-1}。

六、特征区与指纹区

1. 特征区　红外光谱中，4000~1300cm^{-1} 的区域称为特征区。特征区的吸收峰主要来源于各种单键、双键和三键的伸缩振动及部分含氢基团的面内弯曲振动。该区出现的吸收峰比较稀疏，容易辨认，是化学键和基团的特征振动频率区，一般可用于鉴定官能团的存在。例如，2500~1600cm^{-1} 称为不饱和区，是辨认 C≡N、C≡C、C=O、C=C 等基团的特征区，其中 C≡N 和 C=O 的吸收特征性更强。1600~1450cm^{-1} 是由苯环骨架振动引起的区域，是辨认苯环存在的特征吸收区。

2. 指纹区　红外光谱中，1300~400cm^{-1} 的区域称为指纹区。指纹区的吸收峰主要来源于各种重原子单键[C—X(X：O，S，N)]的伸缩振动及各种弯曲振动。该区出现的吸收峰比较密集，难以辨认，但特征性较强，一般可用于区别不同化合物结构上细微差异。例如，1000~650cm^{-1} 称为面外弯曲振动区，是确定不饱和化合物取代类型和位置的重要区域。所以指纹区对于化合物来说就犹如人的"指纹"，不同的化合物具有不同的指纹区吸收光谱。

七、特征峰与相关峰

1. 特征峰　可用于鉴定官能团存在的吸收峰称为特征峰。例如，羟基的特征吸收峰在 3750~3000cm^{-1} 区域内，C=O 的特征吸收峰在 1900~1650cm^{-1} 区域内，C≡C 的特征吸收峰在 2400~2100cm^{-1} 区域内。

2. 相关峰　由一个官能团引起的一组具有相互依存关系的特征峰，互称为相关峰。用一组相关峰才能最终确定一个官能团的存在。例如，甲基的振动形式至少 3 种：v_{C-H}^{as}、v_{C-H}^{s}、δ_{C-H}，要证明甲基的存在，必须同时找到这 3 种振动形式对应的 3 个吸收峰，即甲基有 3 个相关峰。

主要基团在红外光谱中的特征峰和相关峰详见附录 B。

第3节　有机化合物的典型红外吸收光谱

一、脂肪烃类化合物

1. 烷烃类化合物　烷烃类化合物用于结构鉴定的吸收峰主要有 C—H 伸缩振动(ν_{CH})、面内弯曲振动(δ_{CH})和面内摇摆振动(ρ_{CH_2})吸收峰。

1) C—H 的伸缩振动

烷烃的 ν_{CH} 在 3000～2845cm^{-1} 范围内出现强的多重峰。

—CH$_3$：ν_{CH}^{as} 在～2960cm^{-1}(s)、ν_{CH}^{s} 在～2870cm^{-1}(m)出现吸收峰；甲氧基中的甲基，由于氧原子的影响，ν_{CH} 一般在 2830cm^{-1} 附近出现尖锐而中等强度的吸收峰。

—CH$_2$：直链烷烃的 ν_{CH}^{as} 在～2925cm^{-1}(s)、ν_{CH}^{s} 在～2850cm^{-1}(s)出现吸收峰；环烷烃或与卤素等连接的 CH$_2$，ν_{CH} 向高频区移动；如环丙烷的 ν_{CH} 出现在 3100～2990cm^{-1} 区域内。

—CH：ν_{CH} 在～2890cm^{-1} 出现吸收峰，但通常被甲基与亚甲基的峰所掩盖。

2) C—H 的面内弯曲振动

烷烃类的 δ_{CH} 产生的峰通常出现在 1490～1350cm^{-1} 范围内。

—CH$_3$：δ_{CH}^{as} 在～1450cm^{-1}(m)，δ_{CH}^{s} 在～1380cm^{-1}(s)出现吸收峰；δ_{CH}^{s} 峰的出现是烷烃类化合物中甲基存在的证据。当化合物中存在—CH(CH$_3$)$_2$、—C(CH$_3$)$_3$ 或—C(CH$_3$)$_2$—时，由于振动耦合，δ_{CH}^{s} 在 1380cm^{-1} 的峰裂分出现双峰。在—CH(CH$_3$)$_2$ 基团中，出现以 1380cm^{-1} 为中心、裂距为 15～30cm^{-1} 的双峰；在—C(CH$_3$)$_3$ 基团中，出现以 1380cm^{-1} 为中心、裂距为 30cm^{-1} 以上的双峰；在—C(CH$_3$)$_2$—基团中，出现以 1380cm^{-1} 为中心、裂距为 15cm^{-1} 以上的双峰。

—CH$_2$：δ_{CH} 产生的峰出现在～1465cm^{-1}(m)。环烷烃或与卤素等相连的—CH$_2$—的 δ_{CH} 产生的峰向高频区移动。

3) C—H 的面内摇摆振动

在直链结构烷烃化合物中的基团—(CH$_2$)$_n$—，ρ_{CH_2} 吸收峰在 810～720cm^{-1} 变化，n 越大 ρ_{CH_2} 越小，当 $n>4$ 时，ρ_{CH_2} 稳定在 720cm^{-1}。

正庚烷的红外光谱见图 6-5(a)。

2. 烯烃类化合物　烯烃类化合物用于结构鉴定的吸收峰主要有═CH 伸缩振动($\nu_{═CH}$)、C═C 伸缩振动($\nu_{C═C}$)和═CH 面外弯曲振动($\gamma_{═CH}$)吸收峰。

1) ═CH 伸缩振动

烯烃的 $\nu_{═CH}$ 出现在 3100～3000cm^{-1} 范围内，强度中等。

2) C═C 伸缩振动

C═C 不与其他基团共轭时，$\nu_{C═C}$ 出现在 1680～1620cm^{-1} 范围内，强度较弱；若发生共轭，$\nu_{C═C}$ 向低频方向移动，出现在 1600cm^{-1} 附近，强度一般较强。

3) ═CH 面外弯曲振动

$\gamma_{═CH}$ 吸收峰出现在 990～690cm^{-1} 范围内，强度强，具有高度特征性，可用于确定烯烃化合物的取代模式，即双键 C 上的取代个数、取代位置、取代类型及顺反异构等(表 6-4)。

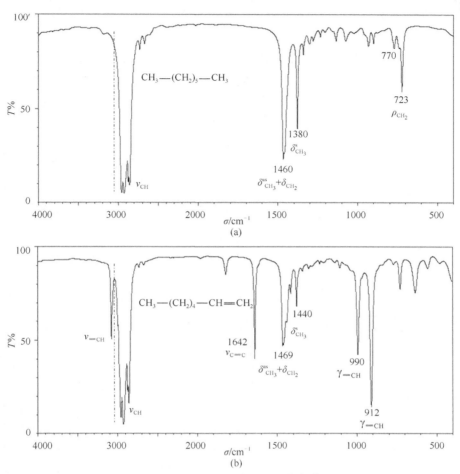

图 6-5　正庚烷及 1-庚烯的红外光谱图

表 6-4　烯烃类不同取代类型化合物的 $\gamma_{=CH}$

取代基团类型	振动波数/cm^{-1}	吸收峰强度
$RCH=CH_2$	990 和 910	s
$R_2C=CH_2$	890	m～s
$RCH=CR'H$(顺式)	760～730	m～s
$RCH=CR'H$(反式)	1000～950	m～s
$R_2C=CRH$	840～790	m～s

1-庚烯的红外光谱见图 6-5(b)。

3. 炔烃类化合物　炔烃类化合物的主要特征峰有 $\nu_{\equiv CH}$、$\nu_{C\equiv C}$ 和 $\gamma_{\equiv CH}$。

1) $\equiv CH$ 伸缩振动

$\nu_{\equiv CH}$ 发生在 $3300cm^{-1}$ 附近，吸收峰强且尖锐。

2) $C\equiv C$ 伸缩振动

$\nu_{C\equiv C}$ 吸收峰出现在 $2260\sim2100cm^{-1}$ 范围内。在单取代乙炔中，由于分子对称性较差，$\nu_{C\equiv}$

吸收峰较强，吸收频率偏低(2140～2100 cm^{-1})；在双取代乙炔中，由于分子对称性增强，吸收带变弱，振动频率升高至2260～2190cm^{-1}；在完全对称结构中，无此吸收峰。

3)$\gamma_{\equiv CH}$面外变形振动

$\gamma_{\equiv CH}$发生在630 cm^{-1}附近，呈强宽吸收。1-辛炔的红外光谱如图6-6所示。

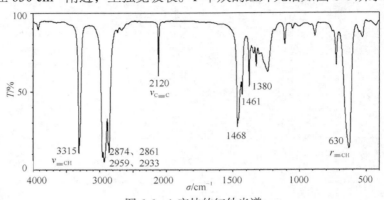

图6-6 1-辛炔的红外光谱

二、芳香烃类化合物

芳香烃类化合物用于结构鉴定的吸收峰主要有$\nu_{=CH}$、$\nu_{C=C}$、泛频峰和$\gamma_{=CH}$吸收峰。

1. 苯环C—H的伸缩振动$\nu_{=CH}$ 苯环的$\nu_{=CH}$大多出现在3070～3030cm^{-1}，常和苯环骨架振动的合频峰在一起形成数个吸收峰，尖锐，弱至中等强度。

2. 苯环的骨架振动$\nu_{C=C}$ 非共轭苯环骨架伸缩振动($\nu_{C=C}$)吸收峰在～1600cm^{-1} 及～1500cm^{-1}，一般 1500cm^{-1} 峰较强；共轭苯环骨架伸缩振动($\nu_{C=C}$)除了在～1600cm^{-1} 和～1500cm^{-1}存在两个峰，又会出现～1580cm^{-1}与～1450cm^{-1}两个吸收峰；当分子结构对称时，～1600cm^{-1}的吸收峰很弱，不易识别。

3. 苯环的面外弯曲振动$\gamma_{=CH}$ 苯环的面外弯曲振动($\gamma_{=CH}$)与取代基位置密切相关，而且峰很强，是确定苯环上取代基位置、数量的重要特征峰。例如，单取代苯、邻二取代苯、间二取代苯、对二取代苯的$\gamma_{=CH}$分别如下。

单取代　　770 ～ 730cm^{-1}，710 ～ 690cm^{-1}

邻二取代　770 ～ 735cm^{-1}

间二取代　900 ～ 860cm^{-1}，810 ～ 750cm^{-1}，710 ～ 690cm^{-1}

对二取代　860 ～ 800cm^{-1}

4. 苯环的面内弯曲振动δ_{CH} 苯环上的δ_{CH}出现在1225～955cm^{-1}范围内，特征性较差，不易识别。

5. 泛频峰 芳香族化合物面外弯曲振动的泛频峰，一般出现在2000～1660cm^{-1}范围内。泛频峰强度一般都很弱，在有极性取代基时更弱。取代苯泛频峰的峰位、峰形及峰强与取代基的位置、数目密切相关，也是判断芳香族化合物取代类型的重要依据。邻二甲苯、间二甲苯和对二甲苯的红外图谱见图6-7。

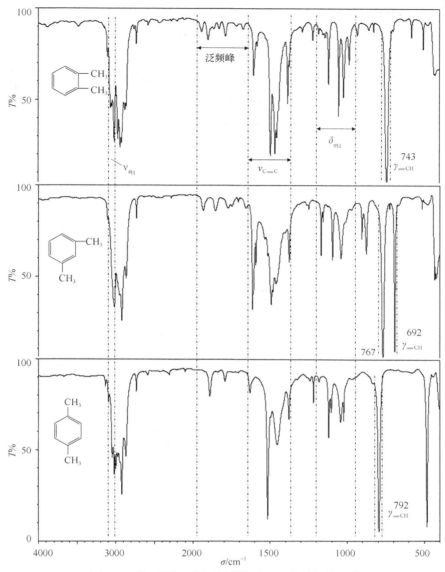

图 6-7　邻二甲苯、间二甲苯和对二甲苯的红外光谱

三、醇、酚、醚类化合物

1. 醇和酚类化合物　醇和酚类化合物的红外吸收峰主要有 ν_{O-H}、ν_{C-O} 和 δ_{O-H} 吸收峰。

1) O—H 伸缩振动

游离的醇或酚 ν_{OH} 在 3650～3600cm^{-1} 范围内，峰形尖锐。形成氢键或缔合后，ν_{OH} 向低频移动，在 3500～3200cm^{-1} 范围内产生一个强的宽峰。

2) C—O 伸缩振动

醇或酚的 ν_{C-O} 在 1220～1000cm^{-1} 范围内，该 ν_{C-O} 的峰位可用于区分伯、仲、叔醇。伯醇、仲醇、叔醇和酚的 ν_{C-O} 分别在～1050cm^{-1}、～1100cm^{-1}、～1150cm^{-1} 和～1220cm^{-1}。

3) O—H 面内弯曲振动

δ_{OH} 波数位于 $1400\sim1200cm^{-1}$，受其他峰干扰严重，因此在醇和酚类化合物结构解析中应用受到限制。

2. 醚类化合物　醚类化合物用于结构解析的吸收峰主要是 ν_{C-O} 吸收峰。

脂肪族的醚类化合物 ν_{C-O} 一般在 $1150\sim1060cm^{-1}$ 区间内，芳香族的醚 ν_{C-O} 出现在 $1275\sim1200cm^{-1}$(不对称伸缩振动)和 $1075\sim1020cm^{-1}$(对称伸缩振动)区间内。醚不具有 ν_{OH} 吸收峰，是与醇的主要区别。

正戊醚、正辛醇与苯酚的红外光谱见图 6-8。

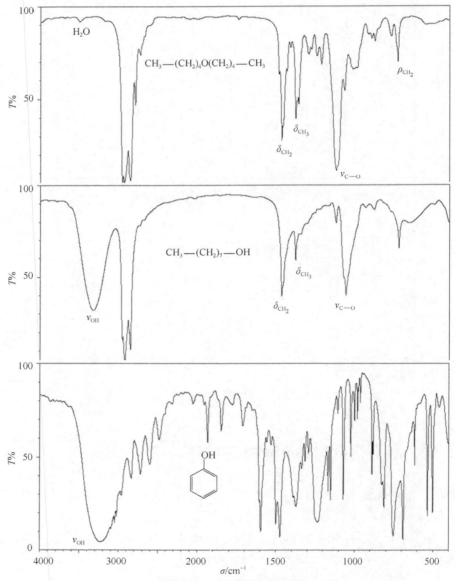

图 6-8　正戊醚、正辛醇与苯酚的红外光谱图

四、羰基类化合物

羰基化合物的共同特征是在 1900～1650cm^{-1} 区间均含有羰基峰 $v_{C=O}$，它是红外光谱图上的最强、最易识别的吸收峰，且很少与其他峰重叠，易于辨认。$v_{C=O}$ 峰在不同化合物中的顺序大体如下：酸酐(v_{as}=1810cm^{-1}，谱带 I)、酸酐(v_s=1760cm^{-1}，谱带 II)、酰氯(1800cm^{-1})、酯(1735cm^{-1})、醛(1725cm^{-1})、酮(1715cm^{-1})、羧酸(二聚体)(1710cm^{-1})、酰胺(1680cm^{-1})。

1. 醛类化合物 主要特征峰：$v_{C=O}$ ～1725cm^{-1}(s)及醛基在～2820cm^{-1} 与～2720cm^{-1} 费米共振双峰。若羰基与双键或芳环共轭，将使 $v_{C=O}$ 峰向低波数方向移动至 1710～1685cm^{-1}。

2. 酮类化合物 非共轭酮的羰基伸缩振动 $v_{C=O}$ 发生在～1715cm^{-1},共轭使吸收峰向低频方向移动。环酮随着环张力的增大，吸收峰向高频方向移动。

3. 酰卤类化合物 酰卤类化合物用于结构解析的吸收峰主要有 $v_{C=O}$ 和 v_{C-X} 吸收峰。酰氯 $v_{C=O}$ 位于～1800cm^{-1},主要是因为氯原子的诱导效应所致。不饱和酰氯因形成共轭,则 $v_{C=O}$ 位于 1780～1750cm^{-1}。酰卤的 v_{C-X} 吸收峰在 1250～910cm^{-1}。二乙酮、丙醛及丙酰氯的红外光谱见图 6-9。

4. 羧酸类化合物 羧酸类化合物用于结构鉴定的吸收峰主要有 v_{O-H}、$v_{C=O}$ 和 γ_{O-H}。

1) O—H 伸缩振动

v_{O-H} 在气态和非极性稀溶液中，酸以游离方式存在，其吸收峰一般在～3550cm^{-1}(s)，峰强而尖锐；液态或固态的脂肪酸因氢键缔合,使 v_{OH} 变宽,通常呈现以3000cm^{-1}为中心的3400～2500cm^{-1} 宽而强的吸收峰，烷基的碳氢伸缩振动峰常被它淹没，只展现峰尖。

2) C=O 伸缩振动

游离羧酸的 $v_{C=O}$ 一般发生在～1760cm^{-1}；缔合羧酸的 $v_{C=O}$ 一般发生在 1725～1705cm^{-1},峰宽且强。若发生共轭，$v_{C=O}$ 向低频方向移动。

3) O—H 面外弯曲振动

在 955～915cm^{-1} 有一特征性宽峰，是由羧酸二聚体 γ_{OH} 引起的，可用于确认羧基的存在。

5. 酯类化合物 主要特征峰为 $v_{C=O}$～1735cm^{-1}(s)及 v_{C-O-C}1300～1000cm^{-1}(s)。

1) C=O 伸缩振动

饱和脂肪酸酯 $v_{C=O}$ 在 1750～1725cm^{-1} 区间；而甲酸酯、芳香酸酯及 α、β-不饱和酸酯的 $v_{C=O}$ 峰在 1730～1715cm^{-1} 区间；饱和酸的烯醇酯或酚酯的 $v_{C=O}$ 峰在 1800～1770cm^{-1} 区间。

2) C—O—C 伸缩振动

酯类化合物的 v_{C-O-C} 在 1300～1000cm^{-1} 区间有两个峰，其中 v^s_{C-O-C} 在 1150～1000cm^{-1},峰较弱；v^{as}_{C-O-C} 在 1300～1150cm^{-1}，峰强且宽，在酯类化合物的结构解析中较为重要。

6. 酸酐类化合物 主要特征峰为 $v_{C=O}$ 和 v_{C-O}。酸酐的两个羰基由于振动耦合，$v_{C=O}$ 在 1860～1800cm^{-1}($v^{as}_{C=O}$)和 1775～1740cm^{-1}($v^s_{C=O}$)区间出现两个强的吸收峰。饱和脂肪酸酐 v_{C-O} 在 1180～1045cm^{-1} 有一强吸收。正丙酸、丙酸乙酯及丙酸酐的红外光谱见图 6-10。

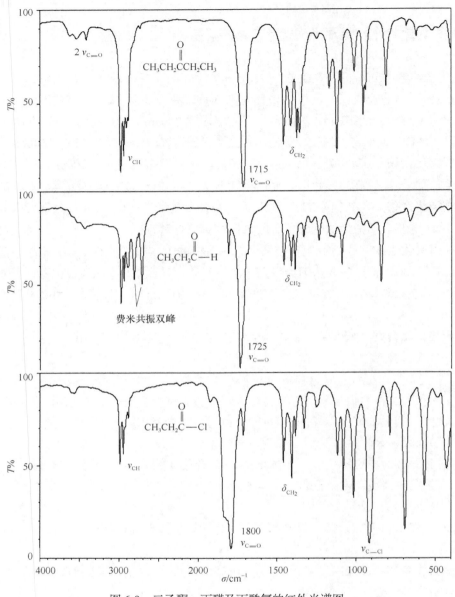

图 6-9　二乙酮、丙醛及丙酰氯的红外光谱图

7.　酰胺类化合物　主要特征峰：ν_{NH} 在 $3500\sim3100\text{cm}^{-1}$；$\nu_{C=O}$ 在 $1680\sim1630\text{cm}^{-1}$；$\beta_{NH}$ 在 $1670\sim1510\text{cm}^{-1}$。

1）N—H 伸缩振动

伯酰胺在游离状态时 ν_{N-H} 在 $\sim3500\text{cm}^{-1}$ 和 $\sim3400\text{cm}^{-1}$ 会出现两个强度大致相等的双峰，缔合状态时这两个峰向低频方向移动，位于 $\sim3300\text{cm}^{-1}$ 和 $\sim3180\text{cm}^{-1}$；仲酰胺在游离状态时 ν_{N-H} 在 $3500\sim3400\text{cm}^{-1}$ 会出现一个吸收峰，缔合状态时该吸收峰位于 $3330\sim3060\text{cm}^{-1}$；叔酰胺无 ν_{N-H} 峰；N—H 的伸缩振动峰比 O—H 的伸缩振动峰弱而尖锐。

2) C=O 伸缩振动

伯酰胺游离态，$\nu_{C=O}$ 在 $\sim1690\text{cm}^{-1}$，缔合态在 $\sim1650\text{cm}^{-1}$；仲酰胺游离态，$\nu_{C=O}$ 在 $\sim$

$1680cm^{-1}$，缔合态在～$1640cm^{-1}$；叔酰胺 $v_{C=O}$ 在～$1650cm^{-1}$。

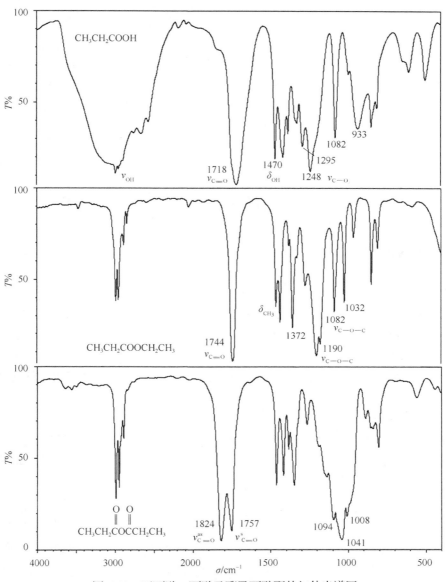

图 6-10　正丙酸、丙酸乙酯及丙酸酐的红外光谱图

3) N—H 面内弯曲振动

　　伯酰胺 δ_{N-H} 出现在 $1640\sim1600cm^{-1}$；仲酰胺的 δ_{N-H} 出现在 $1570\sim1510cm^{-1}$；游离态在高波数区，缔合态在低波数区，δ_{N-H} 的特征非常明显，可用于区分伯、仲酰胺类化合物。

4) C—N 伸缩振动

　　伯酰胺的 v_{C-N} 出现在～$1400cm^{-1}$；仲酰胺的 v_{C-N} 出现在～$1300cm^{-1}$。m-甲基苯甲酰胺的红外光谱见图 6-11。

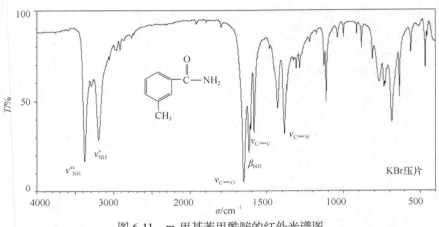

图 6-11　m-甲基苯甲酰胺的红外光谱图

五、含氮有机化合物

1. 胺类化合物

主要特征峰：ν_{NH} 在 $3500\sim3300cm^{-1}$，δ_{NH} 在 $1650\sim1590cm^{-1}$，及 ν_{C-N} 在 $1360\sim1020cm^{-1}$。不同类别胺，其峰数、峰强及峰位均不同。

1) N—H 伸缩振动

伯胺(—NH_2)为双峰(强度大致相等)，仲胺(—NH—)为单峰，缔合后吸收峰向低频移动，叔胺(—N≡)无此峰；脂肪胺峰弱，芳香胺峰强。

2) C—N 伸缩振动

脂肪胺的 ν_{C-N} 吸收峰在 $1250\sim1020\ cm^{-1}$ 区域，峰较弱，不易辨别。芳香胺的 ν_{C-N} 吸收峰在 $1380\sim1250\ cm^{-1}$ 区域，其强度比脂肪胺大，较易辨认。与酰胺相比，胺类化合物无 $1700cm^{-1}$ 附近的羰基峰。

3) N—H 面内弯曲振动

伯胺 δ_{NH} 吸收峰在 $1650\sim1590cm^{-1}$，脂肪族仲胺的 δ_{NH} 吸收峰很少看到，芳香族仲胺的 δ_{NH} 吸收峰在 $1515cm^{-1}$ 附近。正丁胺、正二丁胺及 N-甲基苯胺的红外光谱见图 6-12。

2. 硝基类化合物

硝基化合物有两个硝基伸缩振动特征峰，$\nu_{NO_2}^{as}$ $1590\sim1510cm^{-1}$ 及 $\nu_{NO_2}^{s}$ $1390\sim1330cm^{-1}$，强度很大，很易辨认。ν_{C-N} 出现在 $920\sim800cm^{-1}$。在芳香族硝基化合物中，由于硝基的存在，使苯环的 $\nu_{=C-H}$ 和 $\nu_{C=C}$ 峰明显减弱。硝基苯的红外光谱见图 6-13。

3. 腈类化合物

腈类化合物的 $\nu_{C\equiv N}$ 在 $2260\sim2215cm^{-1}$ 出现中等强度的尖锐峰，容易辨认。

辛炔和丁腈的红外光谱见图 6-14。

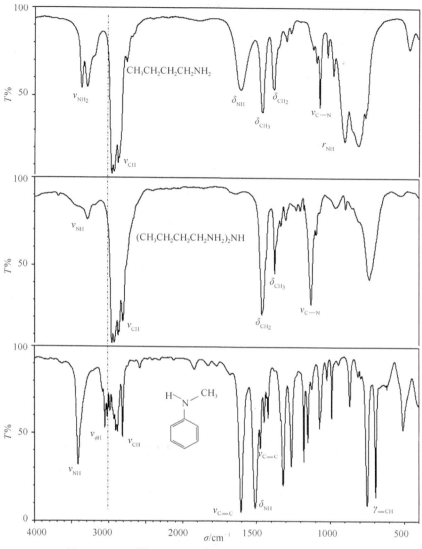

图 6-12　正丁胺、正二丁胺及 N-甲基苯胺的红外光谱图

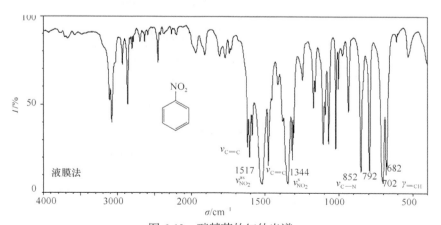

图 6-13　硝基苯的红外光谱

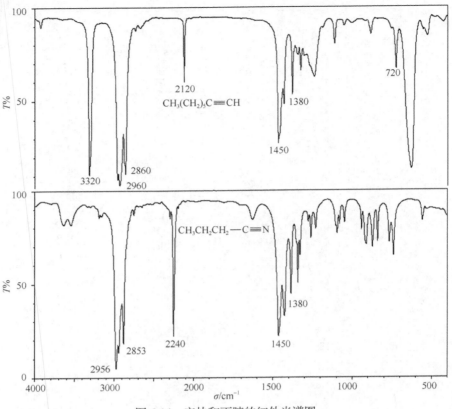

图 6-14 辛炔和丁腈的红外光谱图

第 4 节 傅里叶变换红外光谱仪

一、傅里叶变换红外光谱仪主要组成部分

傅里叶变换红外光谱仪(Fourier transform infrared spectrometer，FTIR)主要由光学检测系统(包括 Michelson 干涉仪、光源、检测器)及计算机处理系统组成，见图 6-15。

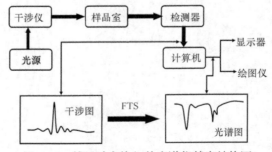

图 6-15 傅里叶变换红外光谱仪基本结构图

1. 光学检测系统

1) 单色器

FTIR 常用的单色器为 Michelson 干涉仪。干涉仪记录中央干涉条纹的光强变化，得到干

100　仪 器 分 析

涉光，当干涉光透过样品(或被样品反射)后，干涉光被样品选择性地吸收，带有样品信息的透过光进入检测器得到干涉图，干涉图经计算机模/数转换，就得到了样品的红外光谱。

2) 检测器

由于 FTIR 的全程扫描<1s，一般检测器的响应时间不能满足要求，所以 FTIR 多采用热电型硫酸三甘肽单晶(TGS)或光电导型汞镉碲(MCT)检测器，这些检测器的响应时间为 1μs，可适用于快速检测。

FTIR 的光源、吸收池等部件与光栅红外光谱仪相同，而单色器和检测器与色散型红外光谱仪不同，从而导致工作原理有很大差别。

2. 计算机处理系统　计算机处理系统的作用是接收检测器输出的干涉图，对其进行 Fourier 余弦变换处理，转换为熟悉的红外光谱图。

傅里叶变换红外光谱仪具有分辨率高、波数精度高、扫描时间短、灵敏度高、光谱范围宽等优点，可实现色谱-光谱联用。

二、仪器性能

红外光谱仪的性能指标有分辨率、波数的准确度与重复性、透过率或吸光度的准确度与重复性、I_0 (100%)线的平直度、检测器的满度能量输出、狭缝线性及杂散光等项。但分辨率、波数的准确度与重复性为主要性能指标。

1. 分辨率(分辨本领)　红外光谱仪的分辨率是指在某波数处恰能分开两个吸收峰的相对波数差($\Delta s/s$)。通常可用以下方法表示。

(1) 测某一样品在某一波数区间所能分辨出的峰数。

(2) 一定波数处相邻峰的分离深度。

2015 年版《中国药典》规定：符合要求的红外光谱仪应在 3110～2850cm^{-1} 范围内能清晰地分辨出 7 个峰，其中峰 2851cm^{-1} 与谷 2870cm^{-1} 的分辨深度不小于 18%透过率；峰 1583cm^{-1} 与谷 1589 cm^{-1} 的分辨深度不小于 12%透过率。仪器的标称分辨率，应不低于 2cm^{-1}。

2. 波数准确度与重复性

(1) 波数准确度　是指仪器对某一吸收峰测得波数与真实波数的误差。

(2) 波数重复性　是指多次重复测量同一样品同一吸收峰波数的最大值与最小值之差。

2015 年版《中国药典》要求用聚苯乙烯薄膜(厚约 0.04 mm)绘制的红外吸收光谱校正仪器，用 3027cm^{-1}、2851cm^{-1}、1601cm^{-1}、1028cm^{-1}、907cm^{-1} 处的波数进行校正。FTIR 在 3000cm^{-1} 附近的波数误差应不大于±5cm^{-1}，在 1000cm^{-1} 附近的波数误差应不大于±1cm^{-1}。

三、试样制备

红外光谱分析对试样的要求：①样品不应含水分，水分本身在红外区有吸收且会侵蚀吸收池的盐窗；②样品的纯度需大于 98%；③试样的浓度要适当，以谱图中大多数吸收峰的透光率 T 处于 10%～80%为宜。气、液及固态样品均可测定其红外光谱。

1. 固体试样　固体试样有压片法、石蜡糊法及薄膜法三种制备方法。

(1) 压片法　应用最广，取 1～2mg 固体样品，加约 200mg 干燥、光谱纯的 KBr 粉末于玛瑙乳钵中研细均匀，装入压片机上边抽真空边加压，制成薄片置光路中进行测定。

(2) 石蜡糊法(浆糊法)　为避免压片法制成的固体粒子对光散射的影响，可将干燥处理后的试样研细，与其折射率接近的液体介质如液体石蜡、六氟丁二烯及氟化煤油，调成糊状，再将糊状样品夹在两块 KBr 片中测定。此法适合于可以研成粉末的固体样品，但不能用于定量分析。

(3) 薄膜法　对于熔点较低且熔融后不分解的物质，通常用熔融法制成薄片。将少许样品放在一盐片上，加热熔融后，压制而成膜。而对于高分子化合物，可先将试样溶解在低沸点的易挥发溶剂中，再将其滴在盐片上，待溶剂挥发后成膜即可进行测定。

2. 液体试样

(1) 液体池法　对于液体样品和一些可以找到恰当溶剂的固体样品，直接装入液体吸收池内测定。吸收池的两侧是用 NaCl 或 KBr 或 KRS-50 专利材料等做成的窗片。吸收池用毕要用 CCl_4、$CHCl_3$ 等清洗。

(2) 夹片法和涂片法　对于挥发性小的液体样品可采用夹片法。先压制两个空白 KBr 薄片，然后将液体样品滴在其中一个 KBr 片上，再盖上另一个 KBr 片后夹紧后放入光路中即可测定其红外吸收光谱。而对于黏度大的液体样品一般可采用涂片法，将液体样品涂在 KBr 片上进行测定。KBr 空白片在天气干燥时可用合适的溶剂洗净干燥后保存，可重复使用几次。

3. 气体试样　气体样品和沸点较低的液体样品用气体池测定。将气体样品直接充入已预先抽真空的气体池中进行测量。

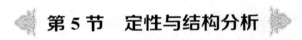

第 5 节　定性与结构分析

一、定性鉴别

红外光谱特征性强，每个化合物都有其特征的红外光谱图，是定性鉴别的有力手段。

1. 官能团鉴别　根据化合物红外光谱的特征吸收峰，确定该化合物含有的官能团。例如，～1700cm^{-1} 有强吸收峰，提示羰基存在。

2. 未知化合物鉴别

1) 与已知物对照

将试样与已知标准品在相同条件下分别测定其红外光谱，核对其光谱的一致性。光谱图完全一致，才可认定是同一物质。

2) 核对标准光谱

若某化合物红外光谱已被标准光谱收载，如 SADTLER 光谱图(或药典)，则可按名称或分子式与标准光谱对照判断。判断时，要求峰数、峰位和峰的相对强度均一致。

二、纯度检查

每个化合物(除极个别情况，如高阶相邻的两个同系物)都有各自特征的红外光谱。若化合物含有杂质，其杂质的红外光谱叠加在化合物光谱上，使化合物的谱图面貌发生变化。因此，用红外光谱可以检查化合物的纯度。

三、定量分析

红外光谱定量分析时，由于准确度低、重现性差，一般不用于定量分析。

四、结构分析

红外吸收光谱图能提供化合物分子中的基团、化合物类别、结构异构等信息，可用于有机化合物结构解析。结构简单的化合物可用红外光谱推测其化学结构，结构复杂的化合物必须使用多种波谱综合解析来确定结构。

1. 光谱解析的一般程序

1) 收集、了解样品的有关数据及资料

例如，对样品的来源、制备过程、外观、纯度经元素分析后确定的化学式以及熔点、沸点、溶解性质等物理性质作较为全面透彻的了解，取得对样品初步的认识或判断。

2) 计算不饱和度

不饱和度表示有机分子中碳原子的不饱和程度，即每缺 2 个一价元素时，不饱和度为一个单位($U = 1$)。

$$U = \frac{2 + 2n_4 + n_3 - n_1}{2} \tag{6-6}$$

式中，n_4、n_3、n_1 分别为分子中所含的四价、三价和一价元素原子的数目。二价原子如 S、O 等不参加计算。

$U = 0$，表示分子是饱和链状化合物；$U = 1$，表示含一个双键或一个饱和环；$U=2$，表示含一个双键与一个饱和环或一个三键；$U \geqslant 4$，表示含一个苯环。

3) 谱图解析原则

通常采用四先、四后、相关法。按先特征区，后指纹区；先最强峰，后次强峰；先粗查(查红外光谱的九个重要区段或基频峰分布略图)，后细找(查附录 B 主要基团的红外吸收峰)；先否定，后肯定的顺序及由一组相关峰确认一个官能团存在的原则。峰的不存在对否定官能团的存在，比峰的存在而肯定官能团的存在确凿有力。

通常将红外光谱划分为九个重要区段，见表 6-5。

表 6-5 红外光谱的九个重要区段

波数/cm^{-1}	波长/μm	振动类型
3750~3000	2.7~3.3	ν_{OH}、ν_{NH}
3300~3000	3.0~3.4	$\nu_{\equiv CH} > \nu_{=CH} \approx \nu_{Ar-H}$
3000~2700	3.3~3.7	ν_{CH}(—CH$_3$，—CH$_2$ 及 CH，—CHO)
2400~2100	4.2~4.9	$\nu_{C\equiv C}$、$\nu_{C\equiv N}$
1900~1650	5.3~6.1	$\nu_{C=O}$(酸酐、酰氯、酯、醛、酮、羧酸、酰胺)
1675~1500	5.9~6.2	$\nu_{C=C}$、$\nu_{C=N}$
1475~1300	6.8~7.7	δ_{CH}(各种面内弯曲振动)

波数/cm⁻¹	波长/μm	振动类型
$1300\sim1000$	$7.7\sim10.0$	ν_{C-O}(酚、醇、醚、酯、羧酸)
$1000\sim650$	$10.0\sim15.4$	$\gamma_{=CH}$(不饱和碳氢面外弯曲振动)

4) 对照验证

查对标准光谱或与标准品的红外光谱图对照，验证结果是否正确。

2. 解析示例

【例6-2】 由 C、H 组成的液体化合物，相对分子质量为 84.2，沸点为 63.4℃。其红外吸收光谱见图 6-16，试通过红外光谱解析，判断该化合物的结构。

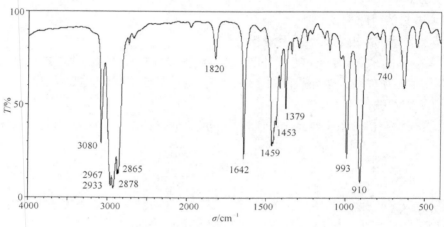

图 6-16 化合物的红外吸收光谱

解：(1)由化合物的相对分子质量为 84.2，又只有 C、H 组成，可推断分子式为 C_6H_{12}，不饱和度为： $U=(2\times6+2-12)/2=1$ 。

(2) 特征区的第一强峰 1642cm⁻¹，经粗查(表 6-4 中红外吸收光谱的九个重要区段)为烯烃的 $\nu_{C=C}$ 特征吸收，可确定是烯烃类化合物。用于鉴定烯烃类化合物的吸收峰有 $\nu_{=CH}$ 、 $\nu_{C=C}$ 和 $\gamma_{=CH}$ 。细找(附录 B 中主要基团的红外吸收峰)：①$\nu_{=CH}$ 3080cm⁻¹ 强度较弱。②$\nu_{C=C}$ 非共轭发生在 1642cm⁻¹，强度中等。③$\gamma_{=CH}$ 出现在 910cm⁻¹，强度较强，为同碳双取代结构，该化合物为端烯基。特征区的第二强峰 1459cm⁻¹，粗查为饱和烃的 δ_{CH}^{as}，用于鉴定烷烃类化合物的吸收峰有 ν_{-CH}、 δ_{CH}^{as}。细找：①ν_{-CH} 2967cm⁻¹、2933cm⁻¹、2878cm⁻¹、2865cm⁻¹ 强度较强。②δ_{CH}^{as} 1459cm⁻¹， δ_{CH}^{s} 1379cm⁻¹，有端甲基，此峰未发生分裂，证明末端只有一个甲基。 ρ_{CH_2} 740cm⁻¹，该化合物中有直链—$(CH_2)_n$—结构。所以化合物结构为 $CH_2=CH(CH_2)_3CH_3$

峰归属： $\nu_{=CH}$ 3080cm⁻¹， ν_{-CH} 2967cm⁻¹、2933cm⁻¹、2878cm⁻¹、2865cm⁻¹， $\nu_{C=C}$ 1642cm⁻¹， δ_{CH}^{as} 1459cm⁻¹， δ_{CH}^{s} 1379cm⁻¹， $\gamma_{=CH}$ 993cm⁻¹、910cm⁻¹， ρ_{CH_2} 740cm⁻¹。

经标准图谱核对，并对照沸点等数据，证明推断结构正确。

【例6-3】 分子式为 C_8H_8O 的化合物的红外光谱见图 6-17，沸点 202℃，试通过解析光谱，判断其结构。

解：$U = (2 \times 8 + 2 - 8)/2 = 5$，在 3500～3300cm^{-1} 区间内无任何吸收(3400cm^{-1} 附近吸收为水干扰峰)，证明分子中无—OH。在 2830cm^{-1} 与 2730cm^{-1} 没有明显的吸收峰，可否认醛的存在。$v_{C=O}$ 1680cm^{-1} 说明是酮，且发生共轭。3000cm^{-1} 以上的 $v_{\phi—H}$ 及 1600cm^{-1}、1580cm^{-1}、1450cm^{-1} 的 $v_{\phi=C}$ 等峰的出现，泛频区弱的吸收证明为芳香族化合物，而 $\gamma_{\phi—H}$ 的 760cm^{-1} 及 690cm^{-1} 出现进一步提示为单取代苯。2960cm^{-1} 及 1360cm^{-1} 出现提示有—CH$_3$ 存在。

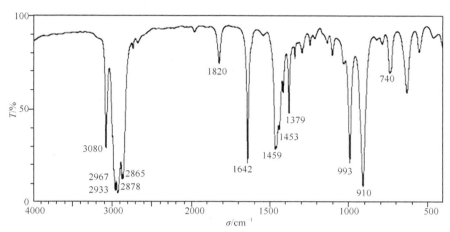

图 6-17　C$_8$H$_8$O 化合物的红外吸收光谱

综上所述，该化合物是苯乙酮。

峰归属：$v_{\phi—H} > 3000$cm^{-1}，$v_{CH} < 3000$cm^{-1}，$v_{C=O}$ 1680cm^{-1}，$v_{\phi=C}$ 1600cm^{-1}、1580cm^{-1}、1450cm^{-1}，δ_{CH}^{as} 1450 cm^{-1}，δ_{CH}^{s} 1360 cm^{-1}，$v_{C—C—C}$ 1260 cm^{-1}，$\beta_{\phi—H}$ 1180 cm^{-1}、1020 cm^{-1}、$\gamma_{\phi—H}$ 760 cm^{-1}、690 cm^{-1}。

经标准图谱核对，并对照沸点等数据，证明该化合物是苯乙酮。

【例 6-4】　某化合物 C$_9$H$_{10}$O，其红外光谱主要吸收峰位为 3080cm^{-1}，3040cm^{-1}，2980cm^{-1}，2920cm^{-1}，1690cm^{-1}(s)，1600cm^{-1}，1580cm^{-1}，1500cm^{-1}，1370cm^{-1}，1230cm^{-1}，750cm^{-1}，690cm^{-1}，试推断分子结构。

解：$U = 1 + n_4 + \dfrac{n_3 - n_1}{2} = 1 + 9 + \dfrac{0 - 10}{2} = 5$（可能含有苯环和一个双键）；3080cm^{-1}、3040cm^{-1} 处吸收峰为苯环的 $v_{\phi—H}$，1600 cm^{-1}、1580 cm^{-1}、1500cm^{-1} 三处吸收峰可能为苯环的 $v_{C=C}$，且出现 1580cm^{-1} 吸收峰说明有不饱和基团直接与苯环共轭；750cm^{-1}、690cm^{-1}(双峰)为苯环的 $\gamma_{\phi—H}$(单取代)，1230cm^{-1} 苯环的面内弯曲振动 $\delta_{\phi—H}$；1690cm^{-1}，且吸收峰强，为羰基化合物的 $v_{C=O}$；2980cm^{-1} 为甲基的 v_{CH}^{as}，2920cm^{-1} 为亚甲基的 v_{CH}^{as}；1370cm^{-1} 为 $\delta_{CH_3}^{s}$。

综上所述，该化合物的结构为 C$_6$H$_5$—CO—C$_2$H$_5$。

峰归属：$v_{\phi—H}$ 3080cm^{-1}、3040cm^{-1}，$v_{C=C}$ 1600cm^{-1}、1580cm^{-1}、1500cm^{-1}，$\gamma_{\phi—H}$ 750cm^{-1}、690cm^{-1}，$v_{C=O}$ 1690cm^{-1}，v_{CH}^{as} 2980cm^{-1}、2920cm^{-1}，$\delta_{CH_3}^{s}$ 1370cm^{-1}，$\delta_{\phi—H}$ 1230cm^{-1}。

经标准图谱核对，并对照沸点等数据，证明推断结构正确。

【例 6-5】　某有机液体，分子式为 C$_8$H$_8$，沸点为 145.5℃，无色或淡黄色，有刺激性气味，其红外光谱见图 6-18，试判断该化合物的结构。

解: (1) $U = 1 + 8 + \dfrac{0-8}{2} = 5$，表示可能有苯环和一个双键。

(2) 按基团或类别查找附录 B 中芳烃类，根据该表提供的峰数与数据，可找到取代苯的四种相关峰。

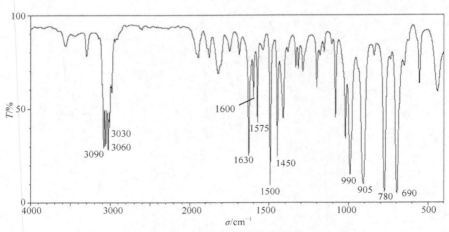

图 6-18 C_8H_8 的红外光谱图

①$\nu_{\phi-H}$，$3090cm^{-1}$、$3060cm^{-1}$ 及 $3030cm^{-1}$($3125\sim3030cm^{-1}$，一般 $3\sim4$ 个峰)。

②泛频峰，$2000\sim1667cm^{-1}$ 为苯环的泛频吸收峰。

③$\nu_{C=C}$$1600cm^{-1}$、$1570cm^{-1}$、$1500cm^{-1}$ 及 $1450cm^{-1}$，苯环的骨架振动、共轭环($1500\sim1600cm^{-1}$的两个峰，是苯环存在的最重要的吸收峰之一，共轭时在 $1650\sim1430cm^{-1}$，吸收峰为 $3\sim4$ 个)。

④$\gamma_{\phi-H}$，$780cm^{-1}$ 及 $690cm^{-1}$(双峰)苯环单取代峰形(确定取代位置最重要的吸收峰)。

故可以判定该未知物具有单取代苯基团。

(3) 特征区第二强峰为 $1630cm^{-1}$。

粗查。查表 6-4 可知，$1630cm^{-1}$ 是由 $\nu_{C=C}$ 伸缩振动引起的。苯环已确定，故此吸收峰应是烯烃的 $\nu_{C=C}$，由相关图可知烯烃的相关振动类型有四种。

细找。查附录 B 中烯烃类，可在图上找到四种对应的烯烃相关振动吸收峰位置。

①$\nu_{C=H}$，$3090\ cm^{-1}$、$3060cm^{-1}$ 及 $3030cm^{-1}$。

②$\nu_{C=C}$，$1630cm^{-1}$。

③$\delta_{=CH}$，$1430\sim1260cm^{-1}$。

④$\gamma_{=CH}$，$990cm^{-1}$ 及 $905cm^{-1}$ 是乙烯单取代的特征峰。

综上所述分子中既含有苯环，又含有乙烯基，结合分子式和不饱和度，该物质应是苯乙烯 $C_6H_5-CH=CH_2$。

经标准图谱核对，并对照沸点等数据，证明推断结构正确。

（宋成武）

 习   题

1. 名词解释：基频峰、泛频峰、振动的耦合、红外活性振动、振动自由度、特征峰与相关峰。

2. 红外光谱与紫外光谱的区别是什么？

3. 红外吸收光谱产生的基本条件是什么？

4. 影响红外吸收峰峰位的因素有哪些？

5. 已知下面化合物的分子式(C_7H_6O)，请根据红外吸收光谱图推断其结构。

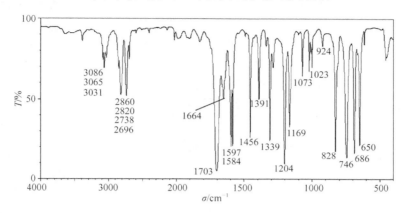

(苯甲醛)

6. 已知下面化合物的分子式(C_3H_4O)，请根据红外吸收光谱图推断其结构。

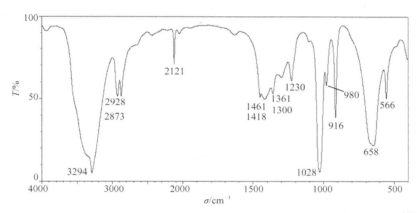

($CH\equiv C—CH_2OH$)

7. 已知下面化合物的分子式($C_7H_6O_3$)，请根据红外吸收光谱图推断其结构。

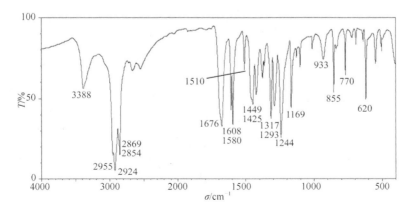

(对羟基苯甲酸)

8. 已知下面化合物的分子式(C_7H_7NO)，请根据红外吸收光谱图推断其结构。

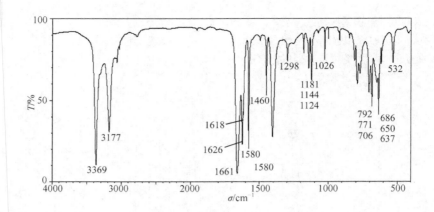

(苯甲酰胺)

9. 已知下面化合物的分子式(C_6H_{14})，请根据红外吸收光谱图推断其结构。

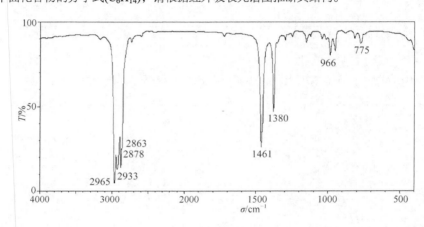

(3-甲基戊烷)

10. 已知下面化合物的分子式(C_7H_9N)，请根据红外吸收光谱图推断其结构。

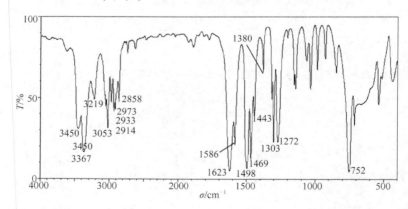

(邻甲苯胺)

11. 已知下面化合物的分子式($C_3H_6O_2$)，请根据红外吸收光谱图推断其结构。

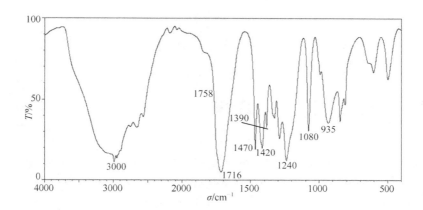

(丙酸)

12. 已知下面化合物的分子式(C_9H_{12})，请根据红外吸收光谱图推断其结构。

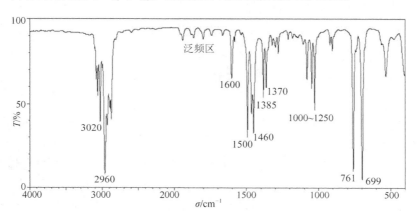

(异丙基苯)

| 第 7 章 |　原子吸收分光光度法

原子吸收分光光度法(atomic absorption spectrometry，AAS)是基于被测元素的基态原子在蒸气状态下对其原子共振辐射的吸收进行元素定量分析的方法。原子吸收分光光度法具有如下特点：①灵敏度高。大多数元素分析灵敏度可达到 10^{-6} g/ml，甚至可达 10^{-12} g/L。②选择性好。光谱干扰少，抗干扰能力强。③精密度高。一般低含量测定中 RSD（相对标准偏差）为 1%～3%，如果采用高精密度测量方法 RSD ＜1%。④应用范围广，可测元素达 70 多种。缺点是定性能力差、线性范围窄、难以实现多元素同时测定等。

第 1 节　基 本 原 理

一、原子吸收光谱的产生

原子光谱是由原子的价电子在两个原子能级之间跃迁而产生的。当有辐射通过基态原子蒸气，且入射辐射的频率等于原子中的电子由基态跃迁到激发态(一般情况下都是第一激发态)所需要的能量频率时，原子就会从辐射场中吸收能量，电子由基态跃迁到激发态，产生共振吸收，同时伴随着原子吸收光谱的产生。

原子具有多种能量状态，在一般情况下，原子外层电子受外界能量激发从基态跃迁到不同能级的激发态，产生原子吸收谱线。外层电子由基态跃迁到第一激发态而产生的原子吸收线称为共振吸收线(resonance absorption line)，简称为共振线(resonance line)。原子从基态跃迁到第一激发态的过程最容易发生，故共振线又称为元素的灵敏线(sensitive line)。不同元素原子结构和外层电子的排布不同，原子外层电子从基态跃迁到第一激发态吸收的能量不同，因而各元素的共振吸收线具有不同的特征，故共振线称为元素的特征谱线。共振线是所有谱线中最灵敏的谱线，在原子吸收分析中常选用此吸收线作为分析线。

二、基态原子数与原子总数的关系

原子吸收光谱法是利用待测元素的原子蒸气中基态原子与其共振线吸收之间的关系来测定的，所以需要讨论原子化(即被测元素由试样转入气态并解离为基态原子)过程中，待测元素基态原子数与原子总数的关系。

在原子化温度下的热力学平衡状态，物质基态与激发态原子数符合玻尔兹曼(Boltzmann)分布定律：

$$\frac{N_j}{N_0} = \frac{g_j}{g_0} e^{-\frac{E_j - E_0}{kT}} = \frac{g_j}{g_0} e^{\frac{-\Delta E}{kT}} = \frac{g_j}{g_0} e^{\frac{-h\nu}{kT}} \tag{7-1}$$

式中，N_j、N_0 和 g_j、g_0 分别为激发态与基态的原子数目和统计权重；E_j 和 E_0 分别是激发态和基态原子的能量($E_j > E_0$)；T 为热力学温度；k(1.38×10^{-23}J/K)为 Boltzmann 常数。表 7-1 列出了几种元素共振线在不同温度下的激发态原子数 N_j 与基态原子数 N_0 的比值。

表 7-1　几种元素共振线的 N_j/N_0 的值

共振线波长/nm	g_j/g_0	激发能/eV	N_j/N_0		
			2000K	2500K	3000K
K　766.49	2	1.617	1.68×10^{-4}	1.10×10^{-3}	3.84×10^{-3}
Na　589.0	2	2.104	0.99×10^{-5}	1.14×10^{-4}	5.83×10^{-4}
Ba　553.56	3	2.239	6.83×10^{-6}	3.19×10^{-5}	5.19×10^{-4}
Ca　422.67	3	2.932	1.22×10^{-7}	3.67×10^{-6}	3.55×10^{-5}
Fe　371.99	—	3.332	2.29×10^{-5}	1.04×10^{-7}	1.31×10^{-6}
Ag　328.07	2	3.778	6.03×10^{-10}	4.48×10^{-8}	8.99×10^{-7}
Cu　324.75	2	3.817	4.82×10^{-10}	4.04×10^{-8}	6.65×10^{-7}
Mg　285.21	3	4.346	3.35×10^{-11}	5.20×10^{-9}	1.50×10^{-7}
Zn　213.86	3	5.795	7.45×10^{-15}	6.22×10^{-12}	5.50×10^{-10}

由式(7-1)和表 7-1 可见，温度越高，N_j/N_0 值越大，即激发态原子数随温度升高而增加。在原子吸收分光光度法中，原子化温度一般小于 3000K，N_j/N_0 值绝大部分在 10^{-3} 以下。因此，基态原子数近似等于待测元素的原子总数。

三、原子吸收线的形状及谱线变宽

通常认为原子吸收光谱是线光谱，但严格来讲，每一条原子谱线都有相当窄的频率或波长范围，即有一定宽度。

假设从光源辐射出频率为 ν、强度为 I_0 的特征谱线，通过厚度为 L 的自由原子蒸气后，透射光强为 I_ν。与分子吸收分光光度法相同，I_0 与 I_ν 服从 Lambert 定律，即

$$I_\nu = I_0 \text{epx}(-K_\nu L) \tag{7-2}$$

式中，K_ν 为吸收系数，是单位吸收层厚度内光强的衰减率。其与紫外光谱的吸收系数有所不同，非物质特性常数，仅因单位厚度而得名。

若用透射光强度 I_ν 对频率 ν 作图，见图 7-1(a)。在中心频率 ν_0 处透光强度最小，吸收系数最大。在紧靠中心频率左右，透光强度增大，吸收系数减小。

若用吸收系数对频率作图，所得曲线称为吸收系数的轮廓，又称吸收线轮廓，见图 7-1(b)。图中，K_0 是中心频率处的吸收系数，称为峰值吸收系数。$\Delta \nu$ 是峰值吸收系数一半处吸收线轮廓上两点之间的频率差，称为半宽度。

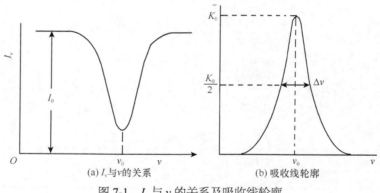

(a) I_v 与 v 的关系　　　　　　　　　　(b) 吸收线轮廓

图 7-1　I_v 与 v 的关系及吸收线轮廓

吸收线的中心频率由原子能级分布决定，半宽度主要受下列因素的影响：

1. 自然宽度(natural width)　没有外界影响，谱线仍有一定的宽度称为自然宽度，以 Δv_N 表示。它与激发态原子的平均寿命有关，激发态原子的平均寿命越短，谱线的自然宽度越大。对于大多数元素而言，自然宽度在 10^{-5}nm 数量级，一般可以忽略不计。

2. 多普勒(Doppler)变宽　多普勒变宽是由于原子的无规则热运动所引起的变宽，又称温度变宽，用 Δv_D 表示。当原子"背向"检测器运动时，检测器检测到的辐射频率较静止状态原子辐射的频率低(波长红移)；反之，检测器检测到的辐射频率较静止状态原子辐射的频率高(波长紫移)，垂直于检测器方向运动的原子没有频移，其余方向运动的原子均有一定程度的频移，于是引起谱线变宽，即产生多普勒效应。

谱线多普勒变宽由下式决定：

$$\Delta v_D = 7.16 \times 10^{-7} \cdot v_0 \sqrt{\frac{T}{M}} \tag{7-3}$$

式中，T 是热力学温度；M 是吸光原子的原子质量；v_D 是谱线的中心频率。Δv_D 与 $T^{1/2}$ 成正比，温度越高，Δv_D 越大。一般 Δv_D 多在 10^{-3}nm 数量级，是谱线变宽的主要因素。

3. 压力变宽　在一定蒸气压力下，原子之间的相互碰撞引起谱线变宽称为压力变宽。压力变宽可以分为两种：由同种原子碰撞而引起的变宽称为共振变宽，或称为霍尔兹马克(Holtsmark)变宽(Δv_R)；由被测元素的原子与蒸气中其他原子或分子等碰撞而引起的谱线轮廓变宽称为洛伦茨(Lorentz)变宽(Δv_L)。通常 Δv_L 为 $10^{-4} \sim 10^{-3}$nm；Δv_R 随着待测元素原子密度升高而增大，在原子吸收分析中，待测元素浓度较低，Δv_R 常被忽略。压力变宽随气体压力增大和温度升高而增大，是谱线变宽的主要因素之一。

4. 自吸变宽　由自吸现象引起的谱线变宽称为自吸变宽。光源阴极发射的共振线被灯内被测元素的基态原子所吸收而产生自吸收现象。灯电流越大，自吸现象越严重。

5. 其他变宽　斯塔克(Stark)变宽是由外界电场或带电粒子作用导致谱线变宽；塞曼(Zeeman)变宽是由外界磁场作用导致谱线变宽。Stark 变宽和 Zeeman 变宽，两者均为场致变宽。通常在原子吸收光谱测定条件下，谱线的宽度主要是由 Doppler 效应和 Lorentz 效应引起的。当用火焰原子化器时，以压力变宽(Δv_L)为主；用无火焰原子化器时，以多普勒变宽(Δv_D)为主。

四、原子吸收值与原子浓度的关系

1. 积分吸收 根据式(7-2)，有

$$A = -\lg \frac{I}{I_0} = 0.4343 K_v L \tag{7-4}$$

与分子吸收曲线不同，原子吸收线轮廓上的所有点只与一个跃迁能级相对应，故原子吸收线轮廓下所包括的整个面积，才与全部基态原子(N_0)相对应。在吸收线轮廓的频率范围内，吸收系数 K_v 对于频率的积分，称为积分吸收，即

$$\int K_v \mathrm{d}v = \frac{\pi e^2}{mC} \cdot f \cdot N_0 \tag{7-5}$$

式中，e 为电子电荷；m 为电子质量；C 为光速；N_0 为单位体积内基态原子数；f 为振子强度，是能被入射光激发的原子数与总原子数之比，表示吸收跃迁的概率。

式(7-5)表明，若能测定出吸收谱线的积分面积 $\int K_v \mathrm{d}v$ ，就可以确定蒸气中的原子浓度。尽管原子吸收谱线因 Doppler 效应等影响已变宽至约 10^{-3} nm，但是在如此小的区域进行准确的频率积分，仍需要分辨率极高的色散元件，就目前的技术是难以实现的。

2. 峰值吸收 1955 年澳大利亚物理学家瓦尔西(Walsh)提出，采用锐线光源测量谱线峰值吸收系数代替难以测定的积分吸收，成功地克服了这一困难。峰值吸收是在中心频率 v_0 处，采用比吸收线要窄许多的入射光通过自由基态原子，测量原子吸收，即

$$A = 0.4343 K_0 L \tag{7-6}$$

要实现峰值吸收测量，必须满足下列条件：

(1) 发射线的半宽度远小于吸收线的半宽度，即 $\Delta v_e \ll \Delta v_a$ ；

(2) 发射线的中心频率与吸收线的中心频率 v_0 恰好重合，即 $v_{0e} \approx v_{0a}$ 。

这样测定时，就需要使用一个与待测元素同种元素制成的锐线光源。

在一定条件下，峰值吸收系数 K_0 与 N_0 成正比，根据式(7-6)，则

$$A = K N_0 \approx K N \tag{7-7}$$

在实验条件一定时，试液中被测组分浓度 C 与气态原子总数 N 成正比，即

$$A = K'C \tag{7-8}$$

式(7-7)和式(7-8)中的 K 和 K' 均为与实验条件有关的常数。式(7-8)是原子吸收光谱分析的定量基础。在实际工作中与分光光度法一样，只要测得中心波长处吸光度，就可以求出待测元素的浓度和含量。

第 2 节　原子吸收分光光度计

原子吸收分光光度计又称原子吸收光谱仪，国内外生产厂家很多，仪器型号也很多，但其组成结构及工作原理基本相似。

一、原子吸收分光光度计主要部件

原子吸收分光光度计由光源、原子化系统、单色器、检测系统等几个部分组成(图7-2)。

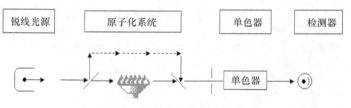

图7-2 原子吸收流程示意图

1. 光源 光源的作用是发射出能被待测元素吸收的特征波长谱线。作为原子吸收法对光源的基本要求是:发射出能被待测元素吸收的特征波长谱线,且发射线的半宽度要远小于吸收线的半宽度;辐射强度大,稳定性好,连续背景低;操作方便,噪声小以及使用寿命长。最常用的光源为空心阴极灯。

1) 结构

空心阴极灯又称元素灯,其结构如图7-3所示。它包括一个阳极(粘有吸气剂,如钽片或钛丝)及一个由待测元素材料制成的空心圆筒形成的阴极(故称空心阴极)。充有0.1～0.7kPa压力的惰性气体,如氖或氩等。惰性气体作为载气的作用是载带电流。

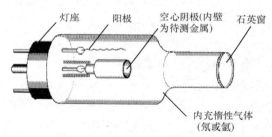

图7-3 空心阴极灯的结构

2) 工作原理

空心阴极灯是辉光放电,放电集中在阴极空腔内。当在两极施加一定的电压后在电场的作用下,电子将从阴极内壁流向阳极做加速运动,在运动中经常与充入的惰性气体原子发生非弹性碰撞,产生能量交换,引起原子电离并放出二次电子,使电子与正离子数目增加。正离子向阴极内壁猛烈轰击,使阴极表面的金属原子溅射出来,溅射出来的金属原子再与电子、惰性气体原子、离子等发生非弹性撞碰而被激发,当返回基态时,发射出相应元素(阴极物质和内充惰性气体)的特征共振辐射。用不同待测元素作为阴极材料,可制成相应空心阴极灯。

空心阴极灯辐射光强度大且稳定,谱线宽度窄,灯易于更换。

2. 原子化系统 原子化系统的作用是提供能量,将试样中的分析物干燥、蒸发并转变为气态原子,主要分为火焰原子化、非火焰原子化两大类。

1) 火焰原子化器

(1) 结构

火焰原子化器是用化学火焰的能量将试样原子化的一种装置。常用的火焰原子化器是预混合式，组成为雾化器、混合室和燃烧器，见图 7-4。

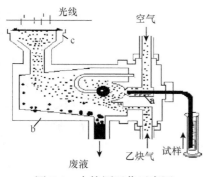

图 7-4　火焰原子化示意图
a. 雾化器；b. 混合室；c. 燃烧器

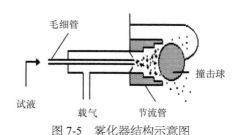

图 7-5　雾化器结构示意图

雾化器(喷雾器)是原子化系统的主要部件，其结构如图 7-5 所示。雾化器的作用是将试样溶液雾化，使它成为微米级的气溶胶。对雾化器的主要要求为喷雾速度稳定、喷雾多、雾粒细微且均匀、雾化效率高。为了提高喷雾效率和提高喷雾质量，可在喷雾器前增设附件：撞击球(细化雾粒)和节流管(加大气流的运动速度)。最常用的雾化器是同心型气动雾化器。

混合室的作用是使进入火焰的气溶胶更小、更均匀，使燃气与助燃气和气溶胶充分混合后进入燃烧器。较大的气溶胶在室内凝聚为大的溶胶，并沿室壁流入泻液管排走，这样进入火焰的气溶胶更为均匀，同时燃气与助燃气和气溶胶也得到充分混合以减少它们进入火焰时对火焰的扰动。

燃烧器的作用是产生火焰，使进入火焰的气溶胶蒸发和原子化。对燃烧器的要求如下：不"回火"；喷口不容易被试样沉积堵塞，火焰平稳，没"记忆效应"；燃烧器高度和位置应能上下调节和旋转一定角度，以便选择合适的火焰部位。对于常用的单缝型燃烧器，缝长有 5cm 和 10cm 两种规格。

(2) 火焰

利用化学火焰产生的热能蒸发溶剂、解离分析物分子、产生待测元素的原子蒸气，是一种开发最早、应用广泛及适应性较强的原子化器。

火焰是使试样中待测元素原子化的能源，故要求火焰有足够高的温度，火焰燃烧速度适中，稳定性好，以保证测试有较高的灵敏度和准确度。火焰温度是表征火焰特性的主要指标。火焰温度取决于燃气与助燃气类型，空气-乙炔火焰是应用最广泛的化学火焰，能测 35 种元素，由于火焰温度不够高，不能用于高温元素原子化。几种常用的火焰组成及温度见表 7-2。

表 7-2　各种火焰的特性

火焰	化学反应	温度/K
丙烷-空气焰	$C_3H_8 + 5O_2 \longrightarrow 3CO_2 + 4H_2O$	2200
氢气-空气焰	$H_2 + \frac{1}{2}O_2 \longrightarrow H_2O$	2300

火焰	化学反应	温度/K
乙炔-空气焰	$C_2H_2 + \dfrac{5}{2}O_2 \longrightarrow 2CO_2 + H_2O$	2600
乙炔-氧化亚氮(笑气)焰	$C_2H_2 + 5N_2O \longrightarrow 2CO_2 + H_2O + 5N_2$	3200

同一火焰其燃气和助燃气的流量比不同,表现出性质方面的差异,如表 7-3 所示。当燃气与助燃气之比和化学反应计量关系相近时称为化学计量火焰,又称中性火焰,这类火焰的特点为温度高、干扰小、稳定、背景低,大多数元素都适用。当燃气流量大于化学计量时,形成富燃火焰(具有还原性),适用于易生成难溶氧化物的元素的测定,但它的干扰较多,背景值高。当助燃气流量大于化学计量的火焰时,形成贫燃火焰(具有氧化性),它的温度较低,有利于测定易解离、易电离元素,如碱金属的测定。在实际测量时应通过实验确定燃气和助燃气的最佳流量比。

表 7-3　火焰的种类和性能

火焰类型	燃助比	温度/℃	性能	适用性
化学计量火焰	1:4	~2400	火焰层次清晰,温度高,稳定	多数元素
富燃火焰	3:1	~2400	燃烧不完全,含碳多,具有还原性	难解离的氧化物
贫燃火焰	1:6	~2400	燃烧完全,氧化性强,温度低	碱金属元素

2) 非火焰原子化器

火焰原子化器结构简单,易于操作、重现性好、造价低廉,故应用普遍。但原子化效率低(大约只有 10%),所以它的灵敏度的提高受到限制。

非火焰原子化器有多种,如石墨炉原子化器、化学原子化器、激光原子化器、阴极溅射原子化器、等离子喷焰原子化器等。下面对应用较多的石墨炉原子化器和化学原子化器作简要介绍。

(1) 石墨炉原子化器

①结构　石墨炉原子化器如图 7-6 所示。由加热电源、保护气控制系统、石墨管炉等三部分组成。石墨管长 20~60mm,外径 6~9mm,内径 4~8mm,管中央开一小孔,用于加样和使保护气体流通。外电源加于石墨管两端,供给原子化器能量,电流通过石墨管可在 1~2s 内产生高达 3000℃的温度。原子化器的外气路中的氩气沿石墨管外壁流动,以保护石墨管,内气路中的氩气由管两端流向管中心,从管中心孔流出,用来除去干燥和灰化过程中产生的基体蒸气,同时保护已原子化的原子不被氧化。

②原子化过程　石墨炉原子化过程可大致分为干燥、灰化(分解)、高温原子化及高温净化四个阶段。干燥时温度一般在 110℃左右,每微升溶液的干燥时间需 1.5s,其目的是蒸发除去样品溶液的溶剂;灰化阶段的温度可根据待测元素及其化合物的性质在 1800~3000℃选择,时间 5~10s,其目的是尽可能把样品中的共存物质全部或大部分除去,并保证没有待测元素的损失;原子化温度与时间取决于待测元素的性质,一般在 1800~3000℃,5~10s,其作用是使待测元素在高温下成为自由状态的原子;最后升温至 2700~3500℃,3~5s,以除去石墨炉的残留,消除"记忆效应"。

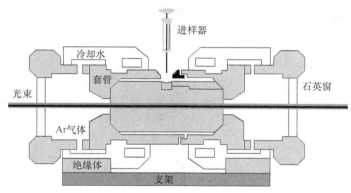

图 7-6 石墨炉原子化器

表 7-4 列出了火焰原子化法与石墨炉原子化法的一些特点。

表 7-4 火焰原子化法与石墨炉原子化法比较

项目	火焰原子化法	石墨炉原子化法
能源	火焰	电热
进样量	~1ml	10~100μl
稀释	10000 倍	40 倍
原子停留时间	10^{-4}s	1~2s
原子化效率	~10%	~90%
分析周期	短	长
灵敏度	10^{-6}级	10^{-9}级

(2) 低温原子化方法(化学原子化法)

利用还原反应使被测元素直接原子化，或者使其还原为易挥发的氢化物，再在低温下原子化的方法，常用的有氢化物原子化法及冷原子蒸气测汞法。

①氢化物原子化法 是在一定的酸性条件下，将待测元素与强还原性物质(如硼氢化物)反应而生成极易挥发的氢化物，这些氢化物用载气经石英管引入电热或火焰加热使其原子化。

原子化温度 700~900℃，主要用于 As、Sb、Bi、Sn、Ge、Se、Pb、Te 等元素的测定。

例如，$AsCl_3 + 4NaBH_4 + HCl + 8H_2O \longrightarrow AsH_3 + 4NaCl + 4HBO_2 + 13H_2$

$$2AsH_3 \longrightarrow 2As + 3H_2 (加热)$$

这种方法可以从溶液中分离出被测元素，故灵敏度高，选择性好，干扰也少，原子化温度低，但氢化物有毒，应在良好的通风条件下进行。

②冷原子蒸气测汞法 用强还原剂将无机汞和有机汞都还原为金属汞,产生的汞蒸气用载气(Ar 或 N_2)带入原子吸收池内进行测定。

冷原子蒸气测汞法具有常温测量、灵敏度高、准确度较高的特点。

3. 单色器 单色器就是原子吸收分光光度计的分光系统，由色散元件、准直镜和狭缝等组成。其主要作用是将待测元素的吸收线与邻近的非吸收谱线分开。单色器的分光元件常用光栅，光栅配置在原子化器之后的光路中，这是为了阻止原子化器内的所有不需要的辐射进入检测器。

4. 检测系统 检测系统主要由检测器、放大器、对数转换器、显示器组成。

检测器通常是光电倍增管，其特点是放大倍数高，信噪比大，线性关系好；工作波段在190～900nm，用以满足原子吸收光谱分析。光电倍增管的供电电压一般在–200～–1000V可调，通过改变电压来改变增益。为了使光电倍增管输出的信号稳定，要求光电倍增管的负高压电源必须稳定。

现代原子吸收光谱仪都有计算机工作站，具有自动点火、自动调零、自动校准、自动增益、自动取样及自动处理数据、火焰原子化系统与石墨炉原子化系统自动切换等装置。

二、原子吸收分光光度计的类型

原子吸收分光光度计的类型较多，按光束分类有单光束型与双光束型；按波道分类有单道型、双道型和多道型；按调制方法分类有直流型和交流型。下面介绍几种常用的类型。

1. 单道单光束型　此类仪器结构简单，如图 7-2 所示，灵敏度较高，便于维护，能满足一般分析要求，缺点是光源强度波动较大，易造成基线漂移，预热时间较长，测量过程中要经常进行零点校正。

2. 单道双光束型　此类仪器如图 7-7 所示，由光源(HCL)发出的共振线被切光器分成两束光，一束通过试样被吸收(S 光束)，另一束作为参比(R 光束)，两束光交替地进入单色器和检测器(P_M)，由于两束光为同一束光源发出，且经同一检测器，所以光源的任何漂移及检测器灵敏度的变动，都将由此而得到补偿，其稳定性和检出限均优于单光束型仪器。缺点是仍不能消除原子化系统的不稳定和背景吸收的影响。

3. 双道或多道型　此类型仪器同时使用两种或多种元素光源，并匹配多个"独立"的单色器和检测系统，可以同时测定两种或多种元素，或用于内标法测定，也可以进行背景校正。它消除原子化系统带来的干扰，但由于制造复杂而尚未得到推广。图 7-8 为双道双光束型仪器光路图。

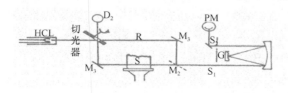
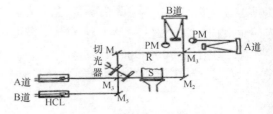

图 7-7　双光束型仪器光路图
M_1、M_2、M_3. 反光镜；S_1、S_2. 狭缝；G. 光栅

图 7-8　双道双光束型仪器光路图

第 3 节　实 验 技 术

一、溶液的制备

1. 被测试样的处理　原子吸收光谱法分析一般是溶液进样，被测样品应转化为溶液。无机固体试样通常采用稀酸、浓酸或混合酸处理样品，常用的酸主要有盐酸、硝酸和高氯酸，有

时也用磷酸与硫酸的混合酸,如果将少量的氢氟酸与其他酸混合使用,有助于试样成为溶液状态;酸不溶时可采用碱熔融法,目前微波溶样法得到广泛应用。有机试样一般先进行消化处理,有干法或湿法两种消化方法,消化后的残留物溶解在合适的溶剂中,被测元素如果是易挥发元素如 Hg、As、Gd、Pd、Sb、Se 等则不宜采用干法消化,因为这些元素在消化过程中损失严重。

在样品制备过程中,要特别防止污染,污染是限制灵敏度和检出限的重要原因之一。主要污染来源是水、容器、试剂和大气。避免被测元素的损失是样品制备过程中另一关键问题,一般来说,作为储备液,配制浓度应较大(如 1000g/ml 以上),浓度小于 1g/ml 的溶液不宜作为储备液,无机溶液宜放在聚乙烯容器内,并维持一定的酸度。有机溶液在储存过程中,应避免与塑料、胶木瓶盖等直接接触。

如果使用非火焰原子化法,如石墨炉原子化法,则可直接进固体试样,采用程序升温,以分别控制试样干燥、灰化和原子化过程,使易挥发或易热解基体在原子化阶段之前除去。

2. 标准溶液的制备　标准溶液的组成要尽可能接近未知样品。溶液中总含盐量对喷雾过程和蒸发过程有重要影响,因此,当样品中含盐量大于 0.1% 时,在标准溶液中也应加入等量的同一盐类,以使在喷雾时和在火焰中发生的过程相似。对于用来配制标准溶液的试剂纯度要有一个合理的要求,用量大的试剂,如溶解样品的酸碱、光谱缓冲剂、电离抑制剂、萃取剂、释放剂、配制标准溶液的基体等,必须是高纯度的,尤其不能含被测元素。对于被测元素来说,由于它在标准溶液中的浓度很低,用量少,不需要特别高纯度的试剂,分析纯试剂已能满足实际工作需要。

二、测定条件的选择

1. 分析线的选择　一般选待测元素的共振线作为分析线。但当测量元素浓度较高(避免过度稀释),或为了避免相邻光谱线的干扰时,也可选次灵敏线作为分析线;当被测元素的共振线附近有其他谱线干扰时,也不宜采用。此外,稳定性差时,也不宜选用共振线作为分析线,如 Pb 的灵敏线为 217.0nm,稳定性较差,若用 283.3nm 次灵敏线作为分析线,则可获得稳定结果。

选择分析线应根据具体情况由实验决定,检验方法是:首先扫描空心阴极灯的发射光谱,了解有哪些可供选用的谱线,然后喷入试液,观察谱线吸收和受干扰的情况,选择出不受干扰且吸收强的谱线作为分析线。

2. 通带宽度的选择　单色器光谱通带是指单色器出口狭缝每毫米距离内包含的波长范围,狭缝宽度直接影响光谱通带宽度与检测器接收的能量。在原子吸收分析中,无相邻干扰线(如测碱金属、碱土金属元素谱线)时,选较大的通带,以提高信噪比。反之(如测过渡及稀土金属),宜选较小通带,以提高灵敏度。

3. 灯电流的选择　空心阴极灯的发射光谱特征与灯电流有关,一般需要预热 10~30min,才能达到稳定输出。灯电流小,放电不稳定,光谱输出的强度小,灵敏度高;灯电流大,发射谱线强度大,灵敏度下降,信噪比小,灯的寿命缩短。因此,在保证有稳定输出和足够的辐射光强度情况下,尽量选用较低的电流(碱金属、碱土金属、Zn、Cd 最多选 10mA,Fe、Co、Ni

可高达 20mA)。通常选用灯上标出的最大电流的 1/2～2/3 为工作电流。

4. 原子化条件的选择　火焰类型和状态是影响原子化效率的主要因素。根据不同试样元素选择不同火焰类型。一般元素，使用空气-乙炔火焰；Si、Al、Ti、V、稀土等选用高温火焰如氧化亚氮-乙炔火焰；对于极易电离和挥发的碱金属可使用低温火焰如空气-丙烷火焰。火焰中燃气与助燃气的比例要通过绘制吸光度与燃气、助燃气流量曲线，得到最佳值。

在石墨炉原子化法中，合理选择干燥、灰化、高温原子化及高温净化的温度与时间是十分重要的。干燥温度应稍低于溶剂的沸点，灰化一般在不易发生损失的前提下尽可能使用较高的温度，原子化宜选用能达到最大吸收信号的最低温度作为原子化温度，原子化时间以保证完全原子化为准，净化温度应高于原子化温度，目的是消除残留物产生的记忆效应。

5. 测量高度的选择　燃烧器高度直接影响测量的灵敏度、稳定性及干扰程度。调节到最佳的测量高度，可使测量光束从自由原子浓度最大的火焰区通过，此时，测定稳定性好，并获得较高的灵敏度。

6. 光电倍增管负高压的选择　光电倍增管的工作电压是根据空心阴极灯的谱线强度和光谱带宽而定的。一般，光电倍增管的工作电压应在最大工作电压的 1/3～2/3。如果用增加电压来提高灵敏度，此时信噪比不好，测量稳定性不佳。故在分析实践中，应通过实验来选择最好的测定条件。

三、干扰及其抑制

相对于其他分析方法，原子吸收光谱法为一种选择性好、干扰较少的检测技术。但在实际工作中仍有不能忽略的干扰问题。按照干扰的性质和产生的原因，可以分为四类：光谱干扰、物理干扰、化学干扰和电离干扰等。

1. 物理干扰　物理干扰(physical interference)是指试样在转移、蒸发和原子化过程中，由于试样物理特性的变化而引起的原子吸收强度下降的现象，主要影响试样喷入火焰的速度、雾化效率、雾滴大小等。物理干扰是一种非选择性干扰，对试样中各元素的影响基本上是相似的。消除物理干扰的主要方法如下：配制与被测试样相似组成的标准样品；采用标准加入法进行分析；稀释样品溶液以减小黏度的变化。

2. 化学干扰　化学干扰(chemical interference)是原子吸收分光光度法中常见的一种干扰，为选择性干扰，它是由待测元素与其他组分之间的化学作用所引起的干扰效应，主要影响待测元素的原子化效率。消除化学干扰的常用方法如下：①加入释放剂。释放剂的作用是与干扰组分形成更稳定或更难挥发的化合物，以使被测元素释放出来。例如，在溶液中加入锶和镧可有效地消除磷酸根对测定钙的干扰，此时锶或镧能与磷酸根形成更稳定的磷酸锶或磷酸镧，而将钙释放出来。②加入保护剂。保护剂的作用是与被测元素生成稳定的配合物，防止被测元素与干扰组分的反应。保护剂通常是有机配合剂。例如，测定 Ca 时，加入 EDTA 可与钙形成 EDTA-Ca，避免钙与磷酸根作用。③加入饱和剂。饱和剂的作用是在标准溶液和试样溶液中加入足够的干扰元素，使干扰趋于恒定(即达到饱和)。例如，用 $N_2O-C_2H_2$ 火焰测钛时，在试样和标准溶液中加入 300mg/L 以上的铝盐，使铝对钛的干扰趋于稳定。

3. 电离干扰　电离干扰(ionization interference)是指待测元素在原子化过程中发生电离而

引起的干扰效应，如果元素的电离电位低于 6eV，则这些元素在火焰中易发生电离，生成离子，这种离子不能吸收共振线，影响测量结果，在碱金属及碱土金属元素中比较显著。火焰温度越高，干扰越严重。因此采用低温火焰和加入消电离剂可以有效地抑制与消除电离干扰。常用的消电离剂是易电离的碱金属元素，如铯盐等。

4. 光谱干扰 光谱干扰主要有谱线干扰和背景干扰两种。

(1) 谱线干扰 谱线干扰(spectral interference)是由于分析元素的吸收线与其他吸收线或辐射不能完全分离所引起的干扰。常见的谱线干扰有吸收线与相邻谱线不能完全分开；待测元素的分析线与共存元素的吸收线相重叠。谱线干扰可以通过减小狭缝宽度或选其他分析线来消除和抑制。

(2) 背景干扰 背景干扰(background interference)主要是原子化过程中，生成的气体、氧化物、盐类等分子状态物质对光源辐射产生吸收或散射而引起干扰的现象。如 NaCl、KCl 在紫外光区有吸收带；在波长小于 250nm 时，H_2SO_4 和 H_3PO_4 有很强的吸收，而 HNO_3 和 HCl 的吸收很小，因此，原子吸收分析中多用 HNO_3、HCl 及它们的混合物来配制溶液。消除背景干扰的方法如下：①邻近非吸收线校正背景。用分析线测量总吸光度(包括原子吸收与背景吸收)，再用与吸收线邻近的非吸收线测量背景吸光度，因为非吸收线不产生原子吸收，两次测量值相减即得到校正背景之后的原子吸收的吸光度。②氘灯背景校正。在测定时，使氘灯提供的连续光谱和空心阴极灯提供的共振线交替通过原子化器，当空心阴极灯照射时，得到被测元素吸收与背景吸收的总和；氘灯辐射的连续光谱通过时，测定的是背景吸收(此时被测元素共振线吸收相对于总吸收可忽略)，两者相减，即得校正背景后的被测元素的吸光度值。③塞曼(Zeeman)效应背景校正法。利用光谱线在磁场中产生偏振的正交差异优点从信号中消除背景吸收信号。该法可扣除一些窄光线对光源辐射吸收产生的背景干扰。塞曼效应校正可在 190～900nm 背景波长范围内进行，准确度高，校正能力比氘灯校正强。

四、定量分析的方法

原子吸收光谱法的定量分析方法很多，如标准曲线法、标准加入法、插入法、内标法以及浓度直读法等，前两种方法最为常用。

1. 标准曲线法 配制与样品溶液相近的一系列不同浓度的标准试样，按从低到高的浓度顺序依次分析，以空白为参考(选择合适的参比溶液)，测定其吸光度，将获得的吸光度 A 数据对相应的浓度作标准曲线；在相同条件下测定未知试样的吸光度，由标准曲线查出对应的浓度值。为了减少测量误差，吸光度值应在 0.2～0.8。

2. 标准加入法 当试样的基体比较复杂，干扰不易消除，又无纯净的基体空白，待测元素含量较低时，可采用标准加入法(standard addition method)，来消除基体效应或干扰元素(化学干扰)的影响。但不能消除分析中的背景干扰。

1) 作图法

取若干份(如四份)体积相同的试样溶液(C_x)，从第二份开始，依次按比例加入不同量的待测物的标准溶液(C_0)，然后用溶剂稀释至一定体积，定容后浓度依次为 C_x，C_x+C_0，C_x+2C_0，C_x+3C_0，C_x+4C_0，…，分别测得吸光度为 A_x，A_1，A_2，A_3，A_4，…。

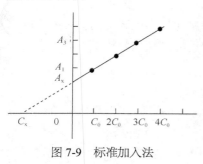

图 7-9　标准加入法

以吸光度 A 对标准溶液浓度 C 作图得一直线,得如图 7-9 所示的直线,直线与横坐标相交于 C_x, C_x 点则为待测元素溶液的浓度,即直线反向延长线与横坐标相交,其对应的浓度为测试液中待测元素的浓度。

标准加入法中,测量吸光度的几个溶液的条件,除了待测元素的含量不同,其他条件都完全相同,故它能消除仪器因素以外的其他干扰,准确度较高。使用标准加入法应注意以下几点:

(1) 被测元素的浓度应在通过原点的标准曲线的线性范围内;

(2) 最少采用四个点(包括不加标准溶液的试样溶液)来作外推线,并且要求第一份加入的标准溶液浓度与被测元素的浓度差别不能太大(即尽可能使 $C_x \approx C_0$),以免引入较大误差;

(3) 标准加入法应该进行试剂空白的扣除;

(4) 此法只能消除基体效应和化学干扰,不能消除分子吸收、背景吸收等引起的干扰。所以使用标准加入法时,要考虑背景的影响。

2) 计算法

由于原子吸收光谱分析法的实验条件比较稳定,所以有时可以用计算法定量。取相同体积的实验溶液两份,其中一份加入被测元素的标准溶液(C_0,C_0 与试样含量 C_x 相近),稀释到体积相同,在相同条件下测定两溶液的吸光度,则

$$A_x = kC_x; \qquad A_0 = k(C_x + C_0)$$

合并两式得 $\qquad\qquad\qquad C_x = C_0 \cdot A_x / (A_0 - A_x) \qquad\qquad\qquad$ (7-9)

由于 A_x、A_0、C_0 均为已知数,故可通过式(7-9)求得 C_x。计算法虽然简单,但不及作图法准确。

3) 内标法

在原子吸收分析中,还常用内标法(internal standard method)来消除燃气与助燃气流量、基体组成、表面张力、火焰状态等因素变动所造成的误差,以提高分析的精密度和准确度。内标法是在标准溶液和试样中,分别加入一定量的试样中不存在的内标元素。同时测定被测元素和内标元素的吸光度,以它们的比值对被测的浓度绘制(A/A_0-C)标准曲线。A 和 A_0 分别为标准溶液中被测元素和内标元素的吸光度,从标准曲线上可以求得试样中待测元素的含量。内标法所选内标元素应与被测元素在原子化过程中具有相同的特性。通常在双道(或多道)型仪器上进行。

五、分析方法的评价

1. 灵敏度(S)(sensitivity)　是用工作曲线的斜率评价元素的灵敏度。它表示当被测元素浓度或含量改变一个单位时吸收值的变化量。

$$S = \mathrm{d}A / \mathrm{d}C \qquad\qquad\qquad (7\text{-}10)$$

用浓度单位表示的灵敏度称为相对灵敏度,用质量单位表示的灵敏度称为绝对灵敏度。火焰原子化法为溶液进样,用相对灵敏度;而在石墨炉原子化法中,吸收值取决于石墨管中被测

元素的绝对量，用绝对灵敏度更为方便。S 越大，灵敏度越高。

2. 特征浓度(S^*)(characteristic concentration)　是指产生 1%吸收或 0.0044 吸光度时，所对应待测元素的浓度或质量。

在火焰原子化法中计算式为

特征浓度 (g /ml·1%)　$S^* = 0.0044C/A$ （7-11）

在石墨炉原子化法中计算式为

特征含量 (g 或 g/1%)　$S^* = 0.0044CV/A$ （7-12）

式中，C 为被测元素的质量浓度；V 为进样量；A 为吸光度。

3. 检出限(D)(detection limit)　是指能以适当的置信度检出的待测元素的最低浓度(相对检出限 C_L)或最低含量(绝对检出限 q_L)。用接近于空白的溶液，经足够多次(如 20 次)测定所得吸光度的标准差的 3 倍求得。

最低浓度(g /ml)：C_L(或 D_L)$= C \times 3\sigma/A$ （7-13）

最低质量(g)：　$q_L = C \times V \times 3\sigma/A$ （7-14）

式中，C 为待测溶液的质量浓度；A 为待测溶液多次测得的平均吸光度；V 为待测溶液用量(ml)。

检出限不但与影响灵敏度的诸因素有关，而且与仪器的噪声有关，它反映出包括仪器及其使用方法和分析技术在内的极限性能。检出限越低，说明仪器的性能越好，对元素的检测能力越强。

（彭晓霞）

习　题

1. 词语解释：共振吸收线、半宽度、多普勒变宽、劳伦茨变宽。
2. 解释原子吸收光谱分析采用锐线光源的理由。
3. 叙述火焰原子化装置的主要部件及作用。
4. 叙述石墨炉原子化器的程序升温的 4 个阶段和作用。
5. 计算火焰温度 2000K 时，Ba553.56nm 谱线的激发态与基态原子数比值(已知 $g_j / g_0 = 3$)。

(6.78×10^{-6})

6. 某金属离子溶液的浓度为 15.0μg/ml，在原子吸收分光光度计上测得其吸收度为 0.052。求该金属原子吸收的特征浓度。

(1.3μg/ml)

7. 用标准加入法测定血浆中锂含量时，取 4 份 0.50ml 血浆试样，分别加入浓度为 0.0500mol/L 的 LiCl 标准溶液 0.0μl、10.0μl、20.0μl、30.0μl，然后用水稀释至 5.00ml 并摇匀，以 Li 670.8nm 分析线测得吸收度依次为 0.201、0.414、0.622、0.835。计算血浆中锂的含量，以 μg/ml 表示。

(6.63μg/ml)

8. 用原子吸收分光光度法测定镍，获得了如下数据：

Ni 标准溶液/(μg/ml)	2	4	6	8	20
A	0.205	0.400	0.585	0.754	1.089

(1) 绘制溶液浓度–吸光度曲线；
(2) 某一试液，在同样条件下测得 T=20.4%，求其浓度。

(7.2μg/ml)

| 第8章 | 色 谱 法

色谱法(chromatography)也称为色层法或层析法，是一种物理或物理化学分离分析方法，与经典的蒸馏、重结晶、溶剂萃取及沉淀法一样，也是一种分离技术，特别适宜于分离多组分的试样，是各种分离技术中效率最高和应用最广的一种方法。它是利用各物质在两相中具有不同的分配系数，当两相做相对运动时，这些物质在两相中进行多次反复的分配来达到分离的目的。完成这种分离分析的仪器为色谱仪(chromatograph)。

目前色谱法在生命科学的研究、临床诊断、病理研究、法医鉴定、新药研究开发、质量控制等领域得到广泛应用。

第1节　色谱法的起源、历程及分类

一、色谱法的起源

俄国的植物学家茨维特(M.Tswett)于1906年首次提出色谱法。虽然色谱分析在茨维特之前有一些点滴的发现，如1850年龙格(F.F.Lunge)观察到将一滴染料混合物溶液点滴到吸墨纸上时，会扩散成一层层的圆形环。申拜恩(C.F.Schoenbein)在1861年注意到，如果把一滴无机盐混合溶液滴在一张滤纸上，那么各种盐分会以不同的速度向四周扩散成层。德伊(D.T.Day)在1897年和克利特卡(S.K.Kritka)在1900年初发现，把石油简单地通过碳酸钙的细粉柱时，它就会被分成不同部分。但是首先认识到这种色谱分离现象和分离方法大有可为的是俄国的植物学家茨维特(M.Tswett)。

茨维特在华沙大学研究植物色素的过程中，在一根玻璃管的底部塞上一团棉花，在管内填入粉末状碳酸钙，然后把有色植物叶子的石油醚萃取液倾注到柱内的碳酸钙上面，用纯净的石油醚进行冲洗。结果植物叶中的几种色素就在管内展开了，形成三种颜色的5个色带。当时茨维特把这种色带称为"色谱"(chromatographie，英译名为 chromatography)，玻璃管称为"色谱柱"，碳酸钙称为"固定相"，纯净的石油醚称为"流动相"。茨维特开创的这种方法称为液-固色谱法(liquid-solid chromatography)。

二、色谱法的历程

茨维特的试验虽然意义很大，但并没有立即得到当时化学界的重视。1931年，奥地利化学家 R·库恩(Richard Kuhn，1900～1967年)等发展了茨维特的色谱法。库恩利用茨维特的液-固色谱法分离了60多种胡萝卜素，并测定了胡萝卜素的分子式。同年，他和芬德史坦(Winterstein)等又扩大液-固吸附色谱法的应用，制取了叶黄素结晶，并从蛋黄中分离出叶黄素，另外把腌鱼腐败细菌所含的红色类胡萝卜素制成了结晶。从此，色谱法才迅速为各国的科学工

作者所注意和应用，促使这种技术不断发展。

1940 年英国的 Martin 和 Synge 提出液-液分配色谱法(liquid-liquid partition chromatography)，即固定相是吸附在硅胶上的水，流动相是某种有机溶剂。1941 年 Martin 和 Synge 提出用气体代替液体作流动相的可能性，11 年之后 James 和 Martin 发表了从理论到实践比较完整的气-液色谱方法(gas-liquid chromatography)，因而获得了 1952 年的诺贝尔化学奖。

1956 年 van Deemter 等在前人研究的基础上，发展了描述色谱过程的速率理论。1957 年 Golay 开创了开管柱气相色谱法(open-tubular column chromatography)，又称为毛细管柱气相色谱法(capillary column chromatography)。1965 年 Giddings 总结和扩展了前人的色谱理论，为液相色谱的发展作出了贡献。20 世纪 60 年代末，在经典液相色谱基础上，引入了气相色谱的理论和技术，采用高压泵、小颗粒高效固定相、高灵敏度在线检测器发展起来一种重要的分离分析方法——高效液相色谱法(HPLC)。20 世纪 80 年代初毛细管超临界流体色谱(SFC)得到发展，但在 90 年代后未得到较广泛的应用。而由 Jorgenson 等集前人经验而发展起来的毛细管电泳(CE)，在 90 年代得到广泛的发展和应用。同时集 HPLC 和 CE 优点的毛细管电色谱，特别是整体毛细管电色谱柱在 90 年代后期受到广泛重视。

21 世纪初随着新型固定相的研制成功和超速高液相色谱仪的问世，产生了一种崭新的超高效液相色谱法(UPLC)，使得色谱柱的分离效率、检测灵敏度显著提高，分析时间显著缩短，分离分析的成本大幅下降。因此，这种方法必将具有广阔的应用前景。

色谱技术与质谱、光谱仪器联用及与计算机、信息理论的结合，显著提高了色谱的分析能力与应用范围。其中发展最早、应用最广的是色谱-质谱(MS)联用仪器。GC-MS、HPLC-MS 已成为有关化学、药学等实验室常规分析仪器。此外，色谱-傅里叶变换红外光谱(FTIR)、色谱-核磁共振波谱(NMR)、色谱-发射光谱(EM)等联用仪，用于分析与鉴定不同物质。

经过一个多世纪的发展，色谱法已形成一门科学——色谱学，广泛应用于各个领域，成为分离分析多组分混合物首选的方法。

三、色谱法的分类

色谱法可按两相的状态、分离机理、操作形式及应用领域的不同进行分类，见图 8-1。

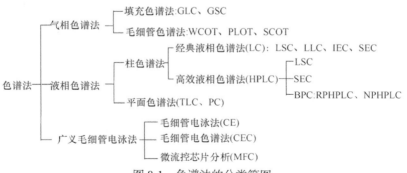

图 8-1　色谱法的分类简图

GLC 为气-液色谱法；GSC 为气-固色谱法；WCOT 为涂壁毛细管柱；PLOT 为多孔层毛细管柱；SCOT 为涂载体毛细管柱；LSC 为液-固色谱法；LLC 为液-液色谱法；IEC 为离子交换色谱法；SEC 为空间排阻色谱法(凝胶色谱法)；BPC 为化学键合相色谱法；RPHPLC 为反相高效液相色谱法；NPHPLC 为正相高效液相色谱法；TLC 为薄层色谱法；PC 为纸色谱法

1. 按流动相和固定相的状态分类 以流动相状态分类，用气体作为流动相的色谱法称为气相色谱法(GC)；用液体作为流动相的色谱法称为液相色谱法(LC)；以超临界流体作为流动相的色谱法称为超临界流体色谱法(SFC)。按固定相的状态不同，气相色谱法又可分为气-固色谱法(GSC)和气-液色谱法(GLC)。液相色谱法也可分为液-固色谱法(LSC)和液-液色谱法(LLC)。

2. 按分离机理分类

(1) 吸附色谱法(adsorption chromatography) 以吸附剂作为固定相，有机溶剂作为流动相，利用样品中不同组分在吸附剂上吸附能力的差别而进行分离分析的一种色谱方法。吸附色谱法包括气固吸附色谱法和液固吸附色谱法。

(2) 分配色谱法(partition chromatography) 以液态的高纯度物质(通常把这种物质称为固定液，均匀地涂布在载体的表面)作为固定相，与之不相混溶的另一物质作为流动相，利用样品中不同组分在这互不相溶的两相中溶解度(分配系数)的差异而进行分离分析的一种色谱方法。分配色谱法包括气液分配色谱法和液液分配色谱法。

(3) 键合相色谱法(bonded phase chromatography，BPC) 将有机分子(固定液)通过适当的化学反应以共价键的形式结合在载体(支持剂)的表面，所制备的固定相称为化学键合固定相。使用化学键合固定相的色谱方法称为化学键合相色谱法，简称键合相色谱法。

(4) 空间排阻色谱法(steric exclusion chromatography，SEC) 以凝胶(有机高分子的多孔聚合物)作为固定相，有机溶剂或水溶液作为流动相，利用样品中不同组分的分子尺寸的差异进行分离分析的一种色谱方法，称为空间排阻色谱法或凝胶色谱法，包括凝胶渗透色谱法和凝胶过滤色谱法。

(5) 离子交换色谱法(ion exchange chromatography，IEC) 以离子交换树脂作为固定相，水溶液作为流动相，利用样品中不同组分(离子性化合物)在离子交换树脂上交换能力的差别而进行分离分析的一种色谱法称为离子交换色谱法。

(6) 毛细管电泳法(capillary electrophoresis，CE) 以高压直流电场为驱动力，含有液体介质(电解质溶液)的毛细管为分离通道，利用样品中不同带电组分的电泳淌度的差别而进行的一种分离分析方法称为毛细管电泳法。

(7) 毛细管电色谱法(capillary electro-chromatography，CEC) 以在高压直流电场中所产生的电渗流为驱动力，毛细管色谱柱为分离通道，依据样品中不同组分的分配系数及电泳淌度的差别而进行的一种分离分析方法称为毛细管电色谱法。它是一种以现代电泳和色谱技术及其理论相结合的分离分析方法。CEC 将 HPLC 的高选择性和 CE 的高柱效有机地结合在一起。

毛细管电色谱法是近十几年才发展起来的一种色谱方法，它具有高柱效、高选择性及分离分析速度快等特点，发展与应用前景广阔。

3. 按操作形式分类

(1) 柱色谱法(column chromatography) 将固定相装于柱管内的色谱法称为柱色谱法，主要包括经典的液相柱色谱法、现代的气相色谱法和高效液相色谱法等。

(2) 平面色谱法(plane chromatography) 平面色谱法是在平面上进行的一种色谱方法，它主要包括薄层色谱法和纸色谱法。

①薄层色谱法(thin layer chromatography，TLC) 将固态的吸附剂均匀地涂铺在平面板(玻璃板、塑料板等)上，形成一薄层(thin layer)，在此薄层上进行分离分析的一种色谱方法。

②纸色谱法(paper chromatography，PC) 以吸附在纸纤维(载体)上的水(或其他物质)作为

固定相，有机溶剂作为流动相，而进行分离分析的一种色谱方法。

4. 按使用仪器或应用领域不同分类

(1) 分析用色谱仪　分析用色谱仪又可分为实验室用色谱仪和便携式色谱仪。这类色谱仪主要用于各种样品的分析，其特点是色谱柱较细，分析的样品量少。

(2) 制备用色谱仪　制备用色谱仪又可分为实验室用制备型色谱仪和工业用大型制造纯物质的制备色谱仪。制备用色谱仪可以完成一般分离方法难以完成的纯物质制备任务，如高纯度化学试剂的制备、蛋白质的纯化、手性药物的拆分和提纯等。

(3) 流程色谱仪　流程色谱仪是在工业生产流程中在线连续使用的色谱仪。目前主要有工业气相色谱仪，用于化肥、石油精炼、石油化工及冶金工业中。

第 2 节　色谱过程与术语

一、色谱过程

色谱过程是物质在相对运动着的两相间分配平衡的过程。一定温度和压力下，当两相相对运动时，由于不同组分与固定相作用力不同，在柱内或平面上迁移速度不同，经过反复多次的"分配"后，混合组分得以分离。

例如，一个两组分 A、B 的混合物，若组分 A 与固定相之间的作用力小(分配系数小)，即 A 的迁移速度大，则 A 在色谱柱内滞留的时间短，先被流动相带出色谱柱；当 A 进入检测器时，A 被检出，有电信号输出，且 A 流出浓度(信号强度)的变化随流动相体积的变化开始发生变化，这种变化的关系曲线称为流出曲线，又称色谱峰；当 A 全部流出色谱柱后，流出曲线恢复平直。同理，随后 B 组分通过检测器而形成 B 组分的色谱峰。因此，样品中各组分按分配系数的小大顺序，依次流出色谱柱，见图 8-2。

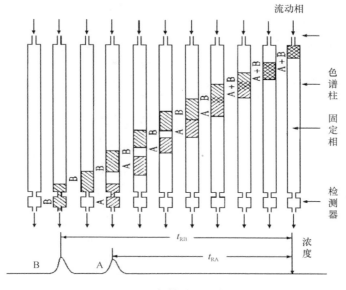

图 8-2　色谱过程示意图

欲使 A、B 两组分实现完全分离，应根据被分离物质的性质，通过选择适当的固定相和流动相，建立一个合适的色谱分离条件，使不同的物质有不同的分配系数，且这种差别越大，分离越完全。两组分的分配系数不相等是分离的前提。

二、色谱图

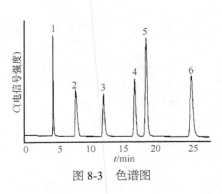

图 8-3 色谱图

由若干个色谱峰组成的图称为色谱图，如图 8-3 所示。从色谱图上可以得到许多重要信息。

1. 根据色谱峰的个数，可以判断试样中所含组分的最少个数。

2. 根据色谱峰间的距离，可评价色谱条件的选择是否合理。

3. 利用色谱峰的保留值及区域宽度，可评价柱效。

4. 根据色谱峰的保留值，可以对组分进行定性分析。

5. 根据色谱峰的面积或峰高，可以对组分进行定量分析。

三、常用术语

1. **基线** 色谱仪器进入正常工作状态后，仅有流动相通过检测器时，仪器记录到的一条平行于横轴的直线称为基线(base line)，见图 8-4。

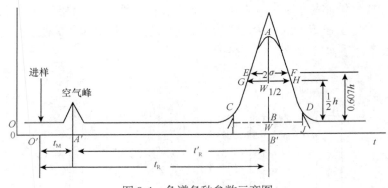

图 8-4 色谱各种参数示意图

2. **峰高** 色谱峰顶点与基线之间的垂直距离称为色谱峰高，用 h 表示，如图 8-4 中 BA 段所示。

3. **色谱峰区域宽度** 色谱峰宽有三种表示方法。

(1) 标准偏差 σ，即 0.607 倍峰高处色谱峰宽度的一半，如图 8-4 中 E 与 F 距离的一半所示。

(2) 半峰宽 $W_{1/2}$，即峰高一半处的宽度，如图 8-4 中 G 与 H 间的距离所示，它与标准偏差的关系为

$$W_{1/2} = 2\sigma\sqrt{2\ln 2} = 2.355\sigma \qquad (8\text{-}1)$$

(3) 基线宽度 W，为通过色谱峰两侧拐点处的切线在基线上截距间的距离，即 0.134 倍峰高处色谱峰的宽度，如图 8-4 中 I 与 J 的距离，它与标准偏差和半峰宽的关系是

$$W = 4\sigma = 1.699W_{1/2} \qquad (8\text{-}2)$$

4. 拖尾因子　拖尾因子(tailing factor)又称对称因子(symmetry factor)，用于衡量色谱峰的对称性。计算式为

$$T = \frac{W_{0.05h}}{2A} = \frac{A+B}{2A} \qquad (8\text{-}3)$$

式中，$W_{0.05h}$ 为 0.05 倍峰高处的峰宽；A、B 分别为在该处的色谱峰前沿与后沿和色谱峰顶点至基线的垂线之间的距离。T 应在 0.95～1.05，此时色谱峰为对称峰，见图 8-5。

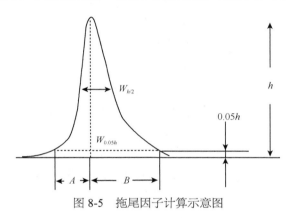

图 8-5　拖尾因子计算示意图

5. 保留时间

(1) 死时间 t_M　不被固定相吸附或溶解的组分(如空气、甲烷)，从进样开始到出现峰极大值所需的时间称为死时间，它正比于色谱柱的空隙体积，如图 8-4 中 O'-A'所示。因为这种物质不被固定相吸附或溶解，故其流动速度与流动相相同。测定流动相平均线速 u 时，可用柱长 L 与 t_M 比值计算，即

$$u = \frac{L}{t_M} \qquad (8\text{-}4)$$

(2) 保留时间 t_R　组分从进样开始到色谱柱后出现浓度极大值时所需要的时间，称为保留时间，如图 8-4 中 O'-B'所示。

(3) 调整保留时间 t_R'　某组分的保留时间扣除死时间后，称为该组分的调整保留时间，即

$$t_R' = t_R - t_M \qquad (8\text{-}5)$$

由于组分在色谱柱中的保留时间 t_R 是组分通过色谱柱时停留在流动相的时间和滞留在固定相中的时间的总和，组分停留在流动相的时间就是 t_M，所以 t_R' 实际上是组分在固定相中的保留时间。

保留时间是色谱法定性的依据，但同一组分的保留时间常受到流动相流速的影响，因此有时用保留体积来表示保留值。

6. 保留体积

(1) 死体积 V_M　死体积区域包含色谱仪中进样系统内部体积、柱前后连接管道、柱内固定相的间隙体积及检测器的内部体积。其参数可由死时间与流动相的体积流速 F_C (mL/min) 计算，即

$$V_M = t_M F_C \tag{8-6}$$

(2) 保留体积 V_R　从进样开始到被测物质在柱后出现浓度极大值所通过的流动相体积。保留体积与保留时间的关系为

$$V_R = t_R F_C \tag{8-7}$$

(3) 调整保留体积 V_R'　某组分的保留体积扣除死体积后就是该组分的调整保留体积，即

$$V_R' = V_R - V_M = t_R' F_C \tag{8-8}$$

7. 相对保留值 $r_{i,S}$　
待测成分 i 与参照物质 S 的调整保留值之比，称为待测成分 i 对基准物 S 的相对保留值 $r_{i,S}$。相对保留值也可以是它们的分配系数、容量因子之比。

$$r_{i,S} = \frac{t_{Ri}'}{t_{RS}'} = \frac{V_{Ri}'}{V_{RS}'} = \frac{K_i}{K_S} = \frac{k_i}{k_S} \tag{8-9}$$

$r_{i,S}$ 只与柱温、固定相和流动相的性质有关，而与柱径、柱长、填充均匀程度和流动相流速等操作条件无关，因此 $r_{i,S}$ 是色谱定性分析的重要参数之一。$r_{i,S}$ 不可用于衡量色谱的选择性。

参照物质 S 是另外加入的并非样品中存在的一种纯物质，例如，气相色谱法在样品中加入的苯、丙酮、乙酸乙酯等。要求参照物质的色谱峰在待测成分的附近(相邻或不相邻)，且彼此完全分离。

在色谱分离过程中，参照物 S 可能在待测成分之前流出色谱柱，也可能在其后流出色谱柱，因此，$r_{i,S}$ 可能是一个大于 1，也可能是一个小于 1 的参数。

8. 选择性因子 α　
混合试样色谱图中相邻两组分（后一个组分为组分 2，前一个组分为组分 1）的调整保留时间之比称为选择性因子 α。组分 2 与组分 1 均为样品中存在的成分。

$$\alpha = \frac{t_{R2}'}{t_{R1}'} = \frac{V_{R2}'}{V_{R1}'} = \frac{K_2}{K_1} = \frac{k_2}{k_1} \tag{8-10}$$

由于 $t_{R2}' > t_{R1}'$，所以 α 总是大于 1 的参数。α 只能用于衡量色谱柱的选择性，不能用于定性。α 越大，色谱柱的选择性越好。

9. 分配系数和分配比

(1) 分配系数(K)　分配系数(partition coefficient)是在一定温度和压力下，组分在固定相和流动相中平衡浓度的比值，用 K 表示如下：

$$K = \frac{C_s}{C_m} \tag{8-11}$$

式中，C_s 为组分在固定相中的浓度(g/mL)；C_m 为组分在流动相中的浓度(g/mL)。

分配系数是由组分、固定相和流动相的热力学性质决定的参数，在一定温度和压力下，当固定相和流动相种类一定时，不同物质有不同的分配系数。若两组分的 K 值相等，色谱峰重合，则无法实现分离。若两组分 K 值不同，则 K 小的组分在流动相中浓度大，迁移速度快，先流出色谱柱；反之，则后流出色谱柱。

(2) 分配比(k)　分配比表示在一定温度和压力下，分配平衡时，组分在两相中的质量比，用 k 表示如下：

$$k = \frac{m_s}{m_m} \qquad (8\text{-}12)$$

式中，m_s 为组分在固定相中的质量；m_m 为组分在流动相中的质量。k 越大，表示组分在色谱柱内固定相中的量越大，相当于柱容量越大，因此，分配比又称为容量因子。

分配系数与容量因子的关系如下：

$$k = \frac{C_s \cdot V_s}{C_m \cdot V_m} = K \cdot \frac{V_s}{V_m} = \frac{m_s}{m_m} \qquad (8\text{-}13)$$

$$K = k \cdot \frac{V_m}{V_s} = k \cdot \beta \qquad (8\text{-}14)$$

式中，β 称为相比率，它是反映各种色谱柱柱型特点的一个参数。例如，填充柱，其 β 值一般为 6～35；毛细管柱，柱内流动相的体积远大于固定相的体积，故其 β 值一般为 60～600。

10. 保留值与容量因子的关系　色谱过程是物质在相对运动的两相间平衡分布的过程，当达到动态平衡时，从微观出发，一个样品分子在流动相中出现的概率，即在流动相中停留的时间分数，以 R' 表示。若 $R' = 1/3$，则表示这个分子有 1/3 的时间在流动相，而有 2/3 的时间在固定相。从宏观出发，对于大量的溶质分子而言，则表示有 1/3 的物质量在流动相，有 2/3(即 $1-R'$)的物质量在固定相中。这个时间分数或物质量的分数为保留因子 R'。流动相和固定相中溶质的量分别用 $C_m \cdot V_m$ 和 $C_s \cdot V_s$ 表示，因此

$$\frac{1-R'}{R'} = \frac{C_s \cdot V_s}{C_m \cdot V_m} = K \cdot \frac{V_s}{V_m} \qquad (8\text{-}15)$$

整理式(8-15)即得

$$R' = \frac{1}{1 + K \cdot \dfrac{V_s}{V_m}} = \frac{1}{1+k} \qquad (8\text{-}16)$$

当 $R' = 1$ 时(即 K 或 $k=0$)，溶质全部处于流动相中，不能进入固定相，即不被固定相保留，这种成分称为惰性成分；当 $R' = 0$ 时，溶质全部进入固定相，不随流动相移动，即被固定相强烈保留。可见 R' 在 0～1 之间，它可以衡量溶质被保留的情况，所以又称保留因子。

同理，R' 也表示溶质分子在流经整个柱时的相对移动速度。若 $R' = 1/3$，表示溶质分子在柱中移行的速度相当于流动相流经整个柱的移行速度的 1/3。因为 t_M 表示流动相分子流经整个色谱柱的时间，所以溶质分子流经同样路程的保留时间 t_R 将是 t_M 的 $1/R'$ 倍，即

$$t_R = \frac{t_M}{R'} = t_M \left(1 + K \cdot \frac{V_s}{V_m}\right) = t_M(1+k) \qquad (8\text{-}17)$$

式(8-17)说明了在给定条件下，分配系数或容量因子与溶质分子的保留时间之间的关系。同理，溶质分子在色谱柱中经过同样路程的保留体积 V_R 将是流动相体积 V_M 的 $1/R'$ 倍。由式(8-17)可得

$$k = \frac{t_R - t_M}{t_M} = \frac{t_R'}{t_M} \qquad (8\text{-}18)$$

根据式(8-18)，k 值可直接由色谱图数据求得。

（周江煜）

习　题

1. 色谱法是如何进行分类的？

2. 说明容量因子的物理含义及与分配系数的关系。为什么容量因子(或分配系数)不等是分离的前提？

3. 在色谱过程中，组分在固定相中停留的时间为(　　)。

A. 死时间　　　　　B. 保留时间　　　　　C. 调整保留时间　　　　　D. 保留指数

4. 用分配柱色谱法分离 A、B、C 三组分的混合样品，已知它们的分配系数 $K_A > K_B > K_C$，则其保留时间的大小顺序应为(　　)。

A. A<C<B　　　　　B. B<A<C　　　　　C. A>B>C　　　　　D. A<B<C

5. 在一定柱长条件下，某一组分色谱峰的宽窄主要取决于组分在色谱柱中的(　　)。

A. 保留值　　　　　B. 扩散速率　　　　　C. 分配系数　　　　　D. 容量因子

6. 某组分在固定相中的质量为 $m_A(g)$，浓度为 $C_A(g/mL)$，在流动相中的质量为 $m_B(g)$，浓度为 $C_B(g/mL)$，则此组分的分配系数是(　　)。

A. m_A/m_B　　　　　B. m_B/m_A　　　　　C. C_A/C_B　　　　　D. C_B/C_A

7. 容量因子 k 与保留时间之间的关系为(　　)。

A. $k = t'_R / t_m$　　　　　B. $k = t_m / t'_R$　　　　　C. $k = t_m \cdot t'_R$　　　　　D. $k = t'_R - t_m$

8. 影响两组分相对保留值的因素是(　　)。

A. 载气流速　　　　B. 柱温　　　　C. 柱长　　　　D. 固定液性质　　　　E. 检测器类型

9. 假如一种溶质的分配比为 0.2，计算它在色谱柱流动相中的质量分数。

(83.3%)

10. 某色谱柱死体积 30ml，固定相体积 1.5ml，组分 A、B 保留时间分别为 360s、390s，死时间 60s，计算 A、B 的分配系数以及相对保留值。

(100、110、1.1)

| 第 9 章 | 经典液相色谱法

经典液相色谱法包括经典液相柱色谱法和平面色谱法,是在常压下靠重力或毛细作用输送流动相的色谱方法。经典液相色谱法与现代色谱法的区别主要在于输送流动相方式、固定相种类和规格、分离效能、分析速度和检测灵敏度等方面。经典液相色谱法设备简单、操作方便、分析速度快,在药物研究、食品化学、环境化学、临床化学、法检分析及化学化工等领域都有广泛的应用,特别是在天然药物成分的鉴别、分离等方面发挥着独特的作用,是中药鉴别的主要方法之一。

第 1 节　液-固吸附色谱法

经典的液-固吸附色谱(liquid solid adsorption chromatography,LSC)是以吸附剂为固定相,有机溶剂为流动相,利用不同组分在吸附剂表面的吸附性能的差异进行分离分析的方法,用于分离分析极性至弱极性的化合物,不适用于分离分析强极性的物质。

一、基本原理

1. 吸附与吸附平衡　吸附是指溶质分子与吸附剂分子之间所存在的某些化学作用力而被吸附在吸附剂的表面。当溶质、流动相与吸附剂共存于同一色谱体系时,吸附过程则是试样中溶质分子(X)与流动相分子(Y)争夺吸附剂表面活性中心的过程,即竞争吸附过程(图 9-1)。

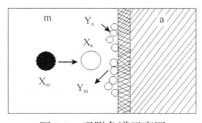

图 9-1　吸附色谱示意图
m 流动相;a 吸附剂;X_m 流动相中溶质分子;Y_m 流动相分子;
X_a 被吸附的溶质分子;Y_a 被吸附的流动相分子

当流动相到达吸附剂(固定相)表面时,流动相分子被吸附剂表面的活性中心所吸附,以 Y_a 表示。当溶质分子被流动相带至液固界面时,流动相中溶质分子 X_m 与吸附在吸附剂表面的 n 个流动相分子 Y_a 相置换,溶质分子被吸附,以 X_a 表示。流动相分子回到流动相中,以 Y_m 表示。这种吸附平衡过程可表示为

$$X_m + nY_a \xrightleftharpoons[\text{解吸附}]{\text{吸附}} X_a + nY_m$$

达到平衡时,其吸附平衡常数 K,可近似用式(9-1)表示:

$$K = \frac{[X_a][Y_m]^n}{[X_m][Y_a]^n} \tag{9-1}$$

因为流动相的量很大，$[Y_m]^n/[Y_a]^n$ 近似于常数，而且吸附只发生于吸附剂表面，所以单位表面积所吸附溶质的量即浓度 C_s，单位体积流动相中所含溶质的量即 C_m，于是有

$$K = \frac{[X_a]}{[X_m]} = \frac{X_a/S_a}{X_m/V_m} = \frac{C_s}{C_m} \tag{9-2}$$

式中，S_a 为吸附剂的表面积；V_m 为流动相的体积；C_s 为溶质在固定相中的浓度；C_m 为溶质在流动相中的浓度。吸附平衡常数 K 是与组分的性质、吸附剂和流动相的性质与温度有关的一个常数。

显然，当色谱条件(吸附剂与流动相的性质、温度)一定时，不同的物质有不同的 K 值。若某物质的 K 值小，说明该物质被固定相吸附得不牢固，易被流动相分子解吸附，在固定相中滞留时间短，在柱中移动速率快，先流出色谱柱；若 K 值大，说明该物质被吸附得牢固，在固定相中滞留时间长，移动速率慢，后流出色谱柱。即使它们的 K 值相差很微小，这种微小的差异通过成千上万次的(吸附与解吸附)累积，最终能呈现出较大的差异，从而实现相互分离。K 值相差越大，各组分越容易实现相互分离。因此，应根据被分离物质的性质(极性)，通过选择适当的固定相和流动相，建立一个最佳的色谱分离条件，使不同物质的 K 值有尽可能大的差异。

2. 吸附等温线 吸附等温线(absorption isotherm)是指在一定温度(等温)下，吸附达到平衡时，以组分在固定相中的浓度 C_s 为纵坐标、在流动相中的浓度 C_m 为横坐标得到的关系曲线。它有三种类型：线性、凸形和凹形，分别反映了不同的色谱现象。

(1) 线性吸附等温线 当吸附平衡常数 K 一定时，其吸附等温线为线性吸附等温线。线性吸附等温线是理想的等温线，在一定的色谱条件(吸附剂、洗脱剂、温度)下，在柱内同一溶质区带中，具有相同的迁移速率，即 K 为一常数，K 不受加入柱内溶质的量影响，故在洗脱或展开时，能得到左右对称的流出曲线，如图 9-2(a)所示。

(2) 非线性吸附等温线 在绝大多数情况下，吸附等温线都有些弯曲而呈现凸形吸附等温线。其中主要原因之一是固体吸附剂表面具有不同吸附能力的吸附中心。例如，硅胶表面上有几种吸附能力不同的吸附中心——强的、较强的、弱的、极弱的。当加入柱内物质量较大时，在柱内同一物质区带中，被极弱的或弱的吸附中心吸附的物质，吸附力小，K 值小，迁移速率快，大量而快速地先流出色谱柱；剩余少量部分被较强的或强的吸附中心吸附的物质，吸附力大，K 值大，迁移速率慢，慢慢地后流出色谱柱，从而导致流出曲线前沿陡峭、后沿拖尾的拖尾峰，且保留时间亦随样品量的增加而减小，如图 9-2(b)所示。

拖尾峰的出现对以下情况产生了不利的影响：①利用峰面积进行定量时峰面积的积分精度和重现性。②利用峰高定量时检测的灵敏度。③定性分析时保留值与物质性质的相关性。④组分之间相互分离的程度。因此应尽量避免色谱峰的拖尾。克服的方法是减小进样量或样品的浓度，即利用凸形吸附等温线的直线部分，从而得到左右对称的流出曲线。

在极少数情况下，吸附等温线呈凹形。在色谱分离过程中，由于溶质分子与固定相的相互作用，改变了固定相的表面性质，使得流出曲线的形状、保留时间与进样量的关系与凸形吸附等温线恰好相反，如图 9-2(c)所示。

通常在低浓度时，每种等温线均呈线性，而高浓度时，等温线则呈凸形或凹形。

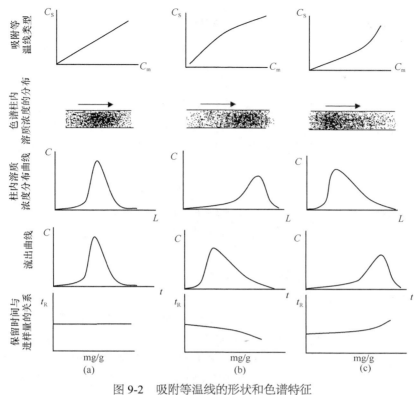

图 9-2　吸附等温线的形状和色谱特征

二、吸附剂

吸附剂的基本要求如下：
(1) 有较大的表面积，有足够的吸附能力，且对不同物质有不同的吸附力。
(2) 与洗脱剂、溶剂及样品不起化学反应，并在所用溶剂和洗脱剂中不溶解。
(3) 粒度细而均匀，一般为 150 目左右。

1. 常用吸附剂　吸附剂可分为有机和无机两大类。有机类有活性炭、淀粉、菊糖、蔗糖、乳糖、聚酰胺以及大孔吸附树脂等；无机类有氧化铝、硅胶、氧化镁、硫酸钙、碳酸钙、磷酸钙、滑石粉、硅藻土等。其中以硅胶、氧化铝、聚酰胺和大孔吸附树脂较为常用。

(1) 硅胶　色谱用硅胶具有硅氧（Si—O—Si）交链结构骨架，颗粒状，球形多孔。其骨架表面的硅羟基（—Si—OH）为吸附中心，它对不同极性的物质具有不同的吸附能力。硅羟基有三种形式：一种是游离羟基（Ⅰ）；一种是键合羟基（Ⅱ）；当硅胶加热到 200℃以上时，失去水分，使表面羟基变为硅醚结构(Ⅲ)。后者不再对极性化合物有选择性保留作用而失去吸附活性。

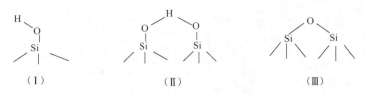

（Ⅰ）　　　　　　（Ⅱ）　　　　　　（Ⅲ）

由于硅胶具有弱酸性，适用于分离酸性和中性化合物。硅胶分离效率还与其粒度、孔径及表面积等几何结构有关。

(2) 氧化铝　氧化铝为一种吸附力很强的吸附剂，颗粒状，球形多孔，有碱性、中性和酸性三种。

碱性氧化铝(pH 9～10)适用于碱性和中性化合物的分离。

中性氧化铝(pH 7.5)适用范围广，凡是适用于酸性、碱性氧化铝的，中性氧化铝都适用。尤其适用于分离生物碱、挥发油、萜类、甾体、蒽醌以及在酸碱中不稳定的苷类、酮、内酯等成分。

酸性氧化铝(pH 4～5)适用于分离酸性化合物，如有机酸、酸性色素及某些氨基酸、酸性多肽类以及对酸稳定的中性物质。

(3) 聚酰胺　聚酰胺是一类由酰胺聚合而成的高分子化合物，颗粒状，球形多孔。常用的聚酰胺是聚己内酰胺，其酰胺基中的羰基与酚类、黄酮类、酸类中的羟基或羧基形成氢键；酰胺基中的氨基与醌类、硝基类中的醌基或硝基形成氢键而产生吸附作用。不同的化合物，由于活性基团的种类、数目与位置的不同，形成氢键的能力不同，而实现分离。

(4) 大孔吸附树脂　大孔吸附树脂是一种不含交换基团、具有大孔网状结构的高分子吸附剂，粒度多为 20～60 目，理化性质稳定，不溶于酸、碱及有机溶剂。大孔吸附树脂可分为非极性和中等极性两类，在水溶液中吸附力较强且有良好的吸附选择性，而在有机溶剂中吸附能力较弱。

大孔吸附树脂主要用于水溶性化合物的分离纯化，近年来多用于皂苷及其他苷类化合物与水溶性杂质的分离，也可间接用于水溶液的浓缩，从水溶液中吸附有效成分。大孔吸附树脂具有吸附容量大、选择性好、成本低、收率较高和再生容易等优点，所以越来越受到普遍的重视。

(5) MCI GEL　MCI GEL 是 middle chromatogram isolated gel 的缩写，中压色谱分离用凝胶。MCI GEL 系列固定相是在三菱化学生产的两个商品牌号(Diaion 和 Sepabeads)的大孔吸附树脂基础上设计生产的，兼具吸附和分子筛效应，粒径 4～300μm 不等，可以在强酸、强碱介质下使用，可以用多种有机溶剂作为洗脱剂。该固定相吸附物质量大，颗粒均匀，机械强度好，不易破碎，残留物少，预处理方便。常用的 MCI GEL 固定相有聚苯乙烯型和聚甲基丙烯酸酯型两种聚合物类型。一般而言，聚苯乙烯型聚合物固定相适合于分离中等疏水性的化合物；聚甲基丙烯酸酯亲水性强，适合分离具有一定极性的物质。MCI GEL 常用来除去弱极性部位中的叶绿素，对石油醚和氯仿萃取部分除去叶绿素的效果较好。

2. 吸附剂的吸附活性　硅胶、氧化铝等的吸附活性(能力)除了与吸附剂本身的性质有关，还与其含水量相关，见表 9-1。含水量越低，活度级别越小，其吸附力越强。反之，含水量越高，活度级别越大，其吸附力越弱。在一定温度下，加热除去水分以增强吸附活性的过程称为活化，因此吸附剂在使用前必须活化处理。反之，加入一定量水使其吸附活性降低，称为失活或减活。

表 9-1　硅胶、氧化铝的含水量与活度级别的关系

硅胶含水量/%	氧化铝含水量/%	活度级别
0	0	I
5	3	II
15	6	III
25	10	IV
38	15	V

分离极性小的物质，一般选用吸附活性大(活度级别小)的吸附剂。分离极性大的物质，则应选用活性小(活度级别大)的吸附剂。

同一种吸附剂，如果制备和处理方法不同，则吸附剂的吸附性能相差较大，分离结果的重现性也较差。因此应尽量采用相同的批号与同样方法处理的吸附剂。

三、色谱条件的选择

组分极性越大，在吸附剂上吸附越强，需用极性较大的洗脱剂进行洗脱。

常见化合物按其极性由小到大顺序为

烷烃＜烯烃＜醚＜硝基化合物＜二甲胺＜酯类＜酮类＜醛类＜硫醇＜胺类＜酰胺类＜醇类＜酚类＜羧酸类。

常用溶剂的极性顺序为

石油醚＜环己烷＜四氯化碳＜三氯乙烯＜苯＜甲苯＜二氯甲烷＜乙醚＜氯仿＜乙酸乙酯＜丙酮＜正丁醇＜乙醇＜甲醇＜水＜乙酸等。

选择色谱分离条件时，必须从吸附剂、被分离物质、流动相(洗脱剂或展开剂)三方面进行综合考虑。在吸附色谱中，由于吸附剂的种类有限，所以当被分离物质、吸附剂种类一定时，分离成败的关键取决于流动相的选择。现用图来表示三者的关系和流动相的选择原则，见图9-3。

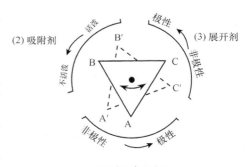

图 9-3　化合物极性、吸附剂活度和展开剂极性间的关系

当对样品中化学性质相近的各组分采用单一洗脱剂进行分离时，往往不易获得较好的分离效果。为了提高分离能力，有时需要采用两种或两种以上的溶剂按一定比例组成流动相。使用混合溶剂可以调整流动相的极性、酸碱性、互溶性和黏度及分离的选择性。

四、操作方法

1. 色谱柱的制备　常用的柱管材料有玻璃、石英及尼龙等。其规格根据被分离物质的情况而定，内径与柱长的比例一般在 $1:10 \sim 1:20$。吸附剂的颗粒一般应在 $100 \sim 200$ 目。吸附剂的用量应根据被分离的样品量而定，氧化铝用量为样品重量的 $20 \sim 50$ 倍，对于难分离化合

物，氧化铝用量可增加至 100～200 倍；硅胶比例一般为 1：30～1：60，对于难分离化合物，可高达 1：500～1：1000。装柱方法有干法与湿法两种方法。

(1) **干法装柱** 将吸附剂慢慢地倒入柱管内，边倒边轻轻敲打色谱柱使填装均匀。

(2) **湿法装柱** 先将准备使用的洗脱剂加入柱管内，然后把吸附剂(或将吸附剂以相同洗脱剂拌湿后)慢慢连续不断地倒入柱内，此时打开柱管下端活塞，使洗脱剂慢慢流出，吸附剂慢慢沉降于柱管的下端。

2. 加样与洗脱 将被分离样品溶于一定体积的溶剂中，选用的溶剂极性应低，体积要小。上样前，应将柱内溶剂放出至与吸附剂平面接近平齐，再沿管壁慢慢加入样品溶液。试样溶液加完后，打开活塞将液体慢慢放出，至柱内液面与吸附剂平面再度接近平齐。必要时再用少量溶剂冲洗原来盛有样品的容器，全部加入色谱柱内。

连续不断地加入洗脱剂开始洗脱，调节一定的流速。洗脱时应始终保持一定高度的液面，切勿断流。收集洗脱液，将收集液用薄层色谱或纸色谱定性检查，根据检查结果，将成分相同的洗脱液合并，回收溶剂，得到某单一成分。若为几个成分的混合物，可再用其他方法进一步分离。

3. 检出 可以通过分段收集流出液，采用相应的物理和化学方法进行检出。对有色混合物，很容易观察化合物的分离情况，对无色物质，可用紫外线观察荧光色带而检出，也可用荧光吸附剂通过荧光熄灭定位。

【例 9-1】 秋水仙碱的测定。

(1) **色谱柱** 柱长 22cm，内径 2.0cm，以丙酮为溶剂湿法装入 3g 硅胶，再装入 3g 氧化铝。

(2) **总生物碱的提取** 将秋水仙粉末用碱水湿润，使生物碱游离，再用氯仿、二氯甲烷或苯等有机溶剂萃取，定量转入量瓶中。

(3) **测定** 准确量取 5.00ml 秋水仙碱的提取液，置蒸发皿中，在水浴上与 2g 氧化铝搅拌并蒸干，定量地将此混合物加入色谱柱上端，用 200ml 丙酮洗脱，洗脱液蒸干后，残渣在 80℃烘 0.5h 后，称重，计算百分含量。

 第 2 节 液-液分配色谱法

一、基本原理

经典的液-液分配色谱(liquid liquid partition chromatography，LLC)是将某种高纯度物质(固定液)均匀涂布在多孔微粒的表面或纸纤维上形成一层液膜，构成固定相。多孔微粒或纸纤维称为支持剂(solid support)或载体(carrier)、担体。试样中各组分在互不相溶的两相中，因分配系数的差异而实现分离。

在分配色谱中，极性固定液与极性溶质之间有较强的分子间作用力，而非极性固定液与非极性溶质之间也有较强的分子间作用力，因此溶解度的"相似者相溶"经验规则可用于分配色谱中。几乎各种类型的化合物皆可应用分配色谱法进行分离分析。尤其适宜于亲水性物质及既能溶于水又稍能溶于有机溶剂的物质，如极性较大的生物碱、苷类、有机酸、糖类及氨基酸的衍生物等。

二、载体

在分配色谱法中，载体只起支撑与分散固定液的作用。对它的要求是化学惰性，对被分离组分没有吸附能力，且又能吸留较大量的固定相液体。载体必须纯净，颗粒大小均匀。大多数的商品载体在使用之前需要精制、过筛。常用的载体如下。

(1) 硅胶　当它吸收相当于本身重量的 50% 以上的水后，硅胶丧失吸附作用，变成载体，水为固定液。

(2) 硅藻土　硅藻土中氧化硅对被分离组分几乎不发生吸附作用，是现在应用最多的载体。

(3) 纤维素　既是纸色谱的载体，也是分配柱色谱常用的载体。

此外，还有淀粉，近几年来还采用有机载体，如微孔聚乙烯粉等。

三、固定液及其选择

分配色谱根据固定液和流动相的相对极性，可以分为两类：一类称为正相分配色谱，其固定相的极性大于流动相；另一类称为反相分配色谱，其固定相的极性小于流动相。

在正相分配色谱中，固定液有水、各种缓冲溶液、稀硫酸、甲醇、甲酰胺或丙二醇等强极性物质，以及它们的混合液，用有机溶剂为洗脱剂进行洗脱分离，适用于分离极性物质，当分离极性、中等极性与弱极性的混合物时，弱极性物质先流出色谱柱，极性物质后流出色谱柱。

在反相分配色谱中，常以硅油、液体石蜡等极性较小的有机物质作为固定液，而以水、水溶液或与水混溶的有机溶剂为流动相，适用于分离中等极性至非极性的物质。被分离成分的流出顺序与正相分配色谱相反，强极性物质先流出色谱柱。

四、流动相及其选择

一般正相色谱法常用的流动相有石油醚、醇类、酮类、酯类、卤代烷类、苯等或它们的混合物。反相色谱法常用的流动相则为正相色谱法中的固定液，如水、各种水溶液(包括酸、碱、盐及缓冲液)或低级醇类等。

固定液与流动相的选择，要根据被分离物中各组分在两相中的溶解度之比即分配系数而定。可先使用对各组分溶解度大的溶剂为洗脱剂，再根据分离情况改变洗脱剂的组成，即在流动相中加入一些可调节溶解度的溶剂，以改变各组分被分离的情况与洗脱速率。

五、操作方法

1. 固定液的涂布与装柱　装柱前，将固定液与载体混合。如果用硅胶、纤维素等作为载体时，可直接称出一定量的载体，再加入一定比例的固定液，混匀后即可装柱。应注意的是，因为分配柱色谱法使用两种溶剂，故须先使二相互相饱和，否则，洗脱时由于大量流动相的通过，会将载体上的固定液逐渐溶解而流失。

如果以硅藻土为载体，加固定液直接混合的办法不容易得到涂布均匀的固定相。为此先把硅藻土放在大量的流动相中，在不断搅拌下，逐渐加入固定液，加完后继续搅拌片刻，然后装柱。装柱时，分批小量地倒入柱中，随时把过量的溶剂放出，待全部装完后，即得到一个装填均匀的色谱柱。

2. 加样和洗脱　加样的方法有三种：①试样配成浓溶液，用吸管轻轻沿管壁加入柱内，然后加流动相洗脱。②试样溶液用少量固定相吸附，待溶剂挥干后，加入柱内，然后加流动相洗脱。③用一块比色谱柱内径略小的圆形滤纸吸附试样溶液，待溶剂挥发后，加入柱内，然后加流动相洗脱。

3. 应用　分配色谱法的优点在于有较好的重现性，并可根据 K 值预示分离结果。分配系数在较大的浓度范围内是常数，其洗脱峰多数为对称峰，峰形尖锐。在大多数情况下，均能找到一组合适的溶剂进行分离，因而适用于各种类型化合物的分离。

【例 9-2】　纤维素柱进行糖及其衍生物的制备分离。

将干纤维素粉直接干法装柱，或将纤维素粉悬浮于有机溶剂中湿法装柱，便获得填装均匀的色谱柱。

(1) 分离单糖　可选用的溶剂系统有正丁醇的饱和水溶液(含少量氨)；正丁醇-乙醇(19∶1)的水饱和溶液或苯酚-水系统。

(2) 分离低聚糖　可用异丙醇-正丁醇-水(7∶1∶2)溶剂系统。

(3) 分离甲基苷　可用正丁醇-水系统。

(4) 分离甲基化糖　需用石油醚(b.p.100～120℃)和水饱和的正丁醇混合液梯度洗脱。洗脱起始时比例为 7∶3，后为 7∶50，最后为水饱和的正丁醇溶液，

糖类要在纤维素柱上获得比较好的分离，则宜在较高温度下(60℃)进行。

第 3 节　离子交换色谱法

利用离子交换剂对各组分交换性能的差异使其分离分析的方法称为离子交换色谱法(ion exchange chromatography，IEC)。

一、离子交换树脂

1. 离子交换树脂的类型　离子交换树脂由苯乙烯和二乙烯基苯相互交联而形成的具有网状结构的骨架与活性基团所组成。根据树脂所含活性基团的性质及所交换离子的电荷分为阳离子交换树脂和阴离子交换树脂。

(1) 阳离子交换树脂　以阳离子作为交换离子的树脂称为阳离子交换树脂，它们含有—SO_3H、—$COOH$、—OH、—SH、—PO_3H_2 等酸性基团，其中可电离的 H^+ 与样品溶液中某些阳离子进行交换。依据其酸性强度，又可分为强酸型与弱酸型阳离子交换树脂。树脂的酸性强度一般按下列次序递减：R—SO_3H>HO—R—SO_3H>R—PO_3H_2>R—$COOH$>R—OH。强酸型阳离子交换树脂的交换与再生反应如下：

$$R-SO_3^-H^+ + X^+ \rightleftharpoons R-SO_3^-X^+ + H^+$$

(2) 阴离子交换树脂　以阴离子作为交换离子的树脂称为阴离子交换树脂，它们含有—NH$_2$、—NHR、—NR$_2$ 或—N$^+$R$_3$X$^-$ 等碱性基团。含有季铵基者为强碱性，含有—NH$_2$、=NH、≡N 等基团者为弱碱性。其中可电离的 OH$^-$ 与样品溶液中某些阴离子进行交换。强碱型阴离子交换树脂的交换与再生反应如下：

$$R-N(CH_3)_3^+ OH^- + Y^- \rightleftharpoons R-N(CH_3)_3^+ Y^- + OH^-$$

2. 离子交换树脂的特性　选择离子交换树脂进行色谱分离时，对树脂的颗粒大小、密度、机械强度、多孔性、溶胀特性、交换容量和交联度等因素均应考虑。

(1) 交联度(degree of cross-linking)　交联度表示离子交换树脂中交联剂的含量，通常以重量百分比来表示，即在合成树脂时，二乙烯苯在原料中所占总重量的百分比。例如，上海树脂厂生产的聚苯乙烯型强酸性阳离子交换树脂，产品牌号为 732(强酸 1×7)，其中 1×7 表示交联度为 7%。

高交联度树脂呈紧密网状结构，网眼小，离子很难进入树脂中，交换速度也慢，但选择性很好，刚性较强，能承受一定的压力。低交联度的树脂虽具有较好的渗透性，但存在易变形和耐压差等缺点。在选用时，除考虑这些情况外，主要应根据分离对象而定。例如，分离氨基酸等小分子物质，则以 8%树脂为宜，而对多肽等分子量较大的物质，则以 2%～4%树脂为宜。

(2) 交换容量(exchange capacity)　交换容量是指每克干树脂中真正参加交换反应的基团数，常用单位为 mmol/g，也有用 mmol/ml 表示的，即每 1ml 干树脂中真正参加交换反应的基团数。

交换容量是一个重要的实验参数，它表示离子交换树脂进行离子交换的能力。交换容量取决于合成树脂时，引入母体骨架上的酸性或碱性基团的数目，这在合成时就可以预知。但实际上，交换容量还与交联度、溶胀性、溶液的 pH 以及分离对象等因素有关，通常以实测为准。例如，溶液的 pH 对电离度较小的弱酸、弱碱型树脂有较大的影响，它们的交换容量将随溶液的 pH 变化而变化。又如，同一树脂，其交换大分子量物质与小分子量物质的交换容量也不同。

(3) 溶胀(swelling)　树脂中存在大量的极性基团，具有很强的吸湿性。当树脂浸入水中时，大量水进入树脂内部，引起树脂膨胀，此现象称为溶胀。溶胀的程度取决于交联度，交联度高，溶胀小；反之，溶胀大。一般说来，1g 树脂最大吸水量为 1g。溶胀程度还与所用树脂是氢型还是盐型有关，例如，弱酸性阳离子交换树脂，氢型时吸水量不大，当氢型转变为盐型时，将吸入大量的水，使树脂溶胀。

(4) 粒度（Particle）　离子交换树脂的颗粒大小一般以溶胀状态所能通过的筛孔来表示。制备纯水常用 10～50 目树脂，分析用树脂常用 100～200 目。颗粒小，离子交换达到平衡快，但洗脱流速慢，在实际操作时应根据需要选用不同粒度的树脂。

二、离子交换平衡

1. 交换平衡常数　离子交换反应可用下列通式表示

$$R^- A^+ + B^+ \rightleftharpoons R^- B^+ + A^+$$

当交换反应达到平衡时，以浓度表示的平衡常数为

$$K_{A/B} = \frac{[R^-B^+][A^+]}{[R^-A^+][B^+]}$$ (9-3)

式中，$[R^-A^+]$、$[R^-B^+]$ 分别表示 A^+ 与 B^+ 在树脂相中的浓度，$[A^+]$ 与 $[B^+]$ 分别表示它们在溶液中的浓度。平衡常数 $K_{A/B}$ 也称为 A^+ 对 B^+ 的选择性系数，它是某离子交换树脂交换能力的一种量度。若 $K_{A/B} > 1$，则表示离子交换树脂对 A^+ 的交换能力大于对 B^+ 的交换能力。选择性系数大的组分，在柱中停留的时间长，后流出色谱柱。

$$t_{R_A} = \left(1 + K_{A/B}\frac{m_T}{V_m}\right)$$ (9-4)

式中，m_T 是离子交换树脂柱的交换总容量。

2. 影响选择性系数的因素　选择性系数与离子的电价和水合离子半径有关。电价高、水合离子半径小的离子，其选择性系数大，亲和力强。

实验证明，在常温下，离子浓度较小的溶液中，离子交换树脂对不同离子的亲和力顺序如下。

1) 强酸型阳离子交换树脂。

不同价态的离子，电荷越高，亲和力越强，选择性系数越大，如

$$Th^{4+} > Al^{3+} > Ca^{2+} > Na^+$$

一价阳离子的亲和力顺序为

$$Ag^+ > Tl^+ > Cs^+ > Rb^+ > K^+ > NH_4^+ > Na^+ > H^+ > Li^+$$

二价阳离子的亲和力顺序为

$$Uo^{2+} > Mg^{2+} > Zn^{2+} > Co^{2+} > Cu^{2+} > Ni^{2+} > Ca^{2+} > Sr^{2+} > Pb^{2+} > Ba^{2+}$$

稀土元素的亲和力随原子序数增大而减小，这是由于镧系收缩现象所致。稀土金属离子的半径虽随原子序数增大而减小，但水合离子的半径却增大，亲和力顺序为

$$La^{3+} > Ce^{3+} > Pr^{3+} > Nd^{3+} > Sm^{3+} > Eu^{3+} > Gd^{3+} > Tb^{3+} > Dy^{3+} > Y^{3+} > Ho^{3+} > Er^{3+} > Tm^{3+} > Yd^{3+} > Lu^{3+} > Sc^{3+}$$

2) 强碱型阴离子交换树脂。

阴离子的亲和力顺序为

柠檬酸根 $> SO_4^{2-} > CrO_4^{2-} > I^- > HSO_4^- > NO_3^- > C_2O_4^- > Br^- > CN^- > NO_2^- > Cl^- > HCOO^- > CH_3COO^- > OH^- > F^-$

以上仅为一般规则。在高浓度的水溶液中和常温下，或在高温的非水溶液中，其离子的亲和力差异会变小，顺序还可能会发生颠倒。因此，分离分析宜在稀溶液中进行。

三、操作方法及应用

1. 树脂的处理和再生　离子交换树脂在使用前必须经过处理，以除去杂质并使其全部转变为所需要的形式。例如，阳离子交换树脂一般在使用前将其转变为氢型，阴离子交换树脂通常将其转变为氯型或羟基型。具体操作如下：先将树脂浸于蒸馏水中使其溶胀；然后用 5%～10% 盐酸处理阳离子交换树脂使其变为氢型，对阴离子交换树脂用 10% NaOH 或 10% NaCl 溶液处理，使其变为羟基型或氯型；最后用蒸馏水洗至中性，即可使用。已用过的树脂可使其再

生并反复使用，方法是将用过的树脂用适当的酸或碱、盐处理即可。

2. 装柱　把已处理好的树脂置于烧杯中，加水充分搅拌，静置，倾去上面泥状微粒。重复上述过程直到上层液透明。通常采用湿法装柱，先在色谱柱底部放一些玻璃丝，再将上述准备好的树脂加少量水搅拌后，倒入保持垂直的色谱柱中，使树脂沉降，让水流出即可。注意不要让气泡进入树脂层中，如果有气泡进入，样品溶液和树脂的接触不均匀。最后在树脂层上面盖一层玻璃丝，以免在加样时树脂被冲起。

3. 洗脱　由于水是优良的溶剂，具有电离性，所以大多数用离子交换色谱进行分离时，都是在水溶液中进行的。有时也加入少量的有机溶剂，如甲醇、乙醇、乙腈等，也可用弱酸、弱碱和缓冲溶液。

4. 应用　离子交换色谱法分离设备简单，操作方便，而且树脂可以再生，因而获得了广泛应用，如除去干扰离子、测定盐类含量、微量元素的富集、有机物或生化溶液脱盐等，并在药物生产、抗生素及中草药的提取分离和水的纯化等方面都得到广泛应用。

◈ 第4节　空间排阻色谱法 ◈

空间排阻色谱(steric exclusion chromatography，SEC)是 20 世纪 60 年代发展起来的一种色谱分离方法，又称为凝胶色谱法(gel chromatography)、分子排阻色谱法(molecular exclusion chromatography)、分子筛色谱法(molecular sieve chromatography)和尺寸排阻色谱法(size exclusion chromatography)。该色谱法根据流动相的不同又可分为两类：以有机溶剂为流动相者，称为凝胶渗透色谱法(gel permeation chromatography，GPC)；以水溶液为流动相者，称为凝胶过滤色谱法(gel filtration chromatography，GFC)。空间排阻色谱主要用于大分子物质如蛋白质、多糖等的分离。

一、基本原理

1. 分子筛效应　被分离的组分分子由于体积所限，进入凝胶间隙的能力不同，如图 9-4 所示。溶液中分子量大(分子直径大)的溶质组分完全不能进入凝胶颗粒内的孔隙中，只能经过凝胶颗粒之间的间隙，因此流程短，移动速度快，先流出色谱柱；而分子量小(分子直径小)的组分，可渗入凝胶颗粒内的孔隙中，因此流程长，移动速度慢，后流出色谱柱；介于大小分子中间的组分，只能进入一部分颗粒内较大的孔隙，因此介于两者之间。这种现象称为分子筛效应。空间排阻色谱就是根据溶质分子大小的不同即分子筛效应而进行分离的。

2. 渗透系数 K　溶胶孔穴内外同等大小的溶质分子处于扩散平衡状态。

$$X_m \rightleftharpoons X_s$$

上式说明某种体积的分子 X，在流动相(m)中与在凝胶(s)孔穴中，处于扩散平衡，平衡时两者浓度之比为渗透系数 K，有

$$K = \frac{[X_s]}{[X_m]} \tag{9-5}$$

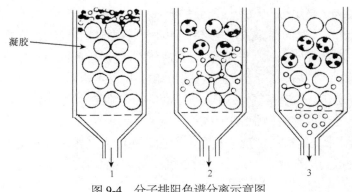

图9-4　分子排阻色谱分离示意图

渗透系数 K 由溶质分子的体积与孔穴的孔径的相对关系决定，与流动相的种类无关。

渗透系数 K 与保留体积的关系如下：

$$V_R = V_0 + KV_s \quad \text{或} \quad V_t = V_0 + KV_s \tag{9-6}$$

式中，V_0 为死体积，相当于凝胶的粒间体积；V_s 为色谱柱中凝胶孔穴的总体积；V_t 为淋洗体积。

(1) 当分子大到不能进入所有凝胶的孔穴时，$[X_s]=0$，则 $K=0$。此时，$V_R=V_0$，即保留体积等于色谱柱中凝胶粒间空隙的体积(死体积)，组分未被保留。

(2) 当分子小到能进入凝胶的所有孔穴时，$[X_s]=[X_m]$，$K=1$，此时，$V_R=V_0+V_s$，保留体积最大。

(3) 当分子体积介于上述两种分子之间时，保留体积在 $V_0 \sim V_0+V_s$，即 $0 < K < 1$，则 $V_0 < V_R < (V_0+V_s)$。

由上述三种情况可以看出，保留体积与分子大小有关。对于同一系列的高分子化合物，其分子体积与相对分子质量成正比，因此可用于测定高分子化合物的相对分子质量的分布。

二、凝胶的分类

常用的凝胶有葡聚糖凝胶和聚丙烯酰胺凝胶。商品凝胶是干燥的颗粒状物质，只有吸收大量溶剂溶胀后方称为凝胶。吸水量大于 7.5g/g 的凝胶，称为软胶，吸水量小于 7.5g/g 的凝胶，称为硬胶。凝胶主要有以下几种。

1. 葡聚糖凝胶　葡聚糖凝胶是由葡聚糖和交联剂甘油通过醚桥相互交联而形成的多孔性网状结构，外形呈球形，颗粒状。商品名为 Sephndex，不同规格型号的葡聚糖用英文字母 G 表示，G 后面的阿拉伯数为凝胶吸水量的 10 倍。例如，G-25 为每克凝胶膨胀时吸水 2.5g，同样 G-200 为每克凝胶吸水 20g。葡聚糖凝胶的种类有 G-10、G-15、G-25、G-50、G-75、G-100、G-150 和 G-200。因此，"G"反映了凝胶的交联程度、膨胀程度及分布范围。

2. 琼脂糖凝胶　琼脂糖凝胶为乳糖的聚集体，依靠糖链之间的次级链如氢键来维持网状结构，网状结构的疏密依靠琼脂糖的浓度。一般情况下，它的结构是稳定的，可以在许多条件下使用(如水、pH 4～9 的盐溶液)。琼脂糖凝胶在 40℃以上开始融化，也不能高压消毒，可用化学灭菌法处理。商品名很多,常见的有 Sepharvose(瑞典 Pharmacia)、Bio-Gel-A(美国 Bio-Rad)、

Sagavc(英国)和 Gelarose(丹麦)等。

3. 聚丙烯酰胺凝胶 以丙烯酰胺为单位，由甲叉双丙烯酰胺交联而成，经干燥粉碎或加工成形制成粒状，控制交联剂的用量可制成各种型号的凝胶。交联剂越多，孔隙越小。聚丙烯酰胺凝胶的商品为生物胶-P(Bio-Gel P)，型号很多，从 P-2 至 P-300 共 10 种，P 后面的数字再乘 1000 就相当于该凝胶的排阻限度。

4. 聚苯乙烯凝胶 由苯乙烯和二乙烯苯聚合而成，有大网孔结构，凝胶机械强度好，洗脱剂可用甲基亚砜。用于分离相对分子质量 1600～40000000 的生物大分子，适用于有机多聚物分子量测定和脂溶性天然产物的分级。聚苯乙烯凝胶的商品名为 Styrogel。

5. 羟丙基葡聚糖凝胶 LH-20 在葡聚糖凝胶 G-25 分子中引入羟丙基以代替羟基的氢，呈醚键结合状态：$R—OH \longrightarrow R—O—CH_2—CH_2—CH_2—OH$，因而具有了一定程度的亲脂性，在许多有机溶剂中也能溶胀，适用于分离亲脂性的物质，如黄酮、蒽醌、色素等。

6. 无机凝胶 有多孔性硅胶和多孔性玻璃。无机凝胶不会溶胀或收缩，适合所有溶剂，且其孔径精确，力学性能好，选择性高。但因其吸附性较强，不适合极性大的组分分离。

三、操作方法及应用

1. 凝胶的选择 凝胶应具备以下基本要求：①化学性质惰性，不与溶剂和溶质发生反应，可重复使用而不改变其色谱性质；②不带电荷，以防止发生离子交换作用；③颗粒大小均匀；④机械强度尽可能高。

除以上基本要求外，可根据分离对象和分离要求选择适当型号的凝胶。

(1) 组别分离 从小分子物质(K=1)中分离大分子物质(K=0)或从大分子物质中分离小分子物质，即对于分配系数有显著差别的分离称为组别分离。例如，制备分离中的脱盐，大多采用硬胶(G-75 型以下的凝胶，如葡聚糖凝胶 G-25、G-50)，既容易操作，又可得到满意的流速；对于小肽和低分子量物质(1000～5000)的脱盐可采用葡聚糖凝胶 G-10、G-25 及聚丙烯酰胺凝胶 P-2 和 P-4。

(2) 分级分离 当被分离物质之间分子量比较接近时，根据其分配系数的分布和凝胶的工作范围，把某一分子量范围内的组分分离开来，这种分离称为分级分离，常用于分子量的测定。分级分离的分辨率比组别分离高，但流出曲线之间容易重叠。例如，将纤维素部分水解，然后用葡聚糖凝胶 G-25 可以分离出 1～6 个葡萄糖单位纤维糊精的低聚糖，它们的分子量为 180～990，在葡聚糖 G-25 的工作范围(100～5000)之内。

在选用凝胶型号时，如果几种型号都可使用，就应根据具体情况来考虑。例如，要从大分子蛋白质中除去氨基酸，各种型号的葡聚糖凝胶均可使用，但最好选用交联度大的 G-25 或 G-50，因为这样易于装柱且流速快，可缩短分离时间，如果想把氨基酸收集于一较小体积内，并与大分子蛋白质完全分离，最好选用交联度小的凝胶，如 G-10、G-15，这样可以避免由于吸附作用而使氨基酸扩散。由此可见，从大分子物质中除去小分子物质时，在适宜的型号范围内选用交联度大的型号为好；反之，如果欲使小分子物质浓缩并与大分子物质分离，则在适宜型号范围内，以选用交联度较小的型号为好。

2. **装柱**   将所需的干凝胶浸入相当于其吸水量 10 倍的溶剂中，缓慢搅拌使其分散在溶液中，防止结块。但不能用机械搅拌器，避免颗粒破碎。溶胀时间依交联度而定，交联度小的吸水量大，需要时间长，也可加热溶胀。所制备的凝胶匀浆不宜过稀，否则装柱时易造成大颗粒下沉，小颗粒上浮，致使填充不均匀。

在分子排阻色谱中，影响分离度最重要的是柱长、颗粒直径及填充的均匀性。虽然理论上认为用足够长的柱可以获得不同程度的分离度，如柱长加倍，分离度增加约 40%，但流速至少降低 50%，因此实际应用中柱长一般不超过 100cm。当分离 K 值较接近的组分时，为提高效率，可采用多柱串联的方法。

为防止产生气泡，装柱完毕后用洗脱剂以 2～3 倍总体积使柱平衡。填充柱的均匀性，可以 0.2%蓝色葡聚糖(分子量 2000，溶于同一洗脱剂中)溶液经过柱床，观察其在柱内移动情况来判断其均匀程度。

分子排阻色谱的上样量可比其他色谱形式大些，如果是组别分离，上样量可以是柱床体积的 25%～30%；如果分离 K 值相近的物质，上样量为柱床体积的 2%～5%。柱床体积指每克干凝胶溶胀后在柱中自由沉积所占有的柱内容积。

3. **洗脱**   在分子排阻色谱中，样品的分离并不依赖于洗脱剂和样品间的相互作用力。一般要求洗脱剂应与浸泡溶胀凝胶所用的溶剂相同，否则，凝胶体积会发生变化，从而影响分离效果。除非含有较强吸附的溶质，一般洗脱剂用量仅需一个柱体积。完全不带电荷的物质可用纯溶剂如蒸馏水洗脱；若分离物质有带电基团，则需要用具有一定离子强度的洗脱剂如缓冲溶液等，浓度至少 0.02mol/L。

对吸附较强的组分也有使用水与有机溶剂的混合液，如水-甲醇、水-乙醇、水-丙酮等，以降低吸附。洗脱液可用人工或自动收集器按一定体积分段收集，然后用适当的方法分析组分流出和分离情况。

4. **应用**   空间排阻色谱法由于能解决一般方法不易分离的问题而得到了广泛的应用，主要用于脱盐、浓缩、混合物的分离和纯化、缓冲液的转换及分子量的测定，还应用于放射免疫测定、细胞学研究、蛋白质和酶的研究等。它不仅在分离大分子物质方面卓有成效，而且在分离小分子物质方面取得了进展。

第 5 节   薄层色谱法

薄层色谱法(thin layer chromatography，TLC)是一种微量、快速、简便的分离分析方法。按分离机理可分为吸附、分配、离子交换、空间排阻色谱等；按薄层板的分离效率不同，又可分为经典薄层色谱法(TLC)及高效薄层色谱法(high performance thin layer chromatography，HPTLC)两类。本节主要讨论应用最为广泛的吸附薄层色谱法。

薄层色谱有下列一些特点：①展开时间短，一般只需十几分钟到几十分钟即可获得结果。②分离能力较强，一次展开可分离多个组分。③灵敏度高，通常使用的样品量为几至几十微克。④显色方便，可直接喷洒腐蚀性的显色剂(如硫酸乙醇溶液)进行显色，因而检测成分的种类广泛。⑤所用仪器简单，操作方便。⑥既能分离大量样品，也能分离微量样品。

一、基本原理

1. 分离过程　薄层色谱法的分离原理与柱色谱法相同，主要包括吸附、分配、离子交换和空间排阻等。因此有人称为"敞开的柱色谱"。下面以吸附薄层色谱为例，简述其色谱过程。

在吸附薄层色谱法中，固定相是吸附剂，常用的有硅胶、氧化铝等。将吸附剂均匀地涂铺在具有光滑表面的玻璃、塑料或金属箔表面上形成一薄层，称为薄层板。然后将试样溶液点在薄层板的一端，在密闭的容器中用适当的溶剂——流动相(称展开剂，developer)展开。此时混合组分不断地被吸附剂吸附，又被展开剂所溶解而解吸附，且随之向前移动。由于吸附剂对各组分具有不同的吸附能力，展开剂对各组分的溶解、解吸附能力也不相同，即各组分的在同一色谱系统中的吸附平衡常数不同，因此，在不断地展开过程中，各组分在两相间发生连续不断地吸附、解吸附，从而产生迁移速度的差异，实现分离。通过喷洒显色剂或在一定波长的紫外线下观察，可以看到移动距离不等的斑点(或色带)，根据斑点的位置和大小可对组分进行定性与定量分析。

2. 比移值　在薄层色谱法中，常用比移值 R_f 来表示各组分在色谱中的位置。其定义为：原点至斑点中心的距离与原点至溶剂前沿的距离之比。如图 9-5 和式(9-7)所示，试样经展开后为 A、B 两组分，其各自 R_f 值分别为

$$R_{f(A)} = \frac{a}{c} \qquad R_{f(B)} = \frac{b}{c} \tag{9-7}$$

式(8-16)中，保留因子 R' 即相当于薄层色谱中 R_f，故 $R_f = \dfrac{1}{1 + K \cdot \dfrac{V_s}{V_m}} = \dfrac{1}{1+k}$。当色谱条件一定时，组分的 R_f 是一常数，其值在 $0\sim1$。当 R_f 值为 0 时，表示组分在薄层板上不随展开剂的移动而移动，仍停留在原点位置；R_f 值为 1 时，表示组分不被固定相所吸附。这两种极端情况都不可能使混合物实现分离，一般要求组分的 R_f 值在 $0.2\sim0.8$。

3. 相对比移值(R_{st})　在薄层色谱中，由于影响 R_f 值的因素很多，R_f 值的重复性很差。采用相对比移值(R_{st})来代替 R_f 值，则可以消除这些因素的影响，使定性结果更为可靠。相对比移值(R_{st})是指试样中某组分的移动距离与参考物移动距离之比，其关系式为

$$R_{st} = \frac{\text{原点到样品组分斑点中心的距离}}{\text{原点到对照品斑点中心的距离}} \tag{9-8}$$

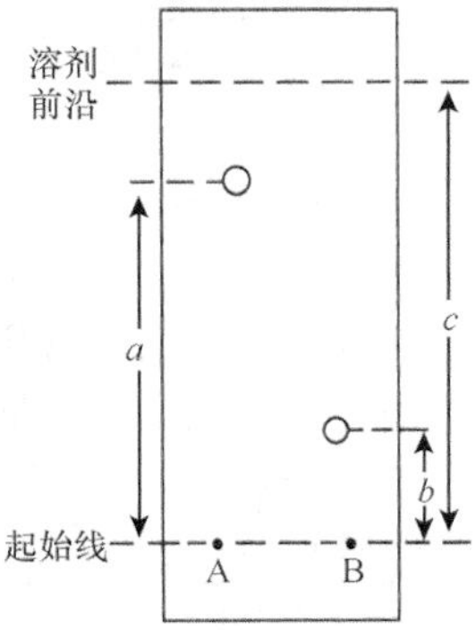

图 9-5　测定 R_f 值示意图

参考物可以是另外加入的某一物质的纯品，也可以是试样混合物中的某一组分。R_{st} 值与 R_f 值的取值范围不同，R_f 值小于 1，而 R_{st} 值不一定小于1。

二、固定相

柱色谱中常用的吸附剂在薄层色谱中也能应用，如硅胶、氧化铝、硅藻土或聚酰胺等，其中最常用的是硅胶、氧化铝，它们的吸附性能好，适用于多种化合物的分离。但是薄层用硅胶、

氧化铝的粒度比柱层析用的更小，粒度一般为 200～300 目。

吸附剂主要根据样品的性质如极性、酸碱性及溶解度进行选择。氧化铝一般适用于碱性物质和中性物质的分离；而硅胶则微带酸性，适用于酸性及中性物质的分离。

1. 硅胶　硅胶 H 为不含黏合剂的硅胶，涂布时需加羧甲基纤维素钠(CMC-Na)水溶液作为黏合剂。硅胶 G 由硅胶和煅石膏混合而成，涂布时可直接加水研匀，亦可另加羧甲基纤维素钠(CMC-Na)水溶液研匀。硅胶 HF_{254} 为不含黏合剂但含有一种无机荧光剂的硅胶，如锰激活的硅酸锌($Zn_2SiO_4 \cdot Mn$)，在 254nm 波长紫外线下呈强烈黄绿色荧光背景。此外尚有硅胶 GF_{254} 及硅胶 $HF_{254+366}$ 等。

2. 氧化铝　色谱用氧化铝和硅胶类似，有氧化铝 H、氧化铝 G 和氧化铝 HF_{254} 等。按制造方法的不同，氧化铝又可分为碱性氧化铝、酸性氧化铝和中性氧化铝。

碱性氧化铝制成的薄层板适用于分离碳氢化合物、碱性物质(如生物碱)和对碱性溶液比较稳定的中性物质；酸性氧化铝适合酸性成分的分离。中性氧化铝适用于醛、酮以及对酸、碱不稳定的酯和内酯等化合物的分离。

三、展开剂

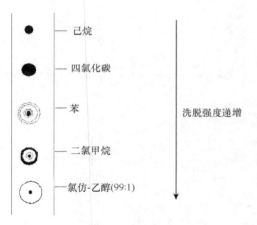

图 9-6　点滴试验法

在吸附薄层色谱法中，展开剂选择的一般原则与吸附柱色谱法中选择流动相的原则相同，见图 9-3。主要根据被分离物质的极性、吸附剂的活性以及展开剂本身的极性来选择。

也可用点滴试验法选择展开剂，如图 9-6 所示。将要被分离的物质的溶液间隔地点在薄层板上，待溶剂挥干后，用吸满不同展开剂的毛细管点到不同样品点的中心。借毛细作用，展开溶剂从圆心向外扩展，这样就出现了不同的圆心色谱，经过比较就可以找到最合适的展开剂及吸附剂。

上述仅为一般原则，具体应用时尚须灵活掌握，往往需要通过实验以寻求最适宜的条件。实验中，一般先选择单一溶剂展开，对难分离组分，则需使用二元、三元甚至多元的溶剂系统。

如果某一物质在用甲苯作为展开剂展开时，移动距离太小，甚至留在原点，说明展开剂的极性太小，此时可以加入一定量的丙酮、正丙醇、乙醇等极性大的溶剂。再视分离的效果适当改变溶剂的配比，如甲苯-丙酮由 8：2 调至 7：3 或 6：4 等。若待测物质的色谱斑点跑到溶剂前沿，则考虑降低展开剂的极性。

在应用薄层分离分析时，还应考虑展开剂与吸附剂的酸碱性。①对普通酸性组分，特别是离解度较大的弱酸性组分应在展开剂中加入一定比例的酸，可防止斑点拖尾现象。②在分离碱性物质如某些生物碱时，多数情况是选用氧化铝为吸附剂，选用中性溶剂为展开剂。若采用硅胶为吸附剂，则选用碱性展开剂为宜；但对某些碱性较弱的生物碱可使用中性展开剂。

常在展开剂中加入的酸性物质有甲酸、乙酸、磷酸和草酸等。常加入的碱性物质为二乙胺、氨水和吡啶等。

四、操作方法

1. 薄层(硬)板的制备　薄层的厚度及均匀性,对样品的分离效果和R_f值的重复性影响极大。以硅胶、氧化铝为固定相制备的薄板,一般厚度以 0.3mm 为宜,分离制备少量的纯物质时,薄层厚度应稍大些,常用的为 0.5~0.75mm,甚至 1~2mm。

1) 载板的准备

多用玻璃板作为载板,也可用塑料膜和金属铝箔,要求表面光滑,平整清洁,以便吸附剂能均匀地涂铺于上。常用规格有 10cm×10cm、20cm×10cm、20cm×20cm 等。

2) 薄层(硬)板的铺制

(1) 手工涂铺法　取一定量的吸附剂放入研钵中,加入 3 倍量的含有 0.3%~0.7%羧甲基纤维素钠(CMC-Na)的水溶液,朝同一方向研磨成稀糊状,立即倾入玻璃板上,用玻璃棒涂布成一均匀薄层,再稍加振动,使整板薄层均匀,表面平坦。铺好的薄板置水平台上晾干,再在烘箱中于 105℃活化 30min 以上,取出,置干燥器中保存备用。

该法操作简单,但板面的一致性差,厚度无法控制,只适用于定性和分离制备。

(2) 机械涂铺法　用涂铺器(图 9-7)制板,操作简单,得到的薄板厚度均匀一致,适合于定量分析。由于涂铺器的种类较多、型号各不相同,使用时应按仪器的说明书操作。

图 9-7　薄层板涂铺器

(3) 烧结玻璃板法　用玻璃粉和不同比例的硅胶或氧化铝混合涂铺于玻璃板上,在适当温度下烧结而成。由于它不含杂质,耐热和力学性能稳定,所以重复性好,便于携带和保存。这种薄层板可多次使用,但不可用硝酸银显色。

2. 点样　溶解样品的溶剂、点样量和正确的点样方法对获得一个好的色谱分离非常重要。溶解样品的溶剂一般用甲醇、乙醇、丙酮、三氯甲烷等挥发性的有机溶剂,最好用与展开剂极性相似的溶剂,应尽量使点样后溶剂能迅速挥发,以减少点样斑点的扩散。水溶性样品,可先用少量水使其溶解,再用甲醇或乙醇稀释定容。

适当的点样量,可使斑点集中。点样量过大,斑点易拖尾或扩散;点样量过少,斑点不易被检出。点样量应视薄层的性能及显色剂的灵敏度而定,此外还应考虑薄层的厚度。若进行定性定量分析,一般是几到几十微克,体积 1~10μL。若进行制备分离,点样量可达 1mg 以上,体积 10~200μL。

点样量器可用不同体积的定量毛细管、微量注射器或自动点样器。

当点样量器吸取样品后,轻轻接触于薄层的起始线(一般距薄层板底端 1cm 以上,先用铅笔做好标记)上,点成圆形,每次点样后,原点扩散的直径以不超过 2~3mm 为宜,若样品浓度较稀,可反复多点几次,点样时可借助红外线、电加热板或电吹风使溶剂迅速挥发。多个样品点在同一薄层板的起始线上时,其点间距应在 1cm 以上,见图 9-8。点样操作要迅速,避免薄层板暴露在空气中时间过长而吸水降低活性。若用于制备,可采用带状点样法。

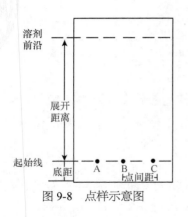

图 9-8　点样示意图

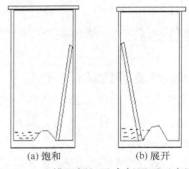

图 9-9　双槽层析缸及上行展开示意图

3. 展开　将点好样的薄层板浸入展开剂中，展开剂借薄层板上固定相的毛细作用携带样品组分在薄层板上迁移一定距离的过程称为展开，见图 9-9。

1) 展开装置

常用的展开装置有直立型的单槽色谱缸和双槽色谱缸(常用其规格有 10cm×10cm、10cm×20cm、20cm×20cm 等)、圆形色谱缸、卧式色谱缸等。可根据实际需要来选择不同的展开装置。

2) 展开方式

(1) 近水平展开　在卧式色谱缸内进行。将点好样的薄层板下端浸入展开剂约 0.5cm(注意：样品原点绝不能浸入展开剂中)，把薄层板上端垫高，使薄层板与水平角度约为 15°～30°。展开剂借助毛细作用自下而上进行展开，该方式展开速度快，见图 9-10。

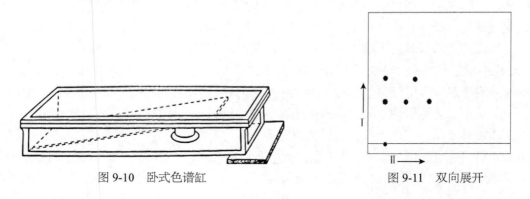

图 9-10　卧式色谱缸

图 9-11　双向展开

(2) 上行展开　将点好样的薄层板放入已盛有展开剂的直立型色谱缸中，斜靠于色谱缸的一边，展开剂沿薄层下端借毛细作用缓慢上升。待展开距离适当时，取出薄层板，做好前沿标记，挥干溶剂，检视。该方式在薄层色谱中最为常用。

(3) 单向多次展开　取经展开一次后的薄层板让溶剂挥干，再用同一种展开剂，按同样的展开方向进行的第二次、第三次……展开，以达到更好的分离效果。

(4) 单向多级展开　取经展开一次后的薄层板让溶剂挥干，再改用另一种展开剂，按同样的展开方向进行第二次，依此类推进行多次展开，以达到更好的分离效果。

(5) 双向展开　第一次展开后，取出，挥去溶剂，将薄层板旋转 90° 角后，再改用另一种展开剂展开，见图9-11。

除此之外，尚有径向展开(薄层板为圆形)等展开方式。还有自动多次展开仪，可进行程序化多次展开。

3) 注意事项

(1) 色谱缸必须密闭良好　为使色谱缸内展开剂蒸气饱和并保持不变，应检查色谱缸口与盖的边缘磨砂处是否密闭。否则，应涂抹甘油淀粉糊(展开剂为脂溶性时)或凡士林(展开剂为水溶性时)使其密闭。

(2) 防止边缘效应　边缘效应是指同一物质的色谱斑点在同一薄层板上出现的两边缘部分的 R_f 值大于中间部分的 R_f 值的现象。产生该现象的主要原因是色谱缸内溶剂蒸气未达饱和，造成展开剂的蒸发速率在薄层板两边与中间部分不等。展开剂中极性较弱和沸点较低的溶剂在边缘挥发得快些，致使边缘部分的展开剂中极性溶剂比例增大，故 R_f 值相对变大。因此在展开之前，通常将点好样的薄层板于盛有展开剂的色谱缸内(此时薄层板不浸入展开剂中)放置一定的时间，这个过程称为饱和，见图9-9(a)。为了缩短饱和时间，常在色谱缸的内壁贴上浸有展开剂的滤纸，使展开剂蒸气在色谱缸内迅速达到饱和。待色谱缸的内部空间及放入其中的薄层板被展开剂蒸气完全饱和后，再将薄层板浸入展开剂中展开。

(3) 在展开过程中注意恒温恒湿　温度和湿度的改变都会影响 R_f 值与分离效果，降低重现性。尤其对活化后的硅胶、氧化铝板，更应注意空气的湿度，尽可能避免与空气多接触，以免降低吸附活性而影响分离效果。

4. 检视　展开完毕后，对有色物质的色谱斑点定位，可直接在日光下观察。而对于无色物质的斑点定位，则采用物理检出法或化学检出法(图9-12)。

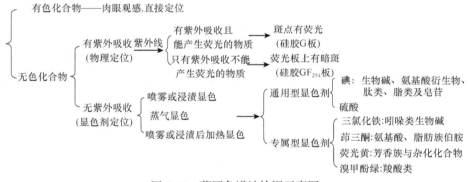

图9-12　薄层色谱法检视示意图

五、定性分析

斑点定位后，测出斑点的 R_f 值，与同块板上的对照品斑点的 R_f 值对比，R_f 值一致，即可初步定性该斑点与对照品为同一物质。然后更换几种不同的展开剂，若 R_f 值仍然一致，则可得到较为肯定的定性结论。这种方法适用于已知范围的未知物的定性。

为了可靠起见，对未知物的定性，应将分离后的各组分斑点或区带取下，洗脱后再用其他方法如紫外、红外光谱法进行进一步定性。

六、定量分析

1. 洗脱法　洗脱法定量分析，是在薄层板的起始线上，定量地点上样品溶液，并在薄层板的两边点对照品作为定位标记，展开后，只显色薄层板两边的对照品。定位后，将薄层板上待测物质的色谱斑点定量地取下，再以适当的溶剂洗脱，用化学或仪器分析方法如重量法、分光光度法、荧光法等进行定量。在用洗脱法定量时，注意同时收集、洗脱空白薄层作对照。

2. 薄层扫描法　薄层扫描法又称原位定量薄层扫描法(in situ quantitative thin layer chromatography，QTLC)。将一定波长的单色光垂直照射展开后的薄层板，测定薄层色谱斑点的吸收度随展开距离的变化，所得关系曲线下的面积与色谱斑点中待测物质的浓度或量成正比，这种定量分析方法称为薄层扫描法。本节只讨论薄层吸收扫描法。

1) 基本原理

由于薄层板上的固定相由具有一定粒度直径的物质外加适量的黏合剂构成，不可避免地存在对光的散射现象，即色谱斑点中的待测物质并非处于均相介质之中，所以色谱斑点中待测物质的吸收度与浓度的关系不符合 Beer 定律。

Kubelka-Munk 理论充分阐明了薄层色谱斑点中待测物质的吸收度与浓度的定量关系。

设薄层板上固定相的厚度为 X，入射光的强度为 I_0，当透过厚度 x 的固定相后，照射在微分薄层厚度 $\mathrm{d}x$ 上的入射光强与反射光强分别为 i 和 j 时，见图 9-13。其入射光强的增量与反射光强的增量分别符合下面两个微分方程：

$$-\frac{\mathrm{d}i}{\mathrm{d}x} = -(S+K)i + S_j \tag{9-9}$$

$$\frac{\mathrm{d}j}{\mathrm{d}x} = -(S+K)j + S_i \tag{9-10}$$

式中，S 为薄层固定相单位厚度的散射系数；K 为薄层固定相单位厚度的吸光系数，K 值与薄层色谱斑点中待测物质的浓度成正比，它与分光光度法中物质的吸光系数不同。K 虽称为"吸光系数"，仅因"单位厚度"而得名。

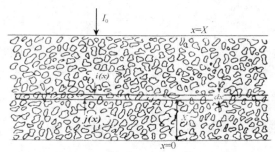

图 9-13　散射性薄层截面示意图

I_0 为照射强度；$i_{(x)}$ 为 x 处的透射光强；$j_{(x)}$ 为 x 处的反射光强；x 为固定相层厚

将式(9-9)与式(9-10)联立求解，可得透过 x 薄层厚度固定相后的透过光强 i 及反射光强 j 与色谱斑点中物质的浓度或量之间的关系(体现在参数 a 及 b 中的 K)。

$$i = A\sinh(bSx) + B\cosh(bSx) \tag{9-11}$$

$$j = (aA - bB)\sinh(bSx) + (aB - bA)\cosh(bSx) \tag{9-12}$$

式中，$a = \dfrac{S+K}{S} = \dfrac{SX+KX}{SX}$；$b = \sqrt{a^2-1}$；$A$ 和 B 均为常数。

在薄层扫描时，通常只考虑薄层板的上表面($x=X$)反射光的强度 j 及薄层板的下表面($x=0$)透过光的强度 i 与色谱斑点中的待测物质的浓度或量的关系。因此应用以下边界条件，再经适当的数学推导，可得以下几个重要公式。

(1) 薄层色谱斑点的反射率 R　在薄层板的上表面，即 $x=X$ 处，$i=I_0$，$j=I_0R$，则

$$R = \frac{j}{I_0} = \frac{\sinh(bSX)}{a\sinh(bSX) + b\cosh(bSX)} \tag{9-13}$$

式中，SX 为薄层板的散射参数，它与固定相的种类、粒度及涂布均匀程度有关，其值直接影响到偏离 Beer 定律的程度。KX 为吸收参数，相当于薄层色谱斑点单位面积中待测物质的量($\mu g/cm^2$)。

当 SX 一定时，如 Merck 厂生产的硅胶板 $SX=3$，氧化铝板 $SX=7$，R 与色谱斑点中待测物质的量(KX)符合上式。

(2) 薄层色谱斑点的透光率 T　在薄层板的下表面，即 $x=0$ 处，$i=I_0T$，$j=0$，则

$$T = \frac{i}{I_0} = \frac{b}{a\sinh(bSX) + b\cosh(bSX)} \tag{9-14}$$

同理，当 SX 一定时，T 与色谱斑点中待测物质的量(KX)符合上式。

(3) 薄层色谱斑点的吸光度 A　理想的空白薄层板的单位薄层厚度的吸光系数 $K=0$。事实上，一般空白板 $K \neq 0$。为了消除此影响，通常在薄层扫描中都以空白板为基准，测定相对透光率及相对反射率来计算薄层色谱斑点的吸光度。

在透射法中薄层色谱斑点的吸光度为

$$A = -\lg \frac{T}{T_0} \tag{9-15}$$

式中，T 与 T_0 分别为斑点及空白板的透射率，见图 9-14。

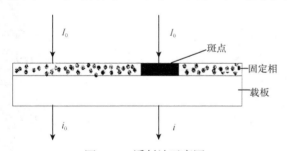

图 9-14　透射法示意图

I_0 为照射光强度；i_0 为空白板透射光强度；i 为斑点处透射光强度

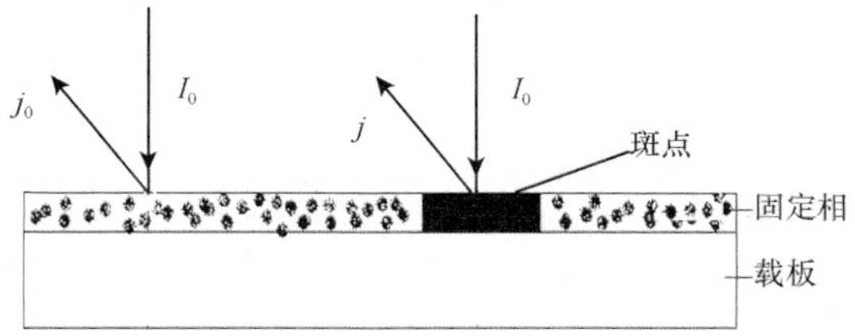

图 9-15　反射法示意图

I_0 为照射光强度；j_0 为空白板反射光强度；j 为斑点处反射光强度

在反射法中薄层色谱斑点的吸光度为

$$A = -\lg \frac{R}{R_0} \tag{9-16}$$

式中，R 与 R_0 分别为斑点及空白板的反射率，见图 9-15。

(4) Kubelka-Munk 曲线　根据 Kubelka-Munk 方程，当 $SX \neq 0$ 时，色谱斑点中待测物质的吸光度 A 与其浓度或量(KX)虽仍然存在严格的定量关系，但不是一种直线关系，见图 9-16 和

图 9-17。显然这给定量分析带来不便。为方便定量，必须对其曲线进行校直。

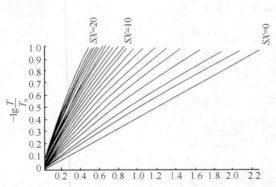

图 9-16 透射法的 Kubelka-Munk 曲线($0 < SX < 20$)

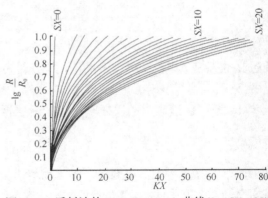

图 9-17 反射法的 Kubelka-Munk 曲线($0 < SX < 20$)

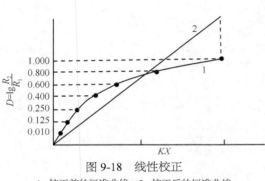

图 9-18 线性校正
1. 校正前的标准曲线；2. 校正后的标准曲线

(5) Kubelka-Munk 曲线的校直 日本岛津 CS 系列的薄层色谱扫描仪均有线性补偿器 (line-arizer)，其工作原理即根据 Kubelka-Munk 方程式用电路系统将弯曲的曲线校正为直线后用于定量，见图 9-18。

瑞士 CAMAG 公司 SCANNER 系列的薄层色谱扫描仪，则采用计算机进行线性回归或非线性回归，求出回归方程，然后进行定量分析。

2) 扫描条件的选择

(1) 光学模式(photo mode)的选择

①反射法 光源与光电检测器安装在薄层板的同侧。光源发出的光经单色器(或滤光片)后成为一定波长的单色光，光束照到薄层斑点上，测量的是反射光的强度。该方法适用于不透明薄层板，如硅胶、氧化铝薄层板。

②透射法 光源与光电检测器安装在薄层板的上下两侧。光源发出的光经单色器(或滤光片)后成为一定波长的单色光，光束照到薄层斑点上，测量的是透射光的强度。该方法适用于透明的凝胶板和电泳胶片。

(2) 波长模式(λ mode)的选择

①单波长模式 单波长扫描是使用一种波长的光束对薄层进行扫描，又可分为单光束及双光束两种形式。

②双波长模式 双波长扫描是采用两种不同波长的光束，先后扫描所要测定的斑点，并记录下此两波长吸光度之差，此法优点就是能显著改善基线的平稳性。具有双波长扫描功能的薄层色谱扫描仪有两种：双波长双光束薄层扫描仪和双波长单光束薄层扫描仪。

(3) 扫描模式(scan mode)的选择

①直线扫描法 光束以直线轨迹通过色斑，见图 9-19。扫描光束应将整个色斑包括在内。测得的是光束在各个部分的吸光度之和。它适用于色斑外形规则的斑点，缺点是光束若从不同方向扫描，测得的吸收值将会不同。

②锯齿形扫描法 光束呈锯齿状轨迹移动，见图 9-19。这种扫描方式特别适用于外形不规则

及浓度不均匀的色谱斑点，优点是即使从不同方向进行扫描，亦能获得基本一致的峰面积积分值。

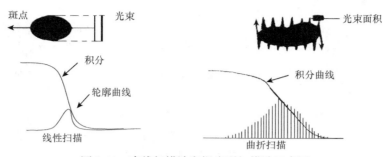

图 9-19　直线扫描法和锯齿形扫描法示意图

3) 定量分析方法

通常使用的定量分析方法是随行标准、外标两点法。随行标准是把样品溶液与对照品溶液点在同一薄层板上，展开，测定。目的是克服板间误差，提高定量分析的准确度。外标两点法则是配制高低两种不同浓度的对照品溶液，分别点在薄层板上，测定峰面积。为了提高测量精度，通常相同体积同一浓度的对照品溶液点 2 个斑点，相同体积的样品溶液点 3~4 个斑点，且交叉点样于同一薄层板上，展开，测定，见图 9-20。

在点样浓度与色谱峰面积的关系处于直线范围内时，见图 9-21，未知浓度的样品溶液的含量可由式(9-17)求得

$$c_0 = b\overline{A}_0 + a \qquad (9\text{-}17)$$

式中，c_0 与 $\overline{A}_0$ 分别为斑点中样品待测组分的浓度与斑点对应的峰面积平均值；b 为斜率；a 为截距。b 与 a 需要由对照品溶液的点样浓度和对应的峰面积求得，即

$$b = \frac{c_1 - c_2}{\overline{A}_1 - \overline{A}_2} \qquad (9\text{-}18)$$

$$a = \frac{1}{2}(c_1 + c_2) - \frac{1}{2}b(\overline{A}_1 + \overline{A}_2) \qquad (9\text{-}19)$$

式中，c_1、c_2 与 $\overline{A}_1$、$\overline{A}_2$ 分别为两种对照品溶液的点样浓度及其对应的斑点峰面积平均值。

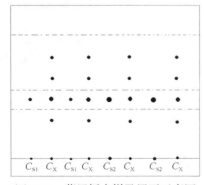

图 9-20　薄层板点样及展开示意图
c_{S1}、c_{S2} 为不同浓度的对照品溶液，其中
$c_{S2} > c_{S1}$，c_X 为一定浓度的供试品溶液

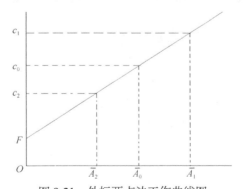

图 9-21　外标两点法工作曲线图
c_1、c_2 为高低两种不同浓度的对照品溶液的浓度，c_0 为待测物的浓度；$\overline{A}_1$、$\overline{A}_2$ 为高低两种不同浓度的对照品斑点对应的峰面积；$\overline{A}_0$ 为待测物斑点对应的峰面积

除了应用外标两点法进行定量分析，若标准曲线通过原点也可采用外标一点法。为了减小点样误差，如果能寻找到合适的内标物，也可以采用内标法。

4) 薄层色谱扫描仪

目前，世界上生产薄层色谱扫描仪的厂家较多，有中国上海科哲生化技术有限公司生产的KH系列、瑞士卡玛(CAMAG)公司生产的SCANNER系列、日本岛津生产的CS系列、德国迪赛克(DESAGA)公司生产的CD系列等。

(1) KH系列薄层色谱扫描仪 该系列产品有KH-3500PlusⅡ型全能型薄层色谱扫描仪，集成了全自动薄层色谱扫描仪、自动条带点样仪、薄层图像分析系统、全自动展开仪、全自动定量喷雾系统、薄层浸入衍生化器等全套薄层色谱仪器，并极大提升了工作站的控制功能，可控制薄层色谱分析相关仪器，可完成全自动化的薄层色谱分析过程。其配置的Tstar-3500PlusⅡ专业薄层中药指纹图谱工作站具有2015年版《中国药典/中国兽药典》薄层扫描方法数据库，软件符合GMP/GLP及美国FDA 21CFR part11规范。KH-3000mini车载型全波长薄层色谱扫描仪是全球唯一的车载型薄层色谱扫描仪，主要用于中药薄层色谱快速分析与非法添加。采用抗震底板，便于车载移动使用；工作站可进行样品、方法、操作者管理，符合GMP/GLP要求，还预置了2015年版所有中药定量分析方法，调出即用；带有常用药品非法添加数据库，适合快检与移动检验。

(2) SCANNER系列薄层色谱扫描仪 该系列产品有SCANNER Ⅰ、SCANNER Ⅱ及SCANNER Ⅲ型薄层色谱扫描仪。该公司还提供了铺板器、LINOMAT Ⅳ型半自动点样仪、ATS 4型自动点样仪、ADC型全自动展开仪和AMD 2型全自动多级展开仪及数码成像系统等选购设备。

(3) CS系列薄层色谱扫描仪 该系列的主流机型有CS-930、CS-9000、CS-9301 PC型薄层色谱扫描仪。

(4) CD系列薄层色谱扫描仪 该系列的主流机型有CD60型薄层色谱扫描仪，选购设备有A30自动点样仪、DD50/VD40薄层色谱成像系统与SG1/DS20喷雾系统。

七、特殊薄层色谱法

1. **高效薄层色谱法** 高效薄层色谱法(high performance thin layer chromatography，HPTLC)所用的吸附剂粒度与经典薄层色谱相比，要小得多，从表9-2可见，经典薄层色谱用硅胶的颗粒直径为$10\sim40\mu m$，而高效薄层色谱所用的硅胶为$5\mu m$或$10\mu m$，颗粒分布范围窄，流动相流速慢，容易达平衡，展开过程中传质阻力较小，斑点较圆而整齐。因此，高效薄层色谱具有分离效率高、灵敏度高、展开时间短等优点。

表9-2 TLC与HPTLC的比较

参数	TLC	HPTLC
板尺寸/cm	20×20	10×10
颗粒直径/μm	50～100	5～20
颗粒分布	宽	窄
点样量/μL	1～5	0.1～0.2

参数		TLC	HPTLC
原点直径/mm		3～6	1～1.5
展开后斑点直径/mm		6～15	2～5
有效塔板数		>600	>5000
有效板高/μm		~30	~12
点样数		10	18～36
展开距离/cm		10～15	3～6
展开时间/min		30～200	3～20
最小检测量:	吸收/ng	1～5	0.1～0.5
	荧光/pg	50～100	5～10

2. 胶束薄层色谱法 以胶束水溶液为流动相的薄层色谱法称为胶束薄层色谱法(micellar thin layer chromatography，MTLC)。该系统具有固定相-流动相-胶束-固定相、三个界面、三个分配系数，因此有较好的选择性。其次是胶束水溶液无毒、便宜、安全。

表面活性剂由于其分子结构的特点，在低浓度的水溶液中，主要是以单个分子或离子的状态存在的。当浓度增加到一定程度时，表面活性剂分子在溶液中形成疏水基向内、亲水基向外的多分子聚集体，称为胶束。胶束又可分为正胶束和负胶束，亲水基向外称为正胶束，反之，疏水基向外则称为负胶束。用水直接配制的胶束分散体系为正胶束分散体系。将表面活性剂先溶入非极性溶剂，再用水稀释，得负胶束分散体系。胶束在形状上可分为球形、圆柱形和板层形等。聚集成胶束的表面活性剂单体数目称为聚集数。离子型表面活性剂形成的胶束聚集数为40～100，非离子型表面活性剂胶束聚集数大一些，一般在100以上。

形成胶束的最低浓度称为临界胶束浓度(critical micellar concentration，CMC)。CMC的大小和表面活性剂分子的结构有关，亲水性强的分子CMC较大，疏水性强的分子CMC较小。通常离子型表面活性剂的CMC在10^{-2}～10^{-4}mol/L，非离子型表面活性剂的CMC更小一些，可以低至10^{-6} mol/L。达到临界胶束浓度以后，继续增加表面活性剂的浓度，只会改变胶束的形态，使胶束增大或增加胶束的数目，溶液中表面活性剂单个分子的数目不再增加。达到临界胶束浓度以后的低浓度的表面活性剂溶液为胶束分散体系,高浓度的表面活性剂溶液为微乳分散体系。

1) 胶束色谱中常用的表面活性剂

(1) 阴离子表面活性剂 常用十二烷基硫酸钠(SDS)，其CMC=8.1×10^{-3}mol/L, SDS便宜，是最常用的正胶束溶液的表面活性剂，而十二烷基磺酸钠则较少应用。

(2) 阳离子表面活性剂 常用的阳离子表面活性剂有十六烷基三甲基溴化铵(CTAB)或十六烷基三甲基氯化铵(CTAC)。其中CTAB的CMC=9.2×10^{-4}mol/L，应用广泛。

(3) 两性表面活性剂 常用的两性表面活性剂有十八烷基二甲基甜菜碱和十二烷基氨基丙酸钠。

2) 分离机制

由于胶束溶液是多相分散体系，溶液的保留行为受固定相-水、胶束-固定相和胶束-水三个分配系数所左右，有较好的选择性。三个分配系数的关系如图9-22所示。

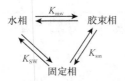

图 9-22　胶束色谱的三个分配系数

K_{mw} 为溶质在胶束相与水相间的分配系数，$K_{mw} = [X_m]/[X_w]$

K_{sw} 为溶质在固定相与水相间的分配系数，$K_{sw} = [X_s]/[X_w]$

K_{sm} 为溶质在固定相与水相间的分配系数，

$$K_{sm} = [X_s]/[X_m]$$

上三式中的[X]表示在某相中的浓度。由这三个公式可以看出

$$K_{sm} = K_{sw}/K_{mw} \tag{9-20}$$

1979 年，Armstrong 等根据溶质在固定相、胶束相与水相间的分配关系，导出了保留体积与胶束浓度的关系，即

$$\frac{V_s}{V_R - V_m} = \frac{\overline{v}(K_{mw}-1)}{K_{sw}}c_m + \frac{1}{K_{sw}} \tag{9-21}$$

式中，V_s 为固定相体积；V_m 为流动相体积；V_R 为样品组分的保留体积；$\overline{v}$ 为表面活性剂的微分比体积；c_m 为胶束在流动相的浓度($c_m = c - CMC$)；c 为表面活性剂的浓度；K_{sw} 及 K_{mw} 的含义同前。

将 $1/K = V_s/(V_R - V_m)$ 代入式(9-21)，得

$$\frac{1}{K} = \frac{\overline{v}(K_{mw}-1)}{K_{sw}}c_m + \frac{1}{K_{sw}} \tag{9-22}$$

式(9-22)是胶束色谱法的最主要公式。该式说明胶束色谱系统的总体分配系数 K 的倒数与胶束的浓度 c_m 呈直线关系，$1/K_{sw}$ 为直线截距，$\overline{v}(K_{mw}-1)/K_{sw}$ 为直线的斜率。该式说明胶束浓度越大，分配系数 K 越小，组分的保留时间越短。K_{mw}、K_{sw} 及 $\overline{v}$ 左右胶束色谱系统的选择性。K_{mw} 越大，说明组分在胶束相中的浓度越大，总体分配系数 K 越小，组分的迁移速度越快。K_{sw} 越大，说明组分在固定相中的浓度越大，组分的保留时间越长，因此总体分配系数 K 越大。

3) 胶束薄层色谱的应用

胶束薄层色谱可应用于中药分析，在胶束薄层分离过程中，由于分配、吸附、静电、增溶等效应，待测样品中各组分在薄层板上有不同的迁移速度，从而实现分离。该法具有独特的选择性，可同时分离亲水性和疏水性物质，对带电成分和非带电成分也有较好的分离效果，适用于分离差别很小的物质。

以聚酰胺、硅胶和氧化铝为固定相，低浓度的表面活性剂的水溶液为展开剂的胶束薄层色谱为正相胶束薄层。以硅烷化的硅胶为固定相，低浓度的含有少量水的有机溶剂为展开剂的胶束薄层色谱为反相胶束薄层。

研究发现：在聚酰胺薄片上，一定浓度的阳离子表面活性剂胶束溶液(TPB)可分离槐花、槐米、复方芦丁片和降压丸中的芦丁及防风通圣丸中的黄芩苷；阳离子-非离子(TPB：TX-100)、阴离子-非离子(SDBS：TX-100)混合胶束溶液可分离黄芩、银黄片与银黄注射液中的黄芩苷和绿原酸；阴离子-非离子(SDS：TX-100)混合胶束溶液可分离兴安杜鹃中的杜鹃素；阳离子(溴化十六烷基吡啶，CPC)、非离子(由 C8 以上的脂肪醇与 35 个环氧乙烷单位制成的醚制品 Brij35、TW-80)胶束溶液可分离黄连、左金丸、香莲丸中的小檗碱、巴马丁；非离子[聚氧乙烯(20)月桂醚，OP]及阴离子(十二烷基苯磺酸钠，SDBS)胶束溶液能分

离葛根、越风宁心片中的葛根素。斑点经荧光扫描或双波长锯齿形扫描测定，线性范围、回收率和变异系数均符合中药质量检验的要求，从而建立了一系列中药及其制剂有效成分的胶束薄层色谱分离分析方法。

在硅胶 HF_{254}-0.75%CMC-Na 薄层板上，用表面活性剂 1%OP(壬烷基酚-环氧乙烷加成物)为展开剂，分离了复合维生素 B 片剂中的维生素 B_1、B_2、B_6 及烟酰胺，R_f 值分别为 0.04、0.68、0.28 及 0.75，在自然光下观察维生素 B_2，在荧光灯下观察维生素 B_1、B_6 及烟酰胺斑点，展开时的温度及 OP 浓度对 4 种维生素的 R_f 值有一定的影响，只有在室温 15～20℃时，以 1%OP 为展开剂分离效果最佳，实验还表明，在 1%OP 溶液中加入少量乙醇作为改性溶剂，可使分离效果更佳。

第 6 节 纸 色 谱 法

一、基本原理

纸色谱法(paper chromatography，PC)是以滤纸作为载体，以构成滤纸的纤维素所结合水分为固定液，以有机溶剂为展开剂的色谱分析方法。构成滤纸的纤维素分子中有许多羟基，被滤纸吸附的水分中约有 6%与纤维素上的羟基以氢键结合成复合态，这一部分水是纸色谱的固定相。由于这一部分水与滤纸纤维结合比较牢固，所以流动相既可以是与水不相混溶的有机溶剂，又可以是与水混溶的有机溶剂如乙醇、丙醇、丙酮甚至水。流动相借毛细作用在纸上展开，与固定在纸纤维上的水形成两相，样品依其在两相间分配系数的不同而相互分离。化合物在两相中的分配系数，直接与化合物的分子结构有关。一般地讲，纸色谱属于正相分配色谱，化合物的极性大或亲水性强，在水中分配的量多，则分配系数大，在以水为固定相的纸色谱中 R_f 值小。如果极性小或亲脂性强的组分，则分配系数小，R_f 值大。

除水以外，纸纤维也可以吸留其他物质如甲酰胺等作为固定相。

二、实验方法

1. 色谱纸的选择和处理

(1) 滤纸的选择 纸色谱使用的滤纸应具备如下条件：①滤纸的质地要均匀，厚薄均一，全纸必须平整。②具有一定的机械强度，被溶剂润湿后仍能悬挂。③具有足够的纯度，某些滤纸常含有 Ca^{2+}、Mg^{2+}、Cu^{2+}、Fe^{3+} 等杂质，必要时需进行净化处理。其方法是先将滤纸放在 2mol/L 醋酸或 0.4mol/L 盐酸中浸泡几天，然后用蒸馏水充分洗涤，可除去纸上的无机杂质，再把滤纸放在丙酮-乙醇(1：1)的混合溶液中浸泡数日，取出风干，这样可除去大部分有机杂质。④滤纸纤维松紧适宜，厚薄适当，展开剂移动的速度适中。常见的有 Whatman 公司、Macherey-Nagel(MN)公司及国产新华滤纸。

(2) 滤纸的处理 有时为了适应某些特殊化合物分离的需要，可对滤纸进行处理，使滤纸具有新的性能。有些化合物受 pH 的影响而有离子化程度的改变，例如，多数生物碱在中性溶剂系统中分离，往往产生拖尾现象，如将滤纸预先用一定 pH 的缓冲溶液处理就能克服。有时在滤纸上加一定浓度的无机盐类,借以调整纸纤维中的含水量,改变组分在两相间分配的比例,促使混合物相互分离,如某些混合生物碱类的分离可采用此法。

将溶剂系统中的亲脂性液层固定在滤纸上作为固定相,水或亲水性液层为流动相,即采用反相纸色谱法分离一些亲脂性强、水溶性小的化合物。操作时先制备疏水性滤纸,以改变滤纸的性能,使适合水或亲水性溶剂系统地展开。另一种方法是将滤纸纤维经过化学处理使其产生疏水性。例如,乙酰化滤纸是比较常用的一种。

2. 点样　将样品溶于适当溶剂中,一般用乙醇、丙酮、三氯甲烷等有机溶剂,最好采用与展开剂极性相似的溶剂。若样品为液体,一般可直接点样。点样量由滤纸的性能、厚薄及显色剂灵敏度来决定,一般从几到几十微克。与柱色谱法相比较,纸色谱更适用于微量样品的分离。点样方法与薄层色谱法相同。

3. 展开剂的选择　纸色谱所选用的展开剂与薄层色谱有很大的不同,多数采用含水的有机溶剂。纸色谱最常用的展开剂是水饱和的正丁醇、正戊醇、酚等。此外,为了防止弱酸、弱碱的离解,有时需加少量的酸或碱,如乙酸、吡啶等。若用正丁醇-乙酸作为流动相,应当先在分液漏斗中把它们与水振摇,分层后,分离被水饱和的有机层作为流动相。有时加入一定比例的甲醇、乙醇等,使展开剂极性增加,增强它对极性化合物的展开能力。

4. 展开　在展开前,先用溶剂蒸气饱和容器内部,或用浸有展开剂的滤纸条贴在容器内壁,下端浸入溶剂中,使容器尽快地被展开剂所饱和,然后将点有样品的滤纸浸入溶剂中进行展开。

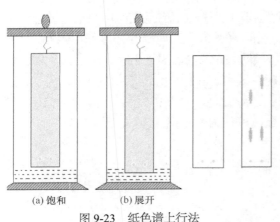

图 9-23　纸色谱上行法
(a) 饱和　　(b) 展开

纸色谱的展开方式,通常采用上行法,让展开剂借毛细管效应自下向上移动,见图 9-23。上行法操作简便,但溶剂渗透较慢,对于 R_f 值相差较小的组分分离困难,故上行法一般用于 R_f 值相差较大的物质的分离。对于样品成分复杂的混合物,可采用双向展开。

此外,还有圆形展开法,它具有快速、简便、重现性好等优点。其具体操作是:在一圆形滤纸(直径 11cm)上,从圆周向中心截一 2mm 宽的条。折弯使与纸面垂直,像一条尾巴,使其与展开剂接触。试样点在纸中心。风干后,将纸平放在直径较滤纸略小并盛有展开剂的培养皿上,上面覆盖同样大小的培养皿,即可进行展开,为了分析较多的试样,可将样品试液分别点在纸中心的周围,这样一张滤纸可以同时分析数个未知物及标准品,以便进行比较。

5. 检视　薄层色谱所用检视方法,除不能使用腐蚀性的显色剂以外都可用于纸色谱法检视。纸色谱还有其他一些检出方法,例如,有抗菌作用的成分,可应用生物检定法。此法是将纸色谱加到细菌的培养基内,经过培养后,根据抑菌圈出现的情况,来确定化合物在纸上的位置。也可以用酶解方法,例如,无还原性的多糖或苷类在纸色谱上经过酶解,生成还原性的单糖,就能应用氨性硝酸银试剂显色。也可以利用化合物中所含有的示踪同位素来检识化合物在纸色谱上的位置。

6. R_f 值的测量   展开完毕，立即记录溶剂前沿，找出斑点，计算出 R_f 值。

三、应用

纸色谱法比柱色谱法操作简便，可以分离微克量的样品，混合物经纸色谱分离后还可以在纸上直接定性、定量，因此广泛应用于化合物的分离和鉴别，药物中微量杂质的检查，中草药生物活性成分的分离、鉴别、制备和含量测定。定性分析主要利用 R_f 值或 R_{st} 一致性。纸色谱法常用定量分析法如下：

(1) 剪洗法   自纸上剪下层析后未经显色的斑点，常需剪成横条形，用适量溶剂浸泡、洗脱，洗出的化合物供进一步定量用。由于洗出化合物含量很少，所以多数采用比色法、紫外分光光度法或荧光分光光度法，准确度可达 5% 左右。

(2) 直接比色法   直接测量斑点的面积或比较颜色深度，作半定量。将不同浓度的标准样品做成系列，和样品同时点在同一张滤纸上，展开、显色后用目视比色，以求出样品含量的近似值。近十几年来，由于仪器技术的进展，纸色谱也和薄层色谱一样，可以用扫描法在纸上直接扫描定量。

【例 9-3】   化症回生片中益母草的纸色谱法鉴别。

取本品 20 片，研细，加 80% 乙醇 50ml，加热回流 1h，滤过，滤液蒸干，残渣加 1% 盐酸溶液 5ml 使溶解，滤过，滤液滴加碳酸钠试液调节 pH 至 8.0，滤过，滤液蒸干，残渣加乙醇 1ml 使溶解，作为供试品溶液。另取益母草对照药材 1g，同法制成对照药材溶液。照纸色谱法试验，吸取上述两种溶液各 20μL，分别点于同一层析滤纸上，使成条状，以正丁醇-乙酸-水(4：1：1)的上层溶液为展开剂，展开，取出，晾干，喷以稀碘化铋钾试液，晾干。供试品色谱中，在与对照药材色谱相应的位置上，显相同颜色的斑点。

（李　菀）

 习　题

1. 分别简述薄层色谱法和柱色谱法的基本操作步骤以及操作中应注意的问题。
2. 吸附薄层色谱法中，如何根据被分离组分的性质选择固定相和展开剂？
3. 试指出用邻苯二甲酸二壬酯为固定液分离苯、甲苯、环己烷和正己烷的混合物时，它们的流出顺序，并简述理由。
4. 分离以下混合物选择何种色谱法合适？
①分子量大于 2000 的水溶性高分子化合物；②离子型或可离解化合物；③顺反异构体；④水溶性六碳糖
5. 某样品在薄层色谱中，原点到溶剂前沿的距离为 6.3cm，原点到斑点中心的距离为 4.2cm，其 R_f 值为 (   )
A. 0.80   B. 0.67   C. 0.54   D. 0.15   E. 0.33
6. 在正相分配色谱中，下列首先流出色谱柱的组分是(   )
A. 极性大的组分   B. 极性小的组分   C. 挥发性大的组分
D. 沸点低的组分   E. 分子量小的组分
7. 不影响薄层层析比移值 R_f 的因素是(   )
A. 展开剂使用的量   B. pH   C. 展开时的温度

D. 欲分离物质的性质　　　　　E. 展开剂的性质

8. 纸色谱的分离原理及固定相分别是(　　　)

A. 吸附色谱，固定相是纸纤维　　　　　B. 分配色谱，固定相是纸上吸附的水

C. 吸附色谱，固定相是纸上吸附的水　　D. 分配色谱，固定相是纸纤维

E. 离子交换色谱，固定相是纸纤维

9. 在同一薄层板上将某样品和标准品展开后,样品斑点中心距原点 9.5cm,标准品斑点中心距原点 8.0cm,溶剂前沿距原点 16.0cm，试求样品及标准品的 R_f 值和 R_s 值?

(0.59，0.5)

10. 某组分在薄层色谱体系中的分配比 k=3，经展开后样品斑点距原点 3.0cm，组分的 R_f 值为多少? 此时溶剂前沿距原点多少厘米?

(0.25，12.0cm)

11. 用薄层色谱法分离 R_f 值为 0.20 和 0.40 的 A、B 组分，欲使分离后两斑点的距离为 2.5cm，此时，A、B 组分及溶剂前沿分别距原点多远?

(2.5cm，5.0cm，12.5cm)

12. 在薄层板上分离 A、B 两组分的混合物，当原点至溶剂前沿距离为 16.0cm 时，A、B 两斑点质量重心至原点的距离分别为 6.9cm 和 5.6cm，斑点直径分别为 0.83cm 和 0.57cm，求两组分的分离度及 R_f 值。

(1.9，0.43，0.35)

| 第 10 章 | 气相色谱法

✤ 第 1 节 概 述 ✤

气相色谱法(gas chromatography，GC)是以惰性气体为流动相的色谱分析方法。

一、气相色谱法的分类

按色谱柱的粗细，气相色谱法分为填充柱(packed column)色谱法及毛细管柱(capillary column)色谱法两种。填充柱是将固定相填充在金属或玻璃管中(常用内径 2~4 mm)。毛细管柱(0.1~0.8 mm)可分为开管毛细管柱、填充毛细管柱等。按使用温度下的固定相的状态不同，又可分为气-固色谱法(GSC)和气-液色谱法(GLC)两类。按分离机制，可分为吸附色谱法及分配色谱法两类。在气-固色谱法中，固定相为吸附剂，属于吸附色谱法，其分离的对象主要是一些永久性的气体和低沸点的化合物。气-液色谱法属于分配色谱法，固定相是涂渍在载体或毛细管内壁上的高沸点有机物(称为固定液)，由于可供选择的固定液种类多，故选择性较好，应用亦广泛。

本章主要介绍气-液色谱法。

二、气相色谱法流程

如图 10-1 所示，载气(carrier gas)由高压气瓶(也可采用气体发生器)供给，经压力调节器降压，经净化器脱水及净化，由流量调节器调至适宜的流量进入色谱柱，再经检测器流出色谱仪。待流量、温度及基线稳定后，即可进样。液态样品用微量注射器吸取，注入气化室使气化，气态样品可用六通阀或注射器进样，气化了的样品被载气带入色谱柱。样品中各组分在固定相与

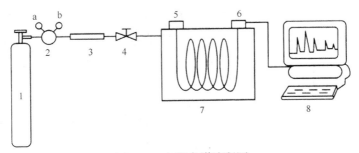

图 10-1　气相色谱流程图

1. 高压气瓶；2. 压力调节器(a. 瓶压，b. 输出压)；3. 净化器；4. 气流调节阀；5. 气化室；6. 检测器；7. 柱温箱与色谱柱；
8. 色谱工作站

载气间分配，由于各组分在两相中的分配系数不等，它们将按分配系数依次被载气带出色谱柱。分配系数小的组分先流出；分配系数大的后流出。流出色谱柱的组分再被载气带入检测器。检测器将各组分的浓度(或质量)的变化，转变为电压(或电流)的变化，电压(或电流)随时间的变化由色谱工作站记录下来，即得到色谱图。利用色谱图可进行定性和定量分析。

色谱柱及检测器是气相色谱仪的两个主要组成部分。现代气相色谱仪都应用计算机和相应的色谱软件，构成色谱工作站，具有处理数据及控制色谱操作条件等功能。如果装备自动进样器，可完成全自动分析。

三、气相色谱法的特点与应用

气相色谱法具有分离效率高、选择性高、灵敏度高、分析速度快(几秒至几十分钟)、样品用量少及应用广泛等特点。但其不适用于热稳定性差、挥发性小的物质的分离分析。据统计，能用气相色谱法直接分析的有机物约占全部有机物的 20%。它广泛应用于石油化学、环境监测、农业食品、空间研究和医药卫生等领域。在药物分析中，气相色谱法已成为药物杂质检查和含量测定、中药挥发油分析、药物纯化、制备等的一种重要手段。

第 2 节　色谱法基本理论

色谱分析的基本前提是混合物中各待测组分之间或待测组分与非待测组分之间实现完全分离。相邻两组分要实现完全分离，应满足两个条件。其一，相邻两色谱峰间的距离即峰间距必须足够远。峰间距由组分在两相间的分配系数决定，即与色谱过程的热力学性质有关。其二，每个峰的宽度应尽量窄。峰的宽或窄由组分在色谱柱中的传质和扩散行为所决定，即与色谱过程的动力学性质有关。因此必须从热力学和动力学两方面来研究色谱过程。色谱热力学理论是从相平衡观点来研究分离过程，从而构成塔板理论(plate theory)。色谱动力学理论是从动力学观点来研究各种动力学因素对色谱峰展宽的影响，从而构成速率理论(rate theory)。

一、塔板理论

在石油化工生产中，常用分馏塔来分馏石油，见图 10-2。待分离物从进料口进料，进入具有一定温度的分馏塔，混合物立即在两块塔板之间达成一次气液分配平衡，即进行了一次分离。显然，混合物在这个塔内进行了 6 次分离。经过多次分离后，挥发性大的组分从塔顶馏出分馏塔，挥发性小的组分从塔底馏出分馏塔。对于一定高度 L 的分馏塔来说，两块塔板之间的高度 H 越小，分离次数(塔板数)n 越多，分离效率越高，即

$$n = L/H \tag{10-1}$$

因此，早期在石油化工生产中，以塔板数 n 或塔板高度 H 来评价不同分馏塔的分离效率，从而建立了塔板理论。

在色谱法中，为了评价不同色谱柱的分离效率，需借用这个理论。但色谱柱毕竟不是分馏塔，因此，为了借用这个理论，必须对色谱柱系统作以下几点基本假设。

1. 基本假设

(1) 在柱内一小段高度 H 内，组分可以很快在两相中达到分配平衡。H 称为理论塔板高度(height equivalent to a theoretical plate)，而实际上组分被载气携入色谱柱后在两相中分配，由于载气移动较快，组分不能在柱内各点瞬间达到分配平衡。

(2) 载气通过色谱柱不是连续前进，而是间歇式的，每次进气为一个塔板体积。实际上载气是连续不断地进入色谱柱，其体积也通常大于一个板体积。

(3) 样品和新鲜载气都加在 0 号塔板上，且样品的纵向扩散可以忽略。样品量小，快速进样条件下，这种假设大致趋近实际情况，但纵向扩散始终存在。

(4) 分配系数在各塔板上是一个常数。对于大多数分配色谱或进样量很小的其他类型色谱，这种假设是合理的。

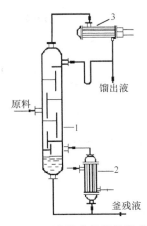

图 10-2　连续分馏操作流程
1. 分馏塔；2. 再沸器；3. 冷凝器

根据上述假设并结合实例进行考察，发现组分在色谱柱内分离转移次数 n 不多(一般不大于 20 次)时，组分在色谱柱内各板上的量或浓度符合二项式分布，因此，可用二项式定理来计算组分在色谱柱内各板上的量或浓度，绘制的曲线为二项式分布曲线，见图 10-3。

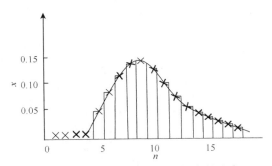

图 10-3　组分在色谱柱内各板上的浓度

2. 色谱流出曲线方程　当 n 大于 1000 时，不能用二项式定理来计算组分在色谱柱内各板上的量或浓度，但可由二项式定理，再经适当的数学推导得出流出曲线方程：

$$c = \frac{\sqrt{n} \cdot m}{\sqrt{2\pi} V_R} \cdot \exp\left[-\frac{n}{2} \cdot \frac{(V-V_R)^2}{V_R}\right] \qquad (10\text{-}2a)$$

或

$$c = \frac{\sqrt{n} \cdot m}{\sqrt{2\pi} t_R} \cdot \exp\left[-\frac{n}{2} \cdot \frac{(t-t_R)^2}{t_R}\right] \qquad (10\text{-}2b)$$

式中，c 为任意载气体积数或洗脱时间流出色谱柱的组分浓度；n 为色谱柱的理论塔板数；m 为单一组分流出色谱柱的总量(与峰面积呈正比)；V_R 为保留体积；V 为载气体积；t_R 为保留时间；t 为洗脱时间。

式(10-2a)和式(10-2b)又称为塔板理论方程，用于描述流出色谱柱的组分浓度 c 随载气体积或洗脱时间而变化的关系。用该方程所作的曲线，是一条左右对称的钟形曲线，即正态分布曲

线(图 10-3)。因此，式(10-2a)和式(10-2b)完全可以用正态分布方程替代，即

$$c = \frac{c_0}{\sigma\sqrt{2\pi}} \cdot \exp\left[-\frac{(V-V_R)^2}{2\sigma^2}\right] \tag{10-3a}$$

或

$$c = \frac{c_0}{\sigma\sqrt{2\pi}} \cdot \exp\left[-\frac{(t-t_R)^2}{2\sigma^2}\right] \tag{10-3b}$$

式(10-2a)或式(10-2b)与式(10-3a)或式(10-3b)比较，$\sigma = t_R/\sqrt{n}$；σ 为正态分布方程的标准差。

3. 色谱流出曲线方程的讨论

1) 色谱峰峰高及峰高与 m、n、t_R 之间的关系

当 $t = t_R$ 时，由式(10-3b)可知，c 值最大，即

$$c = c_{max} = \frac{c_0}{\sigma\sqrt{2\pi}} \xrightarrow{\sigma = t_R/\sqrt{n}} \sqrt{\frac{n}{2\pi}}\frac{m}{t_R} = h \tag{10-4}$$

式中，c_{max} 相当于色谱峰的峰高(h)。峰高与 m、n、t_R 之间的关系如下。

(1) 当 σ 一定时，h 与 m(进样量)成正比，即 h 是色谱定量分析的参数。若用峰面积 A 代表 m，将 $W_{1/2} = 2.355\sigma$ 代入可得 $A = 1.065 \times W_{1/2} \times h$，即 A 也是色谱定量分析的参数。

(2) 当 m、t_R 一定时，峰高 h 与 $\sqrt{n}$ 成正比，即峰高 h 与分离次数有关。面积一定时，峰越高，峰宽越窄。

(3) 当 m、n 一定时，峰高 h 与 t_R 成反比，即组分在柱内被保留时间越长，峰越矮。面积一定时，峰越矮，峰越宽。

2) 色谱峰的形状

当 $t > t_R$ 或 $t < t_R$ 时，式(10-3b)与式(10-4)相比较，有

$$c = c_{max} \cdot \exp\left[-\frac{(t-t_R)^2}{2\sigma^2}\right] \tag{10-5}$$

由式(10-5)可看出，当 $t > t_R$ 或 $t < t_R$ 时，$c < c_{max}$ 或 $h < h_{max}$，即色谱峰呈峰形，中间高、两边低，并非阶梯形。

4. 柱效方程
根据 $\sigma = t_R/\sqrt{n}$，则 $n = (t_R/\sigma)^2$，将 $W_{h/2} = 2.355\sigma$ 和 $W = 4\sigma$ 代入得

$$n = \left(\frac{t_R}{\sigma}\right)^2 = 5.54\left(\frac{t_R}{W_{h/2}}\right)^2 = 16\left(\frac{t_R}{W}\right)^2 \tag{10-6}$$

式(10-6)称为柱效方程。由式(10-6)及式(10-1)可见，色谱峰越窄，塔板数 n 越多，板高 H 就越小，柱效能越高。因而 n 或 H 可作为柱效能的指标。通常气相色谱填充柱的 n 在 10^3 以上，H 在 1mm 左右；毛细管柱 n 为 $10^5 \sim 10^6$，H 在 0.5mm 左右。

【例 10-1】 在柱长 2m 的 5%阿皮松柱上，柱温 100℃的实验条件下，测定苯的保留时间为 1.5min，半峰宽为 0.10min。求该柱的理论塔板高度。

解：

$$H = \frac{2000}{1.2 \times 10^2} = 1.7 \ (\text{mm})$$

由于死时间 t_M 包括在 t_R 中，而在死时间内组分不参与柱内分配，用式(10-6)计算出来的 n

值尽管很大(H很小），但与实际柱效相差甚远。特别是对容量因子k很小的组分更是如此。因而需把死时间扣除，扣除死时间后的n和H称为有效板数n_{eff}(number of effective plate)和有效板高H_{eff}(height equivalent of effective plate)，用于衡量实际柱效，即

$$n_{eff} = 5.54 \left(\frac{t'_R}{W_{h/2}} \right)^2 = 16 \left(\frac{t'_R}{W} \right)^2 \tag{10-7}$$

$$H_{eff} = L/n_{eff} \tag{10-8}$$

因为在相同色谱条件下，对不同物质计算所得的塔板数不一样，所以在说明柱效时，除注明色谱条件外，还应该指出具体物质。

5. 塔板理论的局限性　塔板理论用热力学观点形象地描述了组分在色谱柱中的分配平衡和分离过程，导出流出曲线的数学模型，并成功地解释了流出曲线的形状和浓度极大值的位置及其影响因素，还提出了计算和评价柱效的参数。但是由于它的某些基本假设并不完全符合柱内实际发生的分离过程，存在以下局限性：

(1) 无法阐明n和H的色谱本质与含义；

(2) 不能解释谱峰扩张的原因和影响板高的各种因素；

(3) 无法说明同一物质在不同载气流速下具有不同的理论塔板数。

二、速率理论

1. 一般填充柱的速率理论方程(van Deemter 方程)　1956 年荷兰学者范第姆特(van Deemter)等在研究气-液填充柱色谱时，提出了色谱过程动力学理论——速率理论。他们吸收了塔板理论中板高的概念，并充分考虑了组分在两相间的扩散和传质过程，从而在动力学基础上较好地解释了影响板高的各种因素。van Deemter 方程的数学简化式为

$$H = A + B/u + Cu \tag{10-9}$$

式中，u为载气的线速度；A、B、C为常数，分别代表涡流扩散项系数、分子扩散项系数、传质阻力项系数。在色谱中，板高H由式(10-9)中的三项构成。

现分别叙述各项系数的物理意义。

(1) 涡流扩散项(多径项)A　在填充色谱柱中，当组分随流动相向柱出口迁移时，流动相由于受到填充物颗粒障碍，不断改变流动方向，使组分分子在前进中形成紊乱的类似"涡流"的流动，故称涡流扩散，形象地如图 10-4 所示。

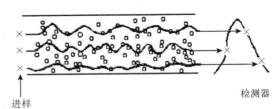

图 10-4　色谱柱中的涡流扩散示意图

由于填充物颗粒的大小有差异及柱填充的不均匀性，组分在色谱柱中经过的路程长短不一，所以相同组分到达柱出口的时间不一致，引起了色谱峰的展宽。色谱峰展宽的程度由下式决定：

$$A = 2\lambda d_p \tag{10-10}$$

上式表明，A与填充物粒度d_p和填充不规则因子λ有关，与流动相的性质、线速度和组分性质无关。为了减少涡流扩散，提高柱效，要求使用细而均匀的颗粒，并且柱需填充均匀。

(2) 分子扩散项(纵向扩散项)B/u 纵向分子扩散是由浓度梯度造成的。组分从柱入口进入，其在柱内浓度分布的区带应呈"塞子"状。但由于存在浓度梯度，势必浓差扩散，造成谱带展宽。分子扩散项系数为

$$B = 2\gamma D_g \tag{10-11}$$

式中，γ 是填充柱内流动相扩散路径弯曲的因素，称为弯曲因子，它反映了固定相颗粒的几何形状对分子扩散的阻碍情况。D_g 为组分在流动相中的扩散系数(cm^2/s)。分子扩散项与组分在流动相中的扩散系数 D_g 成正比，而 D_g 与流动相及组分性质有关；相对分子质量大的组分 D_g 小，D_g 与载气相对分子质量的平方根成反比，所以采用相对分子质量较大的流动相，可以使 B 降低；D_g 随柱温增高而增加，但反比于柱压。另外纵向扩散与组分在色谱柱内停留时间有关，流动相流速小，组分停留时间长，纵向扩散就大。因此为降低纵向扩散影响，要增加流动相流速。

(3) 传质阻力项 Cu 对于气液色谱，传质阻力系数 C 包括气相传质阻力系数 C_g 和液相传质阻力系数 C_l 两项，即

$$C = C_g + C_l \tag{10-12}$$

气相传质过程是指试样组分从气相移动到固定相表面，然后返回到气相中的传质过程。在这个过程中溶质分子所受到的阻力，称为气相传质阻力。这一过程中有的分子还来不及进入两相界面，就被气相带走；有的则进入两相界面又来不及返回气相。这样使得组分在两相界面上不能瞬间达到分配平衡，引起滞后现象，从而使色谱峰展宽。对于填充柱，气相传质阻力系数 C_g 为

$$C_g = \frac{0.01k^2}{(1+k)^2} \cdot \frac{d_p^2}{D_g} \tag{10-13}$$

式中，k 为容量因子。由上式看出，气相传质阻力系数与填充物粒度 d_p 的平方成正比，与组分在载气流中的扩散系数 D_g 成反比。因此，采用粒度小的填充物和相对分子质量小的气体(如氢气)作为载气，可使 C_g 减小，提高柱效。

液相传质过程是指试样组分从固定相的气液界面移动到液相内部，达到分配平衡，然后返回气液界面的传质过程。在这个过程中溶质分子所受到的阻力，称为液相传质阻力。显然，这个过程中有的溶质分子移动快，有的慢，于是造成峰扩张。液相传质阻力系数 C_l 为

$$C_l = \frac{2}{3} \cdot \frac{k}{(1+k)^2} \cdot \frac{d_f^2}{D_l} \tag{10-14}$$

由上式看出，固定液的液膜厚度(d_f)薄，组分在液相的扩散系数(D_l)大，则液相传质阻力系数就小。降低固定液的含量，可以降低液膜厚度，但 k 值也随之变小，又会使 C_l 增大。当固定液含量一定时，液膜厚度随载体的比表面积增加而降低，因此，一般采用比表面积较大的载体来降低液膜厚度。但比表面太大，吸附造成拖尾峰，也不利于分离。虽然提高柱温可增大 D_l，但会使 k 减小，为了保持适当的 C_l 值，应控制适宜的柱温。

将式(10-10)～式(10-14)分别代入式(10-9)中，即可得 van Deemter 方程详细表达形式

$$H = 2\lambda d_p + \frac{2\gamma D_g}{u} + \left[\frac{0.01k^2}{(1+k)^2} \cdot \frac{d_p^2}{D_g} + \frac{2}{3} \cdot \frac{k}{(1+k)^2} \cdot \frac{d_f^2}{D_l} \right] \cdot u \tag{10-15}$$

该方程充分阐明了 H 或 n 的色谱本质与含义及影响峰变宽或柱效降低的柱内因素,指出了色谱柱填充的均匀程度、填料颗粒度、流动相的种类及流速、固定相的液膜厚度等对柱效的影响,对选择色谱分离条件具有重要指导意义。

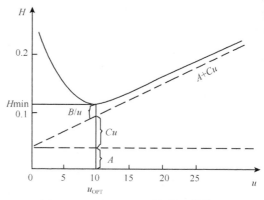

图 10-5　van Deemter 方程双曲线图

温度、组分种类与性质、流动相种类与色谱柱一旦给定,式(10-15)中所有参数(除 u 外)都恒为常数,H 仅是 u 的函数,以 H 对 u 作图,得图 10-5。

由图 10-5 可见在不同载气流速下具有不同的理论塔板数 n 或板高 H 的主要原因。例如,当 $u < u_{OPT}$ 时,影响板高增加的主要原因是溶质分子在柱内的纵向扩散;当 $u > u_{OPT}$ 时,导致板高增加的主要原因是溶质分子在柱内所受到的传质阻力。

2. 毛细管柱的速率理论方程(Golay 方程)　1958 年,戈雷(Golay)在 van Deemter 方程的基础上导出了开管(空心)毛细管柱的 Golay 方程:

$$H = B/u + C_g u + C_l u$$

$$= \frac{2D_g}{u} + \left[\frac{1 + 6k + 11k^2}{24(1+k)^2} \cdot \frac{r^2}{D_g} + \frac{2}{3} \cdot \frac{k}{(1+k)^2} \cdot \frac{d_f^2}{D_l} \right] \cdot u \tag{10-16}$$

式中,r 为毛细管柱内半径。与 van Deemter 方程比较,主要的差别是:①开管柱柱内无填充物颗粒,只有一个流路,所以不存在涡流扩散项,$A = 0$。②弯曲因子 $\gamma = 1$。③以柱内半径 r 代替填充物粒度 d_p,且液相传质阻力系数 C_l 一般较填充柱小,气相传质阻力常是色谱峰扩张的重要因素。在高载气流速下,开管柱柱效降低不多,比填充柱更适于快速分析。

第 3 节　固定相及其选择

在气相色谱分析中,某一多组分混合物中各组分能否完全分离,主要取决于色谱柱的效能和选择性,后者在很大程度上取决于固定相选择是否适当,因此选择适当的固定相就成为色谱分析中的关键问题。气相色谱固定相分为液体固定相、固体固定相。

一、液体固定相

液体固定相由固定液(stationary liquid)或固定液和载体(support)组成。固定液大多为高沸点的有机化合物,在操作温度下呈液态,在室温时为固态或液态。分离原理属于分配色谱。载体是一种化学惰性的固体颗粒,它的作用是提供一个大的惰性表面,用以承担固定液,使固定液以薄膜状态分布在其表面上。

1. 固定液

1) 对固定液的要求

(1) 在操作温度下应呈液态,且蒸气压应很低　否则固定液易流失,色谱柱寿命变短,检测器的噪声高。各种固定液均具有一项重要指标——最高使用温度。超过此温度，固定液蒸气压急剧上升，造成固定液流失加快，因此使用时，不能超过最高使用温度。

(2) 对样品中各组分应具有足够的溶解能力　否则分配系数太小，各组分还来不及分离就流出色谱柱。

(3) 对样品中各组分应具有较高的选择性，即对各组分的分配系数应有较大差别。这样才能将两个沸点或性质相近的组分分离开来。固定液的选择性可用选择性因子 α 来衡量。对于填充柱一般要求 $\alpha > 1.10$；对于毛细管柱，$\alpha > 1.05$。

(4) 稳定性要好　固定液与样品组分或载体不发生化学反应，高温下不分解。

(5) 黏度要小，凝固点要低　黏度和凝固点决定了固定液的最低使用温度。在此温度下，液相传质阻力剧增，柱效迅速下降，色谱峰严重展宽。

(6) 对载体具有良好的浸润性，以便形成均匀的薄膜。

2) 固定液的分类

用于气相色谱的固定液已有上千种，为选择和使用方便，一般按 Rohrschneider 的方法对固定液进行分类。

固定液极性是按 1959 年 Rohrschneider 提出的相对极性 P 来标定固定液的分离特性。规定强极性固定液 β, β'-氧二丙腈相对极性 P 为 100，非极性固定液角鲨烷的相对极性 P 为 0，其他固定液的相对极性 P 与它们比较应在 0～100 之间。测定方法为：用苯与环己烷(或正丁烷与丁二烯)为分离物质对，分别在参照柱 β, β'-氧二丙腈及角鲨烷柱上测定它们相对保留值的对数 q_1 及 q_2，然后在待测固定液柱上测得 q_x，线性内插计算待测固定液的相对极性 P_x。根据相对极性 P_x 值，可将上千种固定液分为 5 级，1～20 为+1 级，21～40 为+2 级，依此类推。0 和+1 级为非极性固定液，+1 和+2 级为弱极性固定液，+2 和+3 级为中等极性固定液，+4 和+5 级为强极性固定液。

(1) 非极性固定液　主要是一些饱和烷烃和甲基聚硅氧烷类，它们与待测组分分子之间的作用力以色散力为主。常用的固定液有二甲基聚硅氧烷(如 OV-101、OV-1、SE-30 等耐高温的、极性很弱的固定液)、低苯基聚硅氧烷(如 SE-52 和 SE-54 等弱极性固定液)，适用于非极性和弱极性化合物的分析。

(2) 中等极性固定液　由较大的烷基和少量的极性基团或可以诱导极化的基团组成，它们与待测组分分子间的作用力以色散力和诱导力为主。常用的固定液有中苯基聚硅氧烷(如 OV-17)、氰丙基聚硅氧烷，(如 OV-1701、OV-1301 等)、酯类(如邻苯二甲酸二壬酯)等，适用于弱极性和中等极性化合物的分析。

(3) 强极性固定液　含有较强的极性基团，它们与待测组分分子间作用力以静电力和诱导力为主。常用的固定液有聚酯类，如丁二酸二乙二醇聚酯(DEGS)等，适用于极性化合物的分析。

(4) 氢键型固定液　是强极性固定液中特殊的一类，与待测组分分子间作用力以氢键力为主，组分按形成氢键的难易程度出峰，不易形成氢键的组分先出峰。常用的固定液有聚乙二醇类及其衍生物，如 PEG-20M、FFAP 等(其中 PEG-20M 是药物分析中最常用的固定液之一)，适用于分析含 F、N、O 等的化合物。表 10-1 列出了常用的七种固定液。

3) 固定液的选择

对于组分已知的样品，如果难分离物质对初步确定，那么选择固定液的指标就是使难分离物质对达到完全分离。

表 10-1　七种常用固定液的性能

固定液	型号	极性	使用温度/℃	类似型号
二甲基聚硅氧烷	OV-1	非极性(+1)	−60/350	SE-30，OV-101
苯基(5%)乙烯基(1%)二甲基聚硅氧烷	SE-54	弱极性(+2)	−60/350	SE-52
氰丙基(7%)苯基(7%)甲基聚硅氧烷	OV-1701	中等极性(+3)	−20/280	
苯基(50%)甲基聚硅氧烷	OV-17	中等极性(+3)	40/280	
三氟丙基(50%)甲基聚硅氧烷	OV-210	中等极性(+3)	0/275	QF-1
聚乙二醇-20M	Carbowax 20M	极性(+4)	60/250	FFAP
丁二酸二乙二醇聚酯	DEGS	强极性(+5)	20/200	

(1) 按相似性原则选择　按被分离组分的极性或官能团与固定液相似的原则来选择，这是因为相似相溶。组分在固定液中的溶解度大，分配系数大，保留时间长，分开的可能性就大。

若按极性相似选择：①非极性组分应首先选择非极性固定液，组分基本上以沸点顺序出柱，低沸点的先出柱。若样品中有不同极性的组分，相同沸点的极性组分先出柱。②中等极性组分可首选中等极性固定液，基本上仍按沸点顺序出柱。但对沸点相同的极性与非极性组分，诱导力起主导作用，极性组分后出柱。③强极性组分首选极性固定液，组分按极性顺序出柱，极性强的组分后出柱。

若按化学官能团相似选择，当固定液的化学官能团与组分的相似时，相互作用力最强，选择性高。例如，被分离组分为酯可选酯和聚酯类固定液；组分为醇可选聚乙二醇类固定液。

(2) 按组分性质主要差别选择　若组分之间的主要差别是沸点，可选非极性固定液；若主要差别是极性，则选极性固定液。现举例说明：苯与环己烷沸点相差 0.6℃(苯 80.1℃，环己烷 80.7℃)。而苯为弱极性化合物，环己烷为非极性化合物，二者极性差别虽然不大，但相对而言比沸点差别大，极性差别是主要矛盾。用非极性固定液很难将苯与环己烷分开。若改用中等极性的固定液，如用邻苯二甲酸二壬酯，则苯的保留时间是环己烷的 1.5 倍。若再改用聚乙二醇 400，则苯的保留时间是环己烷的 3.9 倍。

(3) 使用混合固定液　对于难分离的复杂样品或异构体，可选用两种或两种以上极性不同的固定液，按一定比例混合后，涂渍于载体上(混涂)，或将分别涂渍有不同固定液的载体按一定比例混匀后装入一根色谱柱管内(混装)，或将不同极性的色谱柱串联起来使用(串联)。例如，苯系物的分离，苯系物指苯、甲苯、乙苯、二甲苯(包括对-、间-、邻-等异构体)乃至异丙苯、三甲苯等，使用有机皂土固定液，能使间位和对位的二甲苯分开，但不能使乙苯和对二甲苯分开。若使用有机皂土配入适当量邻苯二甲酸二壬酯(DNP)的混合固定液，即能将各组分分开。

此外，还可根据固定液特征常数如 McReynolds(麦氏)常数来选择固定液，具体可见有关文献。

对于大多数组分性质未知的复杂样品，固定液选择的指标只能由分离峰数目、峰形和主要组分(含量高的)分离的好坏来评价。目前最有效的办法是采用毛细管柱来进行尝试性的初步分离。

2. 载体　一般载体是化学惰性的多孔性微粒。特殊载体如玻璃微珠，是比表面积大的化学惰性物质，但并非多孔。固定液分布在载体表面，形成一均匀薄层，构成气-液色谱的固定相。

(1) 对一般载体的要求：①比表面积大，孔穴结构好；②表面没有吸附性能（或很弱）；③不与被分离物质或固定液起化学反应；④热稳定性好，粒度均匀，有一定的机械强度等。

(2) 载体的分类　载体可分为两大类：硅藻土型载体与非硅藻土型载体。硅藻土型载体是天然硅藻土经煅烧等处理而获得的具有一定粒度的多孔性固体微粒。因处理方法不同分为红色载体和白色载体。

红色载体　天然硅藻土中的铁，煅烧后生成氧化铁，呈现浅红色。孔穴多，孔径小，比表面大，可荷载较多固定液，缺点是表面存在活性吸附中心，分析极性物质时易产生拖尾峰。非极性固定液使用红色载体，用于分析非极性组分。

白色载体　天然硅藻土在煅烧前加入少量碳酸钠等助溶剂，使氧化铁在煅烧后生成铁硅酸钠，变为白色。由于助溶剂的存在，生成的硅酸钠玻璃体破坏了硅藻土中大部分细孔结构，黏结为较大的颗粒，孔径大，比表面积小，载体中碱金属氧化物含量较高，pH 大。但白色载体有较为惰性的表面，表面吸附作用和催化作用小。极性固定液使用白色载体，用于分析极性物质。

非硅藻土型载体种类不一，多用于特殊用途，如氟载体、玻璃微珠及素瓷等。

(3) 载体的钝化　钝化是除去或减弱载体表面的吸附性能。以硅藻土型载体为例，表面存在着硅醇基及少量的金属氧化物，常具有吸附性能。当被分析组分是能形成氢键的化合物或弱酸弱碱时，与载体的吸附中心作用，破坏了组分在气-液二相中的分配关系，而产生拖尾现象，故需将这些活性中心除去，即钝化载体表面。钝化的方法有酸洗、碱洗、硅烷化及釉化等。酸洗能除去载体表面的铁、铝等金属氧化物。酸洗后的载体用于分析酸类和酯类化合物。碱洗能除去表面的 Al_2O_3 等酸性作用点，碱洗后的载体适用于分析胺类等碱性化合物。硅烷化是将载体与硅烷化试剂反应，除去载体表面的硅醇基，消除形成氢键的能力。硅烷化后的载体主要用于分析形成氢键能力较强的化合物，如醇、酸及胺类等。

二、固体固定相

固体固定相可为吸附剂、分子筛及高分子多孔微球等。吸附剂常用石墨化炭黑、硅胶及氧化铝等。分子筛常用 4A、5A 及 13X。4、5 及 13 表示平均孔径(Å)，A 及 X 表示类型。分子筛是一种特殊吸附剂，具有吸附及分子筛两种作用。若不考虑吸附作用，分子筛是一种"反筛子"，分离机制与凝胶色谱类似。吸附剂与分子筛多用于永久性气体及低分子量化合物的分离分析，在药物分析上远不如高分子多孔微球(GDX)用途广。

在药物分析中，高分子多孔微球常用于乙醇量、水分和残留有机溶剂的测定。高分子多孔微球是一种人工合成的新型固定相，还可以作为载体，故也称为有机载体。它由苯乙烯或乙基乙烯苯与二乙烯苯交联共聚而成，聚合物为非极性。若苯乙烯与含有极性基团的化合物聚合，则形成极性聚合物。

高分子多孔微球的分离机理一般认为具有吸附、分配及分子筛三种作用。该固定相有如下

优点:

1. 改变制备条件及原料可以合成各种比表面及孔径的聚合物。因而可根据样品的性质进行选择,使分离效果最佳。

2. 无有害的吸附活性中心,极性组分也能获得正态峰。

3. 无流失现象,柱寿命长。

4. 具有强疏水性能,特别适于分析混合物中的微量水分。

5. 粒度均匀,机械强度高,具有耐腐蚀性能。

6. 热稳定性好,最高使用温度为 200～300℃。

7. 柱超负荷后恢复快。

第4节 气相色谱仪

目前国内外气相色谱仪的型号和种类很多,但它们均由以下五大系统组成:气路系统、进样系统、分离系统、检测系统和计算机系统。

一、气路系统

1. 气源 气源就是提供载气或辅助气体的高压钢瓶或气体发生器。气相色谱对各种气体的要求较高,如作为载气的氮气、氢气或氦气的纯度至少要达到 99.9%以上。这是因为气体中的杂质会使检测器的噪声增大,还可能对色谱柱性能有影响,严重时会污染检测器。因此,实际工作中要在气源与仪器之间连接气体净化装置。

2. 净化器 净化器是用来提高载气纯度的装置。净化剂主要有活性炭、分子筛、硅胶和脱氧剂,它们分别用来除去烃类物质、水分、氧气。

3. 气流控制装置 一般由压力表、针形阀、稳流阀构成,对于自动化程度高的仪器还有电磁阀、电子流量计等。载气流速是影响色谱分离和定性分析的重要操作参数之一,因此要求载气流速稳定,尤其是在使用毛细管柱时,柱内载气流量一般为 1～3ml/min,如果控制不精确,就会造成保留时间的重现性差。

气相色谱仪主要有两种气路形式:单柱单气路和双柱双气路。

二、进样系统

进样系统包括样品导入装置(如注射器、六通阀和自动进样器等)和进样口。为了获得良好的分析结果,首先要将样品定量引入色谱系统,并使样品有效地气化。然后用载气将样品快速"扫入"色谱柱。

1. 样品导入装置 液体或固体样品一般需用适当的溶剂将其溶解后,用微量注射器进样,气相色谱手动进样最常用的是 10μL 微量注射器,其进样量一般不要小于 1μL。如果进样量小于 1μL,应采用 5μL 或 1μL 的注射器。气体样品,常采用六通阀进样。许多高档的气相色谱仪还配置了自动进样器,通过计算机控制使得气相色谱分离分析实现全自动化。其具体结构可参阅相关专著。

2. 进样口 进样口主要由气化室构成。气化室是将液体样品瞬间气化为蒸气的装置。为了让样品瞬间气化而不被分解，要求气化室热容量大，温度足够高，而且无催化效应。为了尽量减小柱前色谱峰的展宽，气化室的死体积应尽可能小。

1) 填充柱进样口

图 10-6 是一种常用的填充柱进样口，它的作用就是提供一个样品气化室，所有气化的样品都被载气带入色谱柱进行分离。气化室内不锈钢套管中可插入石英玻璃衬管，能起到保持惰性的作用，不对样品发生吸附作用或化学反应。实际工作中应保持衬管干净，及时清洗。进样口的隔垫一般为硅橡胶，其作用是防止进样后漏气。硅橡胶在使用多次后会失去作用，应经常更换。一个隔垫的连续使用时间不能超过一周。由于硅橡胶中不可避免地含有一些残留溶剂或低聚物，且硅橡胶在气化室高温的影响下还会发生部分降解，这些残留溶剂和降解产物进入色谱柱，就可能出现"鬼峰"(即不是样品本身的峰)，影响分析。图 10-6 中隔垫吹扫装置就可以消除这一现象。

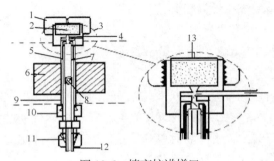

图 10-6　填充柱进样口

1. 固定隔垫的螺母；2. 隔垫；3. 隔垫吹扫装置；4. 隔垫吹扫气出口；5. 气化室；6. 加热块；7. 玻璃衬管；8. 石英玻璃毛；9. 载气入口；10. 柱连接件固定螺母；11. 色谱柱固定螺母；12. 色谱柱；13. 3 的放大图

进样口温度应接近或略高于样品中待测高沸点组分的沸点。温度太高可能引起某些热不稳定组分的分解，或当进样量大时，造成样品倒灌。如果温度太低，晚流出的色谱峰会变形(展宽、拖尾或前伸)。

2) 毛细管柱进样口

毛细管柱由于柱内固定相的量少，柱对样品的容纳量比填充柱低，为防止柱超载，毛细管柱进样口与填充柱进样口在使用时有较大差别。

当使用小于 0.5mm 内径的毛细管柱时，常采用分流进样(split injection)。

(1) 分流进样口　一般市售气相色谱仪上的分流进样口均属于多用性的毛细管柱进样口。通过更换气化室中的内插玻璃衬管，可将进样口用作分流进样和其他方式进样。图 10-7 是最常用的毛细管柱分流进样口,在样品注入分流进样口气化后,只有一小部分样品进入毛细管柱,而大部分样品都随载气由分流气体出口放空。在分流进样时，进入毛细管柱内的载气流量(F_c)与放空的载气流量的比(F_s)称为分流比(split ratio)，即

$$分流比 = F_c/F_s \tag{10-17}$$

分析时使用的分流比范围一般为 1∶10～1∶100。

与填充柱不分流进样口相比，分流进样口使用的衬管结构不同，且一般都填充有石英玻璃

毛，这主要是为了增大与样品接触的比表面，保证样品迅速而完全气化，减小分流歧视(非线性分流)。同时也是为了防止固体颗粒和不挥发的样品组分进入色谱柱。

分流进样主要用于主成分分析，不适合痕量组分的定量分析。

(2) 分流进样的作用。

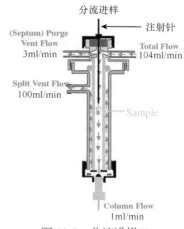

图 10-7　分流进样口

①起始谱带窄　当气化室体积小至 1ml、采用不分流进样时，设毛细管柱载气流量为 1 ml/min，则进样时间约需 1min；采用分流进样时，若载气总流量为 104 ml/min，扣除隔垫吹扫气 3 ml/min 的流量，毛细管柱的流量仍为 1 ml/min，由于通过气化室载气流量为 100ml/min，则进样时间只需 1/100min。借此可实现快速进样、起始谱带变窄、提高柱效的目的。

②控制样品进样量　在上述情况中，实际进入毛细管柱的样品量约为进样量的 1%，通过分流，控制了样品进入色谱柱的量，保证毛细管柱不会超载。另外，当分析一些较"脏"的样品时，分流进样在很大程度上防止了柱污染。

(3) 分流比的测定　除具有电子气路控制(EPC)的高档气相色谱仪外，一般仪器的分流比需通过分流阀来手动调节。再通过皂膜流量计测量毛细管柱内的载气流量与放空的载气流量。由于毛细管柱内的载气流量很小，不易测量，故常用测死时间的方法来计算，即

$$F_c = \pi \cdot r^2 L / t_M \tag{10-18}$$

式中，r 和 L 分别为毛细管柱的半径和柱长，单位为 cm；t_M 为死时间，单位为 min。实际工作中人们更关心的是分流比的重现性,分流比常用整数之比表示,故一般不需要很准确地测量。

对于毛细管柱，除分流进样外，还有不分流进样、冷柱上进样、程序升温汽化进样、大体积进样等进样方式，具体内容可参阅相关专著。

三、分离系统

分离系统主要包括色谱柱和柱箱。色谱柱是色谱分离的心脏。

1. 色谱柱　柱管按粗细可分为一般填充柱和毛细管柱。柱管材料常用玻璃、石英玻璃、不锈钢和聚四氟乙烯等。

1) 一般填充柱

多用内径 2～4mm 的不锈钢管制成螺旋形管柱，常用柱长 2～4m。填充柱的制备方法比较简单，可在实验室中自行填充。新制备的填充柱必须进行老化处理，其目的是除去柱内残余的溶剂，固定液中低沸程馏分及易挥发的杂质，还可使固定液进一步分布均匀。老化的方法多采用气体流动法：在室温下将色谱柱的入口端与进样口相连，出口勿接检测器，且将检测器密封，再通以载气，调节载气流速为 10～20 ml/min，以 2～4℃/min 升温速率，程序升温至低于固定液最高使用温度 20～30℃，老化 12～14 h。若获得平稳基线，则表明老化完毕。新购入的商品柱在使用前最好也进行老化。

色谱柱在不用时，应将进出口端密封存放。较长时间未使用的柱子在使用前也要进行类似

老化的处理,只是程序升温至比最高操作柱温高 20℃即可。

2) 毛细管柱

(1) 毛细管色谱柱的分类　按制备方法的不同,毛细管色谱柱可分为开管型和填充型两大类。把固定液直接涂在细而长的空心柱的内壁上,这种色谱柱称为开管柱(open tubular column)。开管柱又有壁涂开管柱(wall-coated open tubular column,WCOT)、载体涂渍开管柱(support-coated open tubular column,SCOT)和多孔层开管柱(porous layer open tubular column,PLOT)之分,其中 WCOT 最常用。

WCOT 一般采用熔融石英玻璃管材,按尺寸可进一步分为微径柱、常规柱和大口径柱三种。①微径柱内径小于 0.1mm,主要用于快速分析。②常规柱内径为 0.2~0.32mm,商品规格一般有 0.25mm 和 0.32mm 两种,用于常规分析。③大口径柱内径为 0.53~0.75mm,商品规格为 0.53mm。一般液膜较厚,可替代填充柱用于定量分析。它可以接在填充柱进样口上,采用不分流进样。

常用商品毛细管柱见表 10-2。

表 10-2　常用的不同厂商毛细管色谱柱牌号对照

极性	固定液	HP(Agilent)	J&w	Supelco	Alltech	SGE	适用范围
非极性	OV-1、SE-30	HP-1 Ultra-1	DB-1	SPB-1	AT-1	BP-1	脂肪烃化合物,石化产品
弱极性	SE-54 SE-52	HP-5,Ultra-2,HP-5MS	DB-5	SPB-5	AT-5	BP-5	各类弱极性化合物及各种极性组分的混合物
中极性	OV-1701、OV-17	HP-17,HP-50	DB-1701	SPB-7	AT-1701,AT-50	BP-10	极性化合物,如农药等
强极性	PEG-20M FFAP	HP-20M HP-FFAP	DB-WAX	Supelco wax 10	AT-WAX	BP-20	极性化合物,如醇类、羧酸酯等

(2) 开管毛细管柱与一般填充柱比较具有如下特点:

①柱渗透性好,即载气流动阻力小,可以通过增加柱长,提高分离度。

②相比率(β)大,可以用高载气流速进行快速分析。另外 β 大使 k 减小,因此对于同一样品,可以在更低的柱温下取得分离(低温下选择性因子 α 大),这对固定液的稳定性、方便操作和延长柱子寿命无疑都是有益的。

③柱容量小,允许进样量少。这是由于柱内径小,固定液膜薄(一般 0.25~5 μm),其固定液量只有填充柱的几十分之一至几百分之一,因此通常需采用分流进样,也要求检测器具有更高的灵敏度。

④总柱效高,毛细管柱的理论塔板数最高可达 10^6,最低也有几万,分离复杂混合物组分的能力强。与填充柱相比,相同量的物质峰更高,不仅能提高定量的检测限,而且在常规分析中对固定液的选择性没有填充柱那样高的要求。通常一个常规实验室只要购置三种毛细管柱,就可完成 95%以上的气相色谱分析任务。这三种柱是 SE-30 柱、OV-17(或 OV-1701)柱、PEG-20M(或 FFAP)柱。

⑤允许操作温度高,固定液流失少。这样有利于沸点较高组分的分析,亦有利于提高分析的灵敏度。原因之一是采用了化学惰性的柱管材料(弹性熔融石英玻璃),原因之二是应用现代

制备技术，采用化学键合、交联等方式把固定液牢固地固定在柱内表面。

固定液固定化的方法有三种：第一种是使固定液分子中的功能基团和毛细管柱内表面产生化学结合，形成一个稳定的液膜，称为固定液的键合(bonding)；第二种是使固定液分子之间化学结合，交联形成一个网状的大分子覆盖在毛细管柱内表面，成为不可抽取的液膜，称为固定液的交联(cross-linking)；第三种是使固定液分子既与毛细管柱内表面形成化学键合，其自身又交联成网状大分子，称为键合交联。

⑥易实现气相色谱-质谱联用。由于毛细管柱的载气流量小，较易维持质谱仪离子源的高真空。

2. 柱箱　在分离系统中，柱箱其实相当于一个精密的恒温箱。柱箱最重要的参数是控温参数。柱箱的操作温度范围一般在室温～450℃，且均带有多阶程序升温设计，能满足优化分离条件的要求。

四、检测系统

检测系统即检测器(detector)，它可将混合气体中组分的量变成可测量的电信号，是色谱仪的"眼睛"。

气相色谱仪的检测器已有五十余种之多，一般按响应值与浓度或质量的关系，分为浓度型和质量型两类。浓度型检测器，响应信号与载气中组分的瞬间浓度呈线性关系，但峰面积受载气流速影响，因此，当用峰面积定量时，载气应当恒流。常用的浓度型检测器有热导检测器、电子捕获检测器等。质量型检测器，响应信号与单位时间内进入检测器组分的质量呈线性关系，而与组分在载气中的浓度无关，因此峰面积不受载气流速影响。常用的质量型检测器有氢火焰离子化检测器、氮磷检测器和火焰光度检测器等。

1. 常用检测器

1) 热导检测器

热导检测器(thermal conductivity detector，TCD)属通用型检测器，应用较为广泛。它的特点是结构简单，性能稳定，线性范围宽，而且不破坏样品。但灵敏度较低是其缺点。

热导的测量是根据各种组分和载气的热导系数不同，采用电阻温度系数高的热敏元件(热丝)构成惠斯顿电桥进行检测。

图 10-8(a)为双臂热导池。热丝(钨丝或铼钨丝)装在池体内，两组热丝与两个电阻组成惠斯顿电桥，见图 10-8(b)。当纯载气通入两臂(参考臂与测量臂)时，通过两臂的气体组成相同，两臂热量散失相同，热丝温度一样，阻值相同，电桥处于平衡状态，即 $R_1/R_2 = R_3/R_4$，A、B 两点电位相等，无电流信号输出，记录基线。当流动相携带样品组分通过测量臂时，含有样品组分的混合气体与纯载气的热导率不相等，两臂的温度不一样，阻值不相同，电桥不平衡，有电流信号输出，且输出信号的强度与浓度成正比。

TCD 多采用四臂热导池，在相同条件下灵敏度是双臂热导池的两倍。为提高灵敏度和延长 TCD 的寿命，最好选用氢气或氦气作为载气。若采用氮气，应使用较小的桥流。开机时，应先通载气，再加桥流；关机时，应先关桥流，再关载气，防止热丝温度过高而损坏。

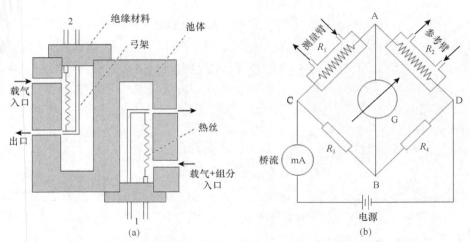

图 10-8　双臂热导池(a)和双臂热导池(b)检测原理示意图

1. 测量臂；2. 参考臂

2) 氢焰离子化检测器

氢焰离子化检测器(hydrogen flame ionization detector，FID)属准通用型检测器(只对碳氢化合物产生信号)，是应用最广泛的一种。它的特点是死体积小，灵敏度高(比 TCD 高 100～1000倍)，稳定性好，响应快，线性范围宽，适合于痕量有机物的分析。由于样品被破坏，无法进行收集。不能检测永久性气体以及 H_2O、H_2S 等。FID 的主要部件是离子室，如图 10-9 所示。

从图 10-9 可以看出，H_2 与载气在进入喷嘴前混合，空气(助燃气)由一侧引入，在火焰上方筒状收集电极(作为正极)和下方的圆环状极化电极(作为负极)间施加恒定的电压，当载气携带待测成分进入该检测器时，在火焰高温(2000℃左右)作用下离子化，生成的许多正离子和电子在外电场作用下向两极定向移动，形成了微电流，其电流强度与单位时间内进入检测器组分的质量呈线性关系。

FID 需要三种气体(载气、氢气和空气)，一般 N_2：H_2：air 流速的最佳比是 1：1～1.5：10。

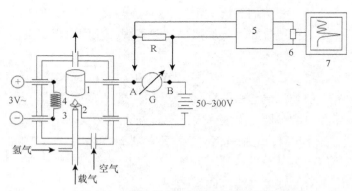

图 10-9　氢火焰离子化检测器离子室

1. 收集极；2. 极化极；3. 氢火焰喷嘴；4. 点火线圈；5. 微电流放大器；6. 衰减器；7. 记录器

FID 为质量型检测器，它对温度变化不敏感。但在用填充柱或毛细管柱作程序升温时要特别注意基线漂移，可用双柱进行补偿，或者用仪器配置的自动补偿装置进行"校准"和"补偿"。

在 FID 中，由于氢气燃烧，产生大量水蒸汽。若检测器温度低于 80℃，水不能以蒸汽状态从检测器排出，冷凝成水，使高阻值的收集极阻值大幅度下降，减小灵敏度，增加噪声，所以要求 FID 温度必须在 120℃ 以上。

毛细管柱接 FID 时，一般都要采用尾吹气(make up gas)。所谓尾吹气是在柱出口处加一路气体进入检测器，又称补充气或辅助气，见图 10-10。这是由于毛细管柱的柱内流量太低(常规柱为 1～3 ml/min)，不能满足检测器的最佳操作条件(一般要求 20 ml/min 的载气流量)。尾吹气的另一个重要作用是减小检测器的死体积，防止谱带展宽，提高检测灵敏度。

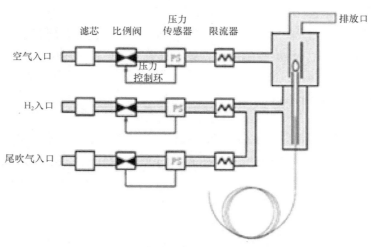

图 10-10　尾吹气气路示意图

3) 电子捕获检测器

电子捕获检测器(electron capture detector，ECD)是一种专属型检测器，具有灵敏度高、选择性好的优点，是目前分析痕量电负性有机化合物最有效的检测器，对含卤素、硫、氧、羰基、氰基、氨基和共轭双键体系等化合物有很高的灵敏度。可检测出 CCl_4 为 10^{-14}g/ml。

电子捕获检测器的结构如图 10-11 所示。电子捕获检测器的主体是电离室，目前广泛采用的是圆筒状同轴电极结构。阳极是外径约 2mm 的铜管或不锈钢管，金属管体为阴极。离子室内壁装有 β 射线放射源，常用的放射源是 ^{63}Ni。在阴极和阳极间施加一直流或脉冲极化电压。载气用 N_2 或 Ar。

当纯载气(N_2)进入检测器时，放射源放射出的 β 射线，使载气电离，产生正离子及低能量电子：

$$N_2 \longrightarrow N_2^+ + e$$

这些带电粒子在外电场作用下向两电极定向流动，形成了约为 10^{-8}A 的电流，即检测器基流。当电负性组分 AB 进入离子室时，因为 AB 有较强的电负性，可以捕获低能量的电子，而形成负离子，并释放出能量。电子捕获反应如下：

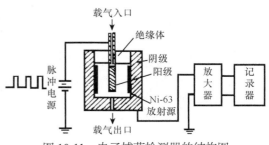

图 10-11　电子捕获检测器的结构图

$$AB + e \longrightarrow AB^- + E$$

反应式中，E 为反应释放的能量。

电子捕获反应中生成的负离子 AB^- 与载气的正离子 N_2^+ 复合生成中性分子。反应式为

$$AB^- + N_2^+ \longrightarrow N_2 + AB$$

由于电子捕获和正负离子的复合，电极间电子数和离子数目减少，致使基流降低，产生了组分的检测信号。由于被测样品捕获电子后降低了基流，所以产生的电信号是负峰，负峰的大小与组分的浓度成正比。负峰不便观察和处理，通过极性转换为正峰。

ECD 一般采用高纯 N_2(＞99.999%)作为载气，载气必须严格纯化，彻底除去水和氧。为了保持 ECD 池洁净，不受柱固定相污染，应尽量选用低配比的耐高温或交联固定相。

为了防止放射性污染，检测器出口一定要用管道接到室外通风出口。与 FID 相似，连接毛细管柱时，为了同时获得较好的柱分离效果和较高基流，尾吹气流量至少要达到 25 ml/min，以便检测器内 N_2 达到最佳流量。

4) 氮磷检测器

氮磷检测器(nitrogen-phosphorus detector，NPD)又称为热离子化检测器(thermionic detector，TID)或热离子专一检测器(thermionic specific detector，TSD)，对含氮、磷的有机化合物灵敏度高，专一性好。其结构与 FID 相似，只是在喷嘴与收集极之间加一个由硅酸铷或硅酸铯等制成的玻璃或陶瓷珠的热离子电离源及其加热系统。

5) 火焰光度检测器

火焰光度检测器(flame photometric detector，FPD)又称为硫磷检测器，具有高灵敏度和高选择性。它是利用富氢火焰使含硫、磷杂原子的有机物分解，形成激发分子，当它们回到基态时，发射出一定波长的光。此光强度与被测组分量成正比。

2. 检测器的性能指标　对检测器性能的要求主要有四方面：灵敏度高；稳定性好，噪声低；线性范围宽；死体积小，响应快。表 10-3 列出了常用检测器的性能指标。

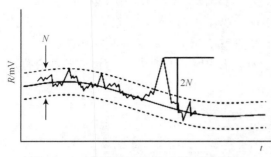

图 10-12　检测器的噪声、漂移和检测限

(1) 噪声和漂移　在没有样品进入检测器的情况下，检测器本身及其他操作条件(如柱内固定液流失，橡胶隔垫流失、载气、温度、电压的波动、漏气等因素)使基线在短时间内产生起伏的信号，称为噪声(noise，N)，单位用 mV 或 pA 表示。基线在一定时间内对原点产生的偏离，称为漂移(drift，d)，单位用 mV/h 或 pA/h 表示，如图 10-12 所示。良好的检测器其噪声与漂移都应该很小，它们反映了检测器的稳定状况。

(2) 灵敏度　气相色谱检测器的灵敏度(sensitivity，S)是指单位量的物质通过检测器所产生的电信号强度，即

$$S = \frac{\Delta R}{\Delta Q} \tag{10-19}$$

式中，Q 的单位因检测器的类型不同而异，S 的单位随之亦有不同。

(3) 检测限　灵敏度不能全面地表明一个检测器的优劣，因为它没有反映检测器的噪声水

平的影响。信号可以被放大器任意放大，使灵敏度增高，但噪声也同时放大，弱信号仍然难以辨认。

某组分的峰高恰为噪声的三(或两)倍时(图 10-12)，单位时间内载气引入检测器中该组分的质量或单位体积载气中所含该组分的量称为检测限或称为敏感度，即

$$D = 3N/S \qquad (10\text{-}20)$$

由于灵敏度 S 有不同的单位，所以检测限也有不同的单位。灵敏度和检测限是从两个不同角度表示检测器对物质敏感程度的指标。灵敏度越大，检测限越小，则表明检测器性能越好。

表 10-3　常用检测器的性能

检测器	检测对象	噪声	检测限	线性	适用载气
TCD	通用	0.01mV	10^{-5}mg/ml	10^4	N_2、He
FID	含 CH 化合物	10^{-4}A	10^{-10} mg/s	10^7	N_2
ECD	含电负性基团	8×10^{-12}A	5×10^{-11} mg/ml	5×10^4	N_2
NPD	含 PN 化合物		10^{-12} mg/s	10^5	N_2、Ar
FPD	含 SP 化合物		3×10^{-10} mg/s	10^5	N_2、He

(4) 线性范围　线性范围(liner range)是指被测物质的量与检测器响应信号呈线性关系的范围，以最大允许进样量与最小进样量之比表示。线性范围与定量分析有密切的关系。

五、计算机系统

计算机系统(色谱工作站)由色谱数据采集卡、色谱仪器控制卡、色谱工作软件、微型计算机和打印机组成，主要有以下三大功能。

(1) 仪器的自动化控制　气相色谱仪利用色谱管理软件对色谱系统的参数(柱温、气化室温度和检测器温度等)进行设置调整，可以实现全系统的自动化控制。色谱工作站通过控制自动进样，实现准确、定时地进样，提高了仪器的准确度和精密度。

(2) 采集、处理与分析色谱数据　它能对来自检测器的原始数据进行分析处理，给出所需要的信息。例如，专用色谱数据处理软件不仅能对进行色谱峰积分，而且还能绘制标准曲线，计算样品含量、理论板数及其他色谱参数诸如峰宽、峰高、峰面积、对称因子、保留因子、选择性因子和分离度等色谱参数的计算，这对色谱方法的建立都十分重要。

(3) 各种报告的选取与打印　根据上述色谱信息，色谱工作软件可处理成多种色谱报告供选取与打印。例如，分析结果(保留时间、峰高、峰面积等)报告，色谱系统评价(柱效、分离度、拖尾因子等)报告等。

此外，为了满足 GMP／GLP 法规的要求，许多色谱仪的色谱软件具有方法认证功能，使分析工作更加规范化，这对医药分析尤其重要。

第5节　分离条件的选择

一、色谱柱的总分离效能指标——分离度

分离度(resolution，R)又称分辨率，其定义为相邻两组分色谱峰的保留时间之差与两峰宽度之和一半的比值，即

$$R = \frac{t_{R2} - t_{R1}}{\frac{1}{2} \cdot (W_1 + W_2)} = \frac{2(t_{R2} - t_{R1})}{W_1 + W_2} \tag{10-21}$$

式中，t_{R1}、t_{R2} 分别为组分 1、2 的保留时间；W_1、W_2 分别为组分 1、2 色谱峰的峰宽。R 值越大，表明相邻两组分分离越好。两组分保留值的差别，主要决定于固定相的热力学性质；色谱峰的宽窄则反映了色谱过程的动力学因素——柱效能高低。因此，分离度既包含热力学因素又包含动力学因素，是色谱柱的总分离效能指标。

设色谱峰为正常峰，且 $W_1 \approx W_2 = 4\sigma$。若 $R = 1$，峰尖距(Δt_R)为 4σ，此分离状态称为 4σ 分离，峰基略有重叠，裸露峰面积 $\geqslant 95.4\%(t_R \pm 2\sigma)$。若 $R = 1.5$，峰尖距为 6σ，称为 6σ 分离，两峰完全分开，裸露面积 $\geqslant 99.7\%(t_R \pm 3\sigma)$，如图 10-13 所示。在做定量分析时，为了能获得较好的精密度与准确度，应使 $R \geqslant 1.5$(《中国药典》2015 年版规定)。

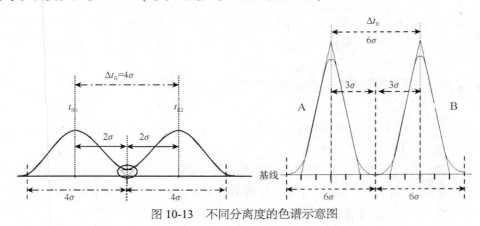

图 10-13　不同分离度的色谱示意图

二、色谱分离方程式

分离度的定义并没有反映影响分离度的诸因素，实际上，分离度受柱效(n)、选择性系数(α)和容量因子(k)三个参数的控制。在色谱分析中，对于多组分混合物的分离分析，在选择合适的固定相及实验条件时，主要针对其中难分离物质对来进行考虑，对于难分离物质对，由于它们的分配系数差别小，可合理地假设 $k_1 \approx k_2 = k$，$W_1 \approx W_2 = W$，由式(10-6)得

$$\frac{1}{W} = \frac{\sqrt{n}}{4} \cdot \frac{1}{t_R} \tag{10-22}$$

将式(10-22)及式(8-10)与(8-18)代入式(10-21)，整理后可得

182　　仪器分析

$$R = \frac{\sqrt{n}}{4} \cdot \left(\frac{\alpha-1}{\alpha}\right) \cdot \left(\frac{k}{1+k}\right) \qquad (10\text{-}23)$$

式(10-23)即色谱分离方程式，它表明 R 随体系的热力学性质(α 和 k)的改变而变化，也与动力学因素(n)有关，如图 10-14 所示。n 影响峰的宽度，k 影响峰位，α 影响峰间距。式(10-23)中第一项称为柱效项，第二项称为选择项，第三项称为容量因子项。

在实际应用中，往往用 n_{eff} 代替 n。将式(10-6)除以式(10-7)，并将式(8-5)和(8-18)代入，可得

$$n = \left(\frac{1+k}{k}\right)^2 \cdot n_{\text{eff}} \qquad (10\text{-}24)$$

将式(10-24)代入式(10-23)，则可得用有效板数表示的色谱基本分离方程式：

$$R = \frac{\sqrt{n_{\text{eff}}}}{4} \cdot \left(\frac{\alpha-1}{\alpha}\right) \qquad (10\text{-}25)$$

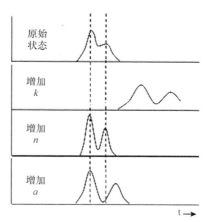

图 10-14　容量因子(k)、柱效(n)及选择性因子(α)对分离度(R)的影响

1. 分离度与柱效的关系　提高柱效，增加分离度方法是增加柱长、使用小颗粒固定相与改变柱温。

(1) 增加柱长，增加分离度　其优点是柱长增加一倍，柱效 n 增加一倍；柱长增加一倍，分离度 R 增加 $\sqrt{2}$ 倍。对于一定理论板高的柱子，分离度的平方与柱长成正比，即

$$\left(\frac{R_1}{R_2}\right)^2 = \frac{n_1}{n_2} = \frac{L_1}{L_2} \qquad (10\text{-}26)$$

改变柱长时，虽 t_R、n、P 随柱长的变化而变化，但容量因子 k 和色谱柱选择性不变，见表 10-4。

表 10-4　改变柱长各色谱参数的变化

	1Column	2Column	3Column
t_R^*	3.69	7.44	11.22
k	3.86	3.89	3.90
n^*	8910	17250	26400
n/m	89100	86250	88000
P^*	500psi	1000psi	1500psi

表 10-4 中，"*"表示其色谱参数随着柱长的增加呈线性增加

缺点是增加柱长，保留时间 t_R 增加，导致峰展宽。因此在达到一定的分离度的条件下应使用较短的色谱柱。

(2) 使用小颗粒固定相　固定相颗粒直径越小，柱效 n 越大。但随着颗粒直径变小，如果要保持一定载气流量，柱压随之大幅增加，所以目前固定相颗粒直径还不能小于 1.7mm。

(3) 改变柱温　降低柱温，可增加 k，提高柱效 n，增加分离度 R。

【例 10-2】　当柱长为 1m，平均柱效 n 为 3600 时，两个组分的保留时间分别为 12.2s 和

12.8s，计算分离度。要达到完全分离，即 $R=1.5$，求所需要的柱长。

解

$$W_{b1} = 4\frac{t_{R1}}{\sqrt{n}} = \frac{4 \times 12.2}{\sqrt{3600}} = 0.8133 \qquad W_{b2} = 4\frac{t_{R2}}{\sqrt{n}} = \frac{4 \times 12.8}{\sqrt{3600}} = 0.8533$$

$$R = \frac{2 \times (12.8 - 12.2)}{0.8533 + 0.8133} = 0.72 \qquad L_2 = \left(\frac{R_2}{R_1}\right)^2 \times L_1 = \left(\frac{1.5}{0.72}\right)^2 \times 1 = 4.34(\text{m})$$

2. 分离度与选择性因子的关系 由式(10-23)可知，当 $\alpha = 1$ 时，$R = 0$。这时，无论怎样提高柱效也无法使两组分分离。当 α 从 1 增加到 1.1 时，α 增加了 10%，R 却增加了 9 倍。在这段范围内 α 的微小变化，能引起分离度的显著变化，因此增大 α 值是提高分离度的有效办法；当 α 从 1.5 增加到 2.0 时，α 增加了 33%，R 却只增加了 1.5 倍。通常要求 $\alpha > 1 \sim 2$。

增大 α 值的方法是改变固定相性质或降低柱温。

3. 分离度与容量因子的关系 k 值大对分离有利，但并非越大越有利。$k > 10$ 时，$k/(k+1)$ 改变不大，对 R 的改进不明显，反而使分析时间大幅度延长。因此 k 值在 $2 \sim 10$ 较适宜，这样既可得到大的 R 值，又可使分析时间不至于过长，且使峰的展宽不会太严重。

改变 k 的方法是：①改变固定相种类；②降低柱温；③改变相比 β。

4. 分离度与分离时间的关系

根据
$$R = \frac{1}{4}\sqrt{n_2}\left(\frac{k_2}{1+k_2}\right)\left(\frac{\alpha-1}{\alpha}\right) \Rightarrow n = 16R^2\left(\frac{1+k_2}{k_2}\right)^2\left(\frac{\alpha}{\alpha-1}\right)^2 \tag{10-27}$$

$$t_R = t_M(1+k_2) = \frac{L}{u}(1+k_2) = \frac{n \cdot H}{u}(1+k_2) \Rightarrow n = t_R \cdot \frac{u}{H} \cdot \frac{1}{(1+k_2)} \tag{10-28}$$

式(10-27)与式(10-28)联立求解，得

$$t_R = 16R^2\left(\frac{\alpha}{\alpha-1}\right)^2\frac{(k_2+1)^3}{k_2^2} \cdot \frac{H}{u} \tag{10-29}$$

式(10-29)中，若其他参数不变，R 与 t_R 之间的比例关系如下

$$\left(\frac{R_1}{R_2}\right)^2 = \frac{t_{R1}}{t_{R2}} \tag{10-30}$$

由式(10-30)可见，分析时间增加一倍，分离度 R 增加 $\sqrt{2}$ 倍。

【例 10-3】 已知组分 A 和 B 在一个 30.0cm 柱上的保留时间分别为 16.40min 和 17.63min、峰宽为 1.11min 和 1.21min，不被保留组分通过该柱的时间为 1.30min，试计算：

(1) 分离度；

(2) 理论塔板数(以 B 组分计)；

(3) 理论塔板高度(以 B 组分计)；

(4) 欲使分离度达到 1.5 所需柱的长度；

(5) 在较长柱上把物质 B 洗脱出柱所需要的时间。

解 (1) $R = 2(17.63 - 16.40)/(1.11 + 1.21) = 1.06$

(2) $n_B = 16(17.63/1.21)^2 = 3397(\text{片})$

(3) $H_B = L/n = 30.0/3397 = 8.83 \times 10^{-3}(\text{cm})$

(4) $L_1/L_2 = (R_1/R_2)^2$，所需柱长为 $L_2 = (1.5/1.06)2 \times 30.0 = 60.1(\text{cm})$

(5) 所需时间为 $t_{R2} = t_{R1}(R_2/R_1)^2 = 17.63 \times 1.5^2/1.06^2 = 35.3(\text{min})$

【例 10-4】 假设两个组分的 $\alpha = 1.05$，要在一根色谱柱上得以完全分离，求：① 需要的有效塔板数为多少？② 设柱有效板高 $H_{\text{eff}} = 0.2 \text{ mm}$，所需的柱长为多少？

解

$$n_{\text{eff}} = 16R^2\left(\frac{\alpha}{\alpha-1}\right)^2 = 16 \times 1.5^2 \times \left(\frac{1.05}{1.05-1}\right)^2 = 15876(\text{片})$$

$$L = n_{\text{eff}}H_{\text{eff}} = 15876 \times 0.2 \times 0.001 = 3.18(\text{m})$$

三、分离操作条件的选择

在气相色谱分析中，除了要选择好固定相，还要选择分离操作的最佳条件，在处理这一问题时，既应考虑使难分离的物质对达到完全分离的要求，还应尽量缩短分析所需的时间。

1. 载气及其流速的选择 对一定的色谱柱和组分，有一个最佳的载气流速，此时柱效最高。根据式(10-9)，

$$H = A + B/u + Cu$$

用塔板高度 H 对载气流速 u 作图为二次曲线。曲线最低点所对应的板高最小($H_{\text{最小}}$)，柱效最高，此时的流速称为最佳流速($u_{\text{最佳}}$)。$H\text{-}u$ 曲线如图 10-15 所示。

$u_{\text{最佳}}$ 及 $H_{\text{最小}}$ 可由式(10-9)微分求得

$$\frac{\text{d}H}{\text{d}u} = -\frac{B}{u^2} + C = 0$$

$$u_{\text{最佳}} = \sqrt{B/C} \tag{10-31}$$

将式(10-31)代入式(10-9)得

$$H_{\text{最小}} = A + 2\sqrt{BC} \tag{10-32}$$

在实际工作中，为了缩短分析时间，往往使流速稍高于最佳流速。从式(10-9)及图 10-15 可见，当流速较小时，分子扩散项系数(B)就成为色谱峰展宽的主要因素，此时宜用相对分子质量较大的氮气或氩气为载气(D_g 小)；而当流速较大时，传质阻力项系数(C)为主要因素，宜采用相对分子质量较小的氢气或氦气(D_g 大)。色谱柱较长时，在柱内产生较大压力降，此时采用黏度低的氢气较合适。

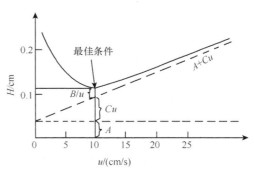

图 10-15 塔板高度 H 与流速 u 关系

对于填充柱，N_2 最佳线速度为 7～10 cm/s；H_2 为 10～12 cm/s。通常载气体积流速(F_c)可在 20～80ml/min，可通过实验确定最佳流速，以获得高柱效。对于开管毛细管柱，N_2、He 和 H_2 最佳流速分别约为 20 cm/s、25 cm/s 和 30 cm/s。

2. 柱温的选择 柱温是一个重要的操作参数，它直接影响色谱柱的使用寿命、柱的选择

性、柱效能和分析速度。柱温低有利于组分的分离；但柱温过低，被测组分可能在柱中冷凝，或者传质阻力增加，使色谱峰扩张，甚至拖尾。柱温高，虽有利于传质，但分配系数变小不利于分离。一般通过实验选择最佳柱温，原则是在使最难分离物质对有尽可能好的分离度的前提下，尽可能采用较低的柱温，但以保留时间适宜、峰形不拖尾为度。在实际工作中一般根据样品沸点来选择柱温。

(1) 恒温　对于高沸点样品(300～400℃)，柱温可低于其沸点100～200℃，为了改善液相传质阻力，应选用低固定液配比(1%～3%)的填充柱或薄液膜毛细管柱，并采用高灵敏度检测器。对于沸点低于300℃的样品，柱温可以在比各组分的平均沸点低50℃至平均沸点的温度范围内。

(2) 程序升温　对于宽沸程样品(混合物中高沸点组分与低沸点组分的沸点之差称为沸程)，用恒定柱温往往造成低沸点组分分离不好，而高沸点组分峰很宽，需采取程序升温方法，即在同一个分析周期内，柱温按预定的加热速度，随时间作线性或非线性的变化。其优点是能缩短分析周期、改善峰形、提高分离度与检测灵敏度。但有时会引起基线漂移。图10-16为宽沸程样品在恒定柱温与程序升温的色谱对比图。可以看出程序升温改善了复杂组分样品的分离效果，使各组分都能在较适宜的温度下分离。

在使用程序升温时，一般来讲，色谱柱的初始温度应接近样品中质量最小组分的沸点，而最终温度则取决于质量最大组分的沸点。升温速率则要依样品的复杂程度而定。在没有资料可供参考的情况下，建议毛细管柱的尝试温度条件设置如下。

OV-1(或 SE-30)柱或 SE-54 柱：从 50℃到 280℃，升温速率 10℃/min。

OV-17(或 OV-1701)柱：从 60℃到 260℃，

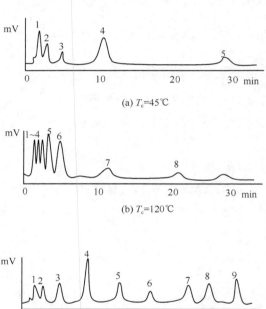

(a) $T_c=45℃$

(b) $T_c=120℃$

(c) $T_c=30\sim180℃$

图 10-16　宽沸程混合物的恒温色谱与程序升温色谱分离效果的比较

1. 丙烷(–42℃)；2. 丁烷(–0.5℃)；3. 戊烷(36℃)；4. 己烷(68℃)；5. 庚烷(98℃)；6. 辛烷(126℃)；7. 溴仿(150.5℃)；8. 间氯甲苯(161.6℃)；9. 间溴甲苯(183℃)

升温速率 8℃/min；

PEG-20M(或 FFAP)柱：从 60℃到 200℃，升温速率 8℃/min。

以上只是方法开发时的初始参考条件，具体工作中一定要根据样品的实际分离情况来优化设定。

3. 气化室温度的选择　气化室温度一般比柱温高 20～50℃。

4. 检测器温度　一般选择比柱温高 30～70℃。

5. 进样时间　一般在 1s 内完成，越快越好；进样时间长，会导致色谱峰变宽。

6. 进样量的选择　进样量应控制在柱容量允许范围及检测器线性检测范围之内。进样量过大，使色谱柱超载，柱效急剧下降，峰形变宽；峰高或峰面积与进样量不成正比。

第6节　定性及定量分析方法

一、定性分析

色谱定性分析是鉴定样品中各组分所属化合物。色谱法通常只能鉴定范围已知的未知物,对范围未知的混合物单纯用气相色谱法定性则很困难,常需与化学分析或其他仪器分析方法配合。

1. 利用保留值定性　根据同一种物质在同一根色谱柱上和相同的操作条件下保留值相同的原理进行定性。

1) 利用标准品直接对照定性

(1) 在相同的色谱条件下,样品和标准品分别进样,测定,对照比较,利用保留值的一致性进行定性鉴别,如图 10-17 所示。

(2) 利用加入标准品增加峰高定性。将适量的标准品加入样品中,混匀,进样。对比加入前后的色谱图,若某色谱峰相对增高,则该色谱组分与标准物质可能为同一物质。这是确认某一复杂样品中是否含有某一组分的较好办法。

2) 利用文献值对照定性

在无法获得标准品时可利用文献值对照定性,即利用标准品的文献保留值(相对保留值或保留指数)与未知物的测定保留值进行比较对照来进行定性分析。

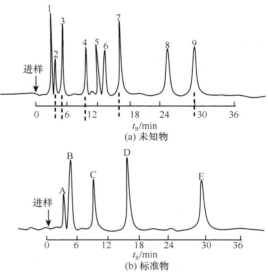

图 10-17　利用标准品直接对照定性示意图
标准物:A. 甲醇;B. 乙醇;C. 正丙醇;D.正丁醇;E.正戊醇

3) 双柱定性

无论采用标准品直接对照定性,还是采用文献值对照定性,都是在同一根柱子上进行分析比较定性。其定性的准确度都不是很高,往往还需要其他方法加以确认。双柱定性是在两根不同极性的柱子上,将得到的未知物的保留值与标准品的保留值或其在文献上的保留值进行对比分析。在用双柱定性时,所选择的两根柱子的极性差别应尽可能大,极性差别越大,定性分析结果的可信度越高。

2. 利用两谱联用定性　利用气相色谱-质谱联用仪(GC-MS)、气相色谱-傅里叶变换红外光谱联用仪(GC-FTIR)进行定性,可靠性更强,可信度更高。

二、定量分析

气相色谱定量分析的依据是色谱峰的峰面积或峰高(检测器的响应值)与所测组分的质量(或浓度)成正比,即

$$m_i = f_i' A_i \tag{10-33}$$

式中,m_i 为组分量,f_i' 称为定量校正因子,定义为单位峰面积所代表的待测组分 i 的量;A_i 为

峰面积。

1. 定量校正因子　实验发现，相同量的同一种物质在不同类型检测器上往往有不同的峰面积或峰高；相同量的不同物质在同一检测器上又有不同的峰面积或峰高。这样，就不能用峰面积来直接计算物质的含量。为了使检测器产生的响应信号能真实地反映物质的含量，就要对峰面积或峰高进行校正，因此引入定量校正因子。

1) 绝对定量校正因子和相对定量校正因子

定量校正因子分为绝对定量校正因子和相对定量校正因子。由上述峰面积与物质量之间的关系式(10-33)可知，

$$f_i' = m_i / A_i \tag{10-34}$$

式中，f_i' 称为绝对定量校正因子，其值随色谱实验条件而改变，因而很少使用。

在实际工作中一般采用相对定量校正因子。其定义为某组分 i 与所选定的参比物质 s 的绝对定量校正因子之比，即

$$f_{i,s} = \frac{f_i'}{f_s'} = \frac{m_i / A_i}{m_s / A_s} \tag{10-35}$$

式中，m 以质量表示，$f_{i,s}$ 称为相对质量校正因子，它只与检测器种类有关，而与操作条件无关，因而是一个通用的常数。

2) 定量校正因子的测定

准确称取待测校正因子的物质 i(纯品)和所选定的基准物质 s，配成溶液混匀后进样，测得两色谱峰面积 A_i 和 A_s，用式(10-31)求得物质 i 的相对质量校正因子。TCD 规定苯为基准物质；FID 规定正庚烷为基准物质。

2. 定量分析方法　常用的定量方法有归一化法、外标法、内标法和标准加入法。这些定量方法各有优缺点和使用范围，因此实际工作中应根据分析的目的、要求以及样品的具体情况选择合适的定量方法。

1) 归一化法(normalization method)

如果样品中所有组分都能产生信号，得到相应的色谱峰，那么可以用式(10-29)计算各组分的量，再用式(10-36)计算某一组分或所有组分的相对百分含量。

$$w_i = \frac{A_i f_i}{A_1 f_1 + A_2 f_2 + A_3 f_3 + \cdots + A_n f_n} \times 100\% = \frac{A_i f_i}{\Sigma A_i f_i} \times 100\% \tag{10-36}$$

若样品中各组分的校正因子相近，可将校正因子删除，直接用峰面积归一化进行计算。

$$w_i = \frac{A_i}{A_1 + A_2 + A_3 + \cdots + A_n} \times 100\% = \frac{A_i}{\sum A_i} \times 100\% \tag{10-37}$$

归一化法的优点是简便、准确、定量结果与进样量的准确性无关。缺点是必须所有组分在一个分析周期内都流出色谱柱，而且检测器对它们都产生信号。它不适用于微量杂质的含量测定。

2) 内标法(internal standard method)

选择样品中不含有的纯物质作为内标物加入待测样品溶液中，根据试样和内标物的质量及其在色谱图上相应的峰面积比，求出试样中待测组分含量的方法称为内标法。

准确称取质量为 m 的样品，再准确称取质量为 m_s 的内标物，配成混合溶液，进样。测量

待测组分 i 的峰面积 A_i 及内标物的峰面积 A_s, 则 i 组分在样品中所含的质量为 m_i, 与内标物的重量 m_s 有下述关系:

$$\frac{m_i}{m_s} = \frac{f_i A_i}{f_s A_s} \tag{10-38}$$

待测组分 i 在样品中的质量分数 w_i 为

$$w_i = \frac{m_i}{m} \times 100\% = \frac{A_i f_i}{A_s f_s} \cdot \frac{m_s}{m} \times 100\% = f_{i,s} \frac{A_i}{A_s} \cdot \frac{m_s}{m} \times 100\% \tag{10-39}$$

内标法的关键是选择合适的内标物。对内标物的要求是: ①内标物是原样品中不含有的组分; ②内标物的保留时间应与待测组分相近, 或处于几个待测组分的色谱峰之间, 但彼此能完全分离($R \geqslant 1.5$); ③内标物必须是纯度合乎要求的纯物质, 加入的量应接近于待测组分; ④内标物与待测组分的理化性质(如挥发性、化学结构、极性以及溶解度等)最好相似, 当操作条件变化时所产生的误差可相互抵消。

内标法的优点是: ①定量分析结果不受色谱条件的微小变化及进样量准确性的影响; ②只要待测组分及内标物出峰, 且分离度合乎要求, 就可定量; ③适用于微量组分的分析。缺点是样品配制比较麻烦, 内标物不易寻找。

【例 10-5】 无水乙醇中微量水分的测定。

(1) 样品配制 准确量取被测无水乙醇 100ml, 称量为 79.37g。用差减法加入无水甲醇(内标物)约 0.25g, 精密称定为 0.2572g, 混匀, 备用。

(2) 实验条件 色谱柱: 上试 401 有机载体(或 GDX-203); 柱长: 2m; 柱温: 120℃; 气化室温度: 160℃; 检测器: 热导池; 载气: H_2; 流速: 40~50ml/min。实验所得色谱图如图 10-18 所示。

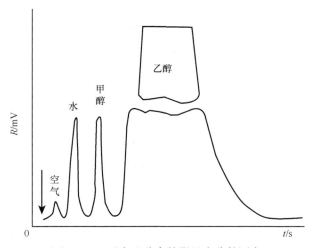

图 10-18 无水乙醇中的微量水分的测定

(3) 测定数据 水: $A = 0.637$mV/s; 甲醇: $A = 0.856$ mV/s。

从《分析化学手册》第五分册气相色谱分析 P697 上查得: 相对质量校正因子 $f_{水} = 0.70$, $f_{甲醇} = 0.75$, 则质量分数:

$$H_2O\% = \frac{0.70 \times 0.637}{0.75 \times 0.856} \times \frac{0.2572}{79.37} \times 100\% = 0.23\%$$

3) 内标比标准曲线法(internal standard and standard curve method)

配制一系列浓度的标准溶液,并在其中分别加入相同量的内标物,混匀后进样。以待测组分与内标物的峰面积之比(A_i/A_s)对标准溶液的浓度与内标物浓度的比值(c_i/c_s)进行线性回归。样品溶液中加入相同量的内标,测定 A_i/A_s,代入回归方程,求供试品溶液中待测组分的浓度。

若标准曲线通过原点,亦可使用内标比对照法,即

$$c_{i样} = \frac{(A_i/A_s)_样}{(A_i/A_s)_标} \cdot c_{i标}$$ (10-40)

【例 10-6】 曼陀罗酊剂含醇量的测定(《中国药典》规定其含醇量为 40%~50%)。

(1) 对照品溶液的配制 准确吸取无水乙醇 5ml 及丙醇(内标物)5ml,置 100ml 容量瓶中,加水稀释至刻度。

(2) 样品溶液的配制 准确吸取样品 10ml 及丙醇 5ml,置 100ml 容量瓶中,用水稀释至刻度。

(3) 测峰高比平均值 将对照品溶液与样品溶液分别进样三次,每次 2μL。色谱条件与上例相似。测得它们的峰高比平均值分别为 13.3/6.1 及 11.4/6.3。

(4) 计算。

$$乙醇\% = \frac{(11.4/6.3)\times 10}{(13.3/6.1)} \times 5.00\% = 42\%(V/V)$$

第7节 应用与示例

气相色谱法在药物分析中的应用很广泛,包括药物的含量测定、杂质检查及微量水分测定、药物中间体的监控(反应程度的监控)、中药成分研究、制剂分析(制剂稳定性和生物利用度研究)、药物监测和药物代谢研究等。

1. 合成药物分析 药物合成过程中往往产生各种中间体,因此,合成药物的质量控制在测定其含量的同时,还需要控制其中间有害物质与有机溶剂的残留。气相色谱法能分离药物及其中间体,并进行定量测定。

【例 10-7】 顶空固相微萃取-气相色谱法测定头孢匹胺钠中多种有机溶剂残留量。

头孢匹胺钠系第三代头孢类抗生素,由于其在生产精制过程中采用了甲醇、乙醇、丙酮、乙腈、*N,N*-二甲基乙酰胺(DMAC)等有机溶剂,故应对原料药中有机溶剂的残留量进行测定。

(1) 色谱条件 AT OV-1301 石英毛细管柱(30 m×0.32mm×0.5μm);程序升温:起始柱温 50℃维持 1 min,然后以 2.5 ℃/min 的速率升至 60℃,再以 30℃/min 的速率升至 250℃维持 10min。FID 检测器,温度 250℃。分流/不分流进样器,温度 270 ℃,不分流时间为 1min。氮气为载气,线速度为 20 cm/s。

(2) 顶空固相微萃取条件 平衡温度为 75℃,平衡时间为 10min。95μm 聚甲基苯基乙烯基硅氧烷/羟基硅油复合涂层固相微萃取器。

(3) 样品测定及结果 5 种有机溶剂完全分离,在所考察的浓度范围内具有良好的线性,*r* 为 0.9992~0.9999,平均回收率为 87.6%~101.8%,精密度、重复性 RSD 均小于 1%,检测限为 0.01~0.2μg/ml。方法快速、灵敏、准确。

【例 10-8】 维生素 E 胶丸中维生素 E 的含量测定。

(1) 色谱条件和系统适用性试验　以硅氧烷(OV-17)为固定相，涂布浓度为 2%，或以 HP-1 毛细管柱(100%二甲基聚硅氧烷)为分析柱；柱温 265℃。理论板数按维生素 E 峰计算不低于 500(填充柱)或 5000(毛细管柱)，维生素 E 峰与内标物质峰的分离度应符合要求。

(2) 校正因子的测定　取正三十二烷适量，加正己烷溶解并稀释成每 1ml 中含 1.0mg 的溶液，作为内标溶液。另取维生素 E 对照品约 20mg，精密称定，置棕色具塞瓶中，精密加内标溶液 10ml，密塞，振摇使溶解；取 1～3μL 注入气相色谱仪，计算校正因子。

(3) 测定法　取装量差异项下的内容物，混合均匀，取适量(约相当于维生素 E 20 mg)，精密称定。置棕色具塞瓶中，精密加内标溶液 10ml，密塞，振摇使溶解；取 1～3μL 注入气相色谱仪，测定，计算，即得。

2. 中药成分分析　中药的成分复杂，而中成药一般都是含有多种药材的复方制剂，它们的成分研究比较困难。但气相色谱法在这方面仍然是一种很好的方法。挥发油、有机酸及酯、生物碱、香豆素、黄酮、植物甾醇、单糖、甾体皂苷元等植物成分，都能用气相色谱法分离测定，中药麝香、蟾酥等的气相色谱法也有报道。气相色谱法对中药成分的研究或对比可以解决品种鉴定、找寻代用品，以及产地、采收季节、炮制方法对成分影响等方面的问题，为药材和中成药的质量标准的制定提供可靠的方法。用两谱联用还可测定某些成分的结构。

【例 10-9】　莪术挥发油成分的全二维气相色谱/飞行时间质谱法分析。

仪器与柱系统。GC×GC 系统由 Agilent 6890 气相色谱仪(Agilent 公司)和冷喷调制器 KT 2001 (ZEOX)组成，检测器为 FID。优化选择了 2 套柱系统，第一套柱系统：柱 1 为 DB-2PETRO (J &W)(50 m ×0.2 mm ×0.5 μm)，柱 2 为 DB-17ht (J &W)(2.6m×0.1mm×0.1 μm)，第二套柱系统：柱 1 为 SOL GELWAX (SGE)(60m ×0.25mm)，柱 2 为 Cyclodex2B (SGE)(3m ×0.1mm×0.1μm)。

GC×GC 与 GC×GC/TOFMS 实验条件。进样口温度 250℃；检测器温度 260℃；载气为氢气，恒压操作，柱前压 607kPa；第一套柱系统温度程序为初始温度 80℃，以 3℃/min 升至 170℃，再以 2℃/min 升至 240℃(保持 5min)；第二套柱系统温度程序为初始温度 70℃(保持 3min)，升温速率为 3℃/min，终点温度为 200℃(保持 25min)。接口温度 230℃；离子源温度 240℃；质量扫描范围 35～400 u；第一套柱系统调制周期为 4s；第二套柱系统调制周期为 6 s；冷气流速 20ml/min，热气加热电压为 60V；谱图由 Transform 和 Zoex 软件生成、处理和定量。

莪术是我国传统的中药材，具有活血破淤、行气止痛之功效。近年来的研究表明，其挥发油具有抗肿瘤、抗早孕、抗炎、抗菌和降酶等作用。过去采用 GC/MS 分析莪术挥发油，只鉴定出约 100 种组分。

通过优化 GC×GC 的柱系统、温度程序和调制参数等色谱条件，建立了分析中药莪术挥发油组成的全二维气相色谱/飞行时间质谱(GC×GC/TOFMS)方法，实现了莪术挥发油的单个组分与族组分分析。采用所建立的 GC×GC/TOFMS 方法，鉴定出匹配度大于 80%的组分有 249 种，其中单萜 18 种，单萜含氧衍生物 34 种，倍半萜 35 种，倍半萜含氧衍生物 37 种，有 69 种组分的体积分数大于 0.02%。

3. 复方制剂分析　复方制剂含有多种成分，进行分析测定时往往互相干扰，此外，制剂中的辅料等也常妨碍有效成分的分析。气相色谱可同时测定一些复方制剂的多种成分。

【例 10-10】　气相色谱法测定 4 种中药橡胶膏剂(伤湿止痛膏、安阳精制膏、少林风湿跌打膏和风湿止痛膏)中樟脑、薄荷脑、冰片和水杨酸甲酯的含量。

(1) 色谱条件与系统适用性试验　玻璃柱(3mm×3m)，固定相为聚乙二醇(PEG)-20M(10%)，检测器为FID。载气N_2压力60kPa，流速为58ml/min，H_2压力70kPa，空气压力15kPa，柱温130℃，进样器/检测器温度170℃。

(2) 样品测定及结果　以萘为内标物，采用内标物预先加入法，用挥发油测定器蒸馏制备供试液。4种制剂样品中的樟脑、薄荷脑、冰片(异龙脑和龙脑)、水杨酸甲酯及内标物萘均得到良好的分离。方法学研究表明，樟脑、薄荷脑、冰片和水杨酸甲酯的加样回收率都大于95.54%(RSD≤2.8%)。

4. 体内药物分析　在药物监测和药代动力学研究中都需要测定血液、尿液或其他组织中的药物浓度，这些样品中往往药物浓度低，干扰较多。气相色谱法具有灵敏度高、分离能力强的优点，因此也常用于体内药物分析。

【例10-11】　毛细管气相色谱法测定5-单硝酸异山梨酯血药浓度。

5-单硝酸异山梨酯是硝酸异山梨酯的主要代谢产物，作为一种较新型的硝酸酯类抗心绞痛药物，它的生物利用度高，分布容积广，疗效可靠。建立GC-ECD检测方法为研究该药物在人体内的药动学和生物利用度提供依据。

(1) 色谱条件　Alltech SE-30毛细管柱，15m×0.25mm×0.25μm(SGE)；分流/不分流进样衬管(4mm，去活化)；进样温度180℃，ECD温度225℃，柱前压90kPa，载气流速1.2ml/min，阳极吹扫4ml/min，隔垫吹扫4ml/min，尾吹50ml/min，采用分流进样，分流比50：1；程序升温：初始温度10℃，维持3min，然后以5℃/min升至115℃，再以50℃/min升至200℃，维持1.5min。

(2) 样品测定及结果　以2-单硝酸异山梨酯为内标，血样经正己烷-乙醚(1：4)提取液两次萃取后，分离有机相，氮气下浓缩，甲苯溶解进样。标准曲线在24～1200ng/ml浓度内，$r=0.9993$，日内、日间RSD为3.29%~9.50%，平均回收率为101.66%±1.11%。方法准确度高，专一性强，简便易行，可以满足血药浓度测定及药动学研究的需要。

第8节　气相色谱法的发展趋势

本节主要简介几种气相色谱法的特殊进样技术和联用技术。

一、顶空气相色谱法

当只对复杂样品中的挥发性组分感兴趣时，顶空气相色谱(headspace gas chromatography，HS-GC)分析往往是一种最简单而有效的方法。所谓顶空气相色谱分析是取样品基质(液体或固体)上方的气相部分进行气相色谱分析。1962年商品的顶空进样器就出现了，现已成为一种普遍使用的气相色谱分析技术。其中，静态顶空气相色谱法大量应用于中草药中挥发性成分分析和化学合成药物的残留有机溶剂分析。

图10-19　顶空瓶示意图　　**1. 静态顶空气相色谱的理论依据**　图10-19中，一个容积为V、装有体积为V_0液体样品的密封容器(称为顶空瓶)，其气相体积为V_g，液相体积为V_s，则

$$V = V_s + V_g$$

相比率
$$\beta = V_g / V_s$$

当在一定温度下达到气液平衡时，可以认为液体体积 V_s 不变，即 $V_s = V_0$。这时，气相中的样品浓度为 c_g，液相中为 c_s，样品的原始浓度为 c_0，则平衡常数
$$K = c_s / c_g$$

考虑到容器是密封的，样品不会逸出，故
$$c_0 V_0 = c_0 V_s = c_g V_g + c_s V_s = c_g V_g + K c_g V_s = c_g (K V_s + V_g)$$
$$c_0 = c_g [(K V_s / V_s) + V_g / V_s] = c_g (K V_s + V_g)$$
$$c_g = c_0 / (K + \beta) \tag{10-41}$$

在一定条件下，对于一个给定的平衡系统，K 和 β 均为常数，故可以得到
$$c_g = K' c_0 \tag{10-42}$$

式中，$K' = 1 / (K + \beta)$ 也为常数。

这就是说，在平衡状态下，气相的组成与样品原来的组成为正比关系。当用气相色谱分析得到 c_g 后，就可以算出原来样品的组成，这就是静态顶空气相色谱的理论依据。

2. 静态顶空气相色谱的仪器装置

1) 手动进样装置

所需设备比较简单，只要有一个控温精确的恒温槽(水浴或油浴)，将装有样品的密封容器置于恒温槽中，在一定的温度下达到平衡后，就可应用气密注射器从容器中抽取顶空气体样品，注入气相色谱仪进样口中进行分析。手动顶空进样由于在取样和进样过程中很难保证压力的控制以及注射器温度的一致性，故分析重现性往往不及自动进样。

2) 自动进样装置

目前商品化的顶空自动进样器有多种设计，现常用的其原理基本可分为两类：①压力平衡顶空进样系统，如 PE 公司的 HS-100 型顶空自动进样器；②压力控制定量管进样系统，如 Agilent7694E。

3. 影响静态顶空气相色谱分析的因素
影响静态顶空分析结果的因素有两部分：一是与气相色谱分析有关的参数；二是顶空进样的参数。下面仅讨论后一方面。

1) 样品的性质

顶空分析最大的优点就是不需要对复杂样品进行处理,但是样品的性质对分析结果仍有直接的影响。液体或固体样品在顶空样品瓶中起码有气-液或气-固两相，甚至气-液-固三相共存。顶空气体中各组分的含量既与其本身的挥发性有关，又与样品基质有关。特别是在样品基质中溶解度大(分配系数大)的组分，"基质效应"更明显。这是顶空分析的一大特点，即顶空气体的组成与原样品中组成不同，这对定量分析影响尤为严重。因此，标准样品不能仅用待测物的标准品配制，有时还必须有与原样品相同或相似的基质，否则会产生较大的分析误差。

实际应用中常用下列方法消除或减少基质效应：

(1) 利用盐析作用　在水溶液中，加入无机盐来改变挥发性组分的分配系数。此法对极性组分的影响远大于对非极性组分的影响。

(2) 在有机溶液中加水　当然水要与所用的有机溶剂混溶。这可以减小有机物在有机溶剂中的溶解度，增大其在顶空气体中的含量。

(3) 调节溶液的 pH　对于酸或碱，通过控制 pH 可使其解离度改变，或使其中待测物的挥发性变大，从而有利于分析。

2) 样品量

样品量是指顶空样品瓶中的样品体积。它对分析结果影响很大，因为它直接决定相比 β。当 β 远大于分配系数 K 时，样品体积对分析灵敏度的影响很大。具体分析时，样品体积还与顶空样品瓶的容积有关。一般样品体积为顶空瓶容积的 50%。

3) 平衡温度和平衡时间

样品的平衡温度与蒸气压直接相关，它影响分配系数。一般来说，温度越高，蒸气压越高，顶空气体的浓度越高，分析灵敏度越高。实际工作中往往是在满足分析灵敏度的条件下，选择较低的平衡温度。防止温度过高时，可能导致某些组分的分解和氧化。

平衡时间本质上取决于被测组分分子从样品基质到气相的扩散速率，即分子的扩散系数。扩散系数又与分子尺寸、介质黏度及温度有关。温度越高，黏度越低，扩散系数越大。所以，提高温度可以缩短平衡时间。一般平衡时间要通过试验来确定。

平衡时间一般比分析时间长，即顶空分析的周期由顶空平衡时间决定。故缩短平衡时间是提高分析速度的关键。液体样品除与样品性质和温度有关外，还与样品体积有关。如前所述，对于分配系数小的组分，加大样品体积可显著提高分析灵敏度，但所需平衡时间也相应增加。对于分配系数大的组分，加大样品体积对提高灵敏度作用甚微，故可用小的样品体积来达到缩短平衡时间的目的。

此外，与样品瓶的有关因素如瓶的容积、惰性、洁净度，盖的密封性及惰性等也对分析结果有所影响。

二、裂解气相色谱法

裂解指的是只通过热能将一种样品转变为另一种或几种物质的化学过程。裂解的结果往往是相对分子质量的降低。裂解与气相色谱的联机分析是 1959 年报道的，此后裂解气相色谱 (pyrolysis gas chromatography，Py-GC)获得了迅速的发展。除最初的管式炉裂解器外，相继出现了热丝裂解器、居里点裂解器、激光裂解器和微型炉裂解器。在应用方面，从最早主要用于聚合物的分析，发展到地球化学、微生物学、法庭科学、环境保护、医药分析及考古学等领域。

裂解气相色谱分析的原理是在一定条件下高分子及非挥发性有机物遵循一定的规律裂解，即特定的样品能够产生特征的裂解产物及产物分布，据此可对原样品进行表征。把待测样品置于裂解器中，在严格控制的条件下快速加热，使之迅速分解成为可挥发性的小分子产物，然后将裂解产物送到色谱柱中进行分离分析，通过对裂解产物的定性和定量分析，以及和裂解温度、裂解时间等操作条件的关系，可以研究裂解产物和原样品的组成、结构和物化性能的关系，并可以研究裂解机理和反应动力学。由此可见裂解气相色谱是一种破坏性的分析方法。

在药物分析中，可用裂解气相色谱有关的闪蒸技术分析中草药中的可挥发性成分。所谓"闪蒸"是指在样品裂解前，用较低的温度(低于样品的分解温度)对样品快速加热，将挥发性成分蒸发出来，得到一张色谱图。然后在高温下对样品进行裂解，得到裂解气相色谱图。这样可获得样品中挥发性成分的重要信息，在样品定性鉴定中非常有用。

三、色谱联用技术

将两种色谱法或色谱与光谱法联合应用的方法，称为色谱联用技术。色谱仪与光谱仪(或质谱仪)通过接口把两种仪器联结在一起，这种仪器称为联用仪。色谱-光谱联用旨在提高定性能力，色谱作为分离手段，光谱充当鉴定工具，两者取长补短。

1. 全二维气相色谱法(GC×GC)　二维气相色谱是 20 世纪 90 年代初才发展起来的一种新技术。它是将两根气相色谱柱通过调制器(modulator)以串联的方式结合而成的二维气相色谱技术。该技术不仅提高了色谱系统的分辨率而且其峰容量是两根色谱柱峰容量的乘积。二维气相色谱法适用于具有一定挥发性的复杂成分样品的分离分析，如石油化工样品、中药样品等。

2. 气相色谱-质谱联用技术(gas chromatography-mass spectrometry，GC-MS)　GC-MS 是利用气相色谱对混合物的高效分离能力和质谱对纯物质的准确鉴定能力而发展成的一种联用技术，其仪器称为气相色谱-质谱联用仪。

1) GC-MS 的组成

由气相色谱仪、接口(GC 和 MS 之间的连接装置)、质谱仪和计算机四大部分组成。气相色谱仪司分离；质谱仪司分析；接口(interface)担负着除去流动相分子与待测组分的传输任务，并保证质谱仪的高真空度不受损害；计算机担负着联用仪的自动控制、数据处理和分析结果的输出等任务，如图 10-20 所示。

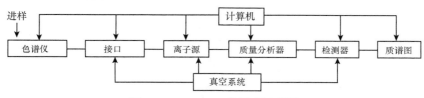

图 10-20　GC-MS 的组成示意图

2) GC-MS 的扫描模式

色谱-质谱联用仪的质谱系统可根据分析要求，采用多种扫描模式，常用的扫描模式主要有全扫描、选择离子监测和多反应监测。

(1) 全扫描　在全扫描模式下，可以获得各种定性和定量的原始数据，经计算机实时处理，可以获得不同的谱图形式。

①色谱-质谱三维谱　色谱-质谱三维谱是以保留时间、质荷比和离子流强度(离子丰度)为三维坐标的图形，如图 10-21 所示。

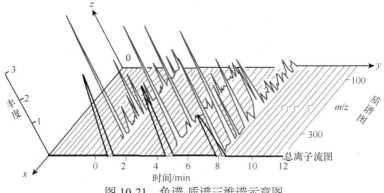

图 10-21　色谱-质谱三维谱示意图

②质谱图　离子的相对丰度与质荷比 *m/z* 的函数图。通过谱图库检索或质谱图解析可鉴定化合物，图 10-22 为姜黄药材中有效成分姜黄素质谱图。

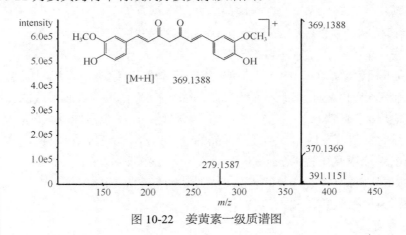

图 10-22　姜黄素一级质谱图

③总离子流色谱图(total ion chromatogram，TIC)　总离子流强度随扫描时间变化的曲线，与普通色谱图类似。图 10-23(a)是姜黄药材总提取物的总离子流图。

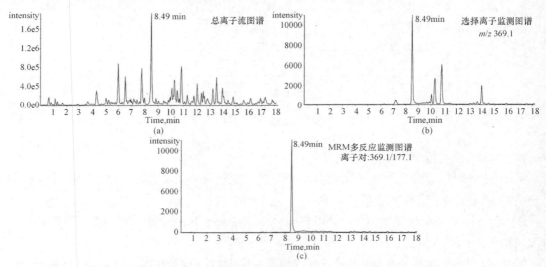

图 10-23　(a)姜黄药材总提取物的总离子流图(TIC)；(b)姜黄素的选择离子监测图（SIM，监测离子 *m/z* 369.1）；(c)姜黄素的多反应监测（MRM，监测离子对 369.1/177.1）

(2) 选择离子监测　选择离子监测(selected ion monitoring，SIM)是对一个或一组特定离子进行检测的技术，只检测一个质量的离子称为单离子监测(single ion monitoring)，检测一组特定的离子称为多离子监测(multiple ion monitoring)。图 10-23(b)是在姜黄药材总提取物总离子流图谱中，选择性监测姜黄素(*m/z* 369.1)所得到的 SIM 色谱图。

SIM 的选择性好，主要用于定量分析。

(3) 多反应监测　利用串联质谱监测多个特定离子对的反应称为多反应监测(multiple reaction monitoring，MRM)。比 SIM 的选择性、排除干扰的能力和专属性更强，信噪比更高、检测限更低，常作为混合物中痕量组分的定量分析。图 10-23(c)是监测目标化合物姜黄素的离

子对 *m/z* 369.1/177.1 所得到的 MRM 色谱图。

　　GC-MS 联用技术与 GC 技术相比,扩大了其应用范围,在石油、化工、医药、环保、食品、轻工等方面,特别是在许多有机物常规检测中已成为一种必备的工具。在药物分析中,GC-MS 常用于挥发油成分的鉴别,甾体药物的分析,中药材中农药监测、药物代谢的研究等方面。

　　3. 气相色谱–傅里叶变换红外光谱联用技术(gas chromatography-Fourier transform infrared spectrometry,GC-FTIR)　20 世纪 50 年代末就有文献报道色谱-红外光谱的离线联用,60 年代干涉型傅里叶变换红外光谱仪的出现为 GC-IR 联用创造了条件,70 年代中期,GC 和 FTIR 的在线联用最终得以实现。80 年代初商用毛细管柱 GC-FTIR 仪问世,以其优越的分离检测特性广泛用于科研、化工、环保、医药等领域,成为有机混合物分析的重要手段之一。

　　GC-FTIR 联机检测的基本过程为:样品经 GC 分离后各馏分按保留时间顺序进入接口,与此同时,经干涉仪调制的干涉光汇聚到接口,与各组分作用后信号被汞镉碲(MCT)液氮低温光电检测器检测。计算机数据系统存储采集到的干涉图信息,经快速傅里叶变换得到组分的气态红外谱图,进而可通过谱库检索得到各组分的分子结构信息。

　　目前最广泛使用的 GC-FTIR 接口是光管气体池,具有可实时记录、相对便宜、易于操作的优点。

(杨　敏)

习　题

1. 试用方框图说明气相色谱仪的流程。

2. 试分析色谱热力学因素对分离的影响。

3. 样品在进样时呈塞状,起始谱带非常窄,但经色谱柱分离后谱带展宽,这是由哪些因素造成的?

4. 氢焰离子化检测器的工作原理是什么?

5. 使用内径 0.2~0.32mm 的毛细管柱为什么通常要采用分流进样,并且给检测器加尾吹装置?

6. 气相色谱法定性分析的依据是什么?

7. 用气相色谱法定量测定时常需用定量校正因子校正响应值(A 或 h),为什么?

8. van Deemter 方程主要阐述了

A. 色谱流出曲线的形状　　　　　　　B. 组分在两相间的分配情况

C. 色谱峰展宽、柱效降低的各种动力学因素　　D. 塔板高度的计算

9. 在下列 GC 参数中,既属热力学因素,又属动力学因素的是

A. 载气流速　　B. 分配系数　　C. 柱温　　D. 柱长

10. 在相同的高载气流速条件下,相同的色谱柱,板高大的原因是

A. 因使用相对分子质量大的载气　　　　B. 因柱温升高

C. 因使用相对分子质量小的载气　　　　D. 因柱温降低

11. 在其他色谱条件相同时,若柱长增加 3 倍,两个邻近峰的分离度将

A. 增加 1 倍　　B. 增加 2 倍　　　C. 增加 3 倍　　D. 增加 4 倍

12. 在下列 GC 定量方法中,分析结果与进样量的准确性无关的是

A. 外标一点法　　B. 外标工作曲线法　　C. 归一化法　　D. 内标法

13. 采用 3m 色谱柱对 A、B 二组分进行分离,此时测得非滞留组分的 t_M 值为 0.9min,A 组分的保留时间($t_{R(A)}$)为 15.1min,B 组分的 $t_{R(B)}$ 为 18.0min,要使二组分达到基线分离(R =1.5),问最短柱长应选择多少米(设 B

组分的峰宽为 1.1min)？

(1m)

14. 一根色谱柱的理论塔板数为 1600，组分 A、B 的保留时间分别为 90s 和 100s，它们能完全分离吗？

(R=1.05，不能完全分离)

15. 在 1m 长的色谱柱上，某镇静药 A 及其异构体 B 的保留时间分别为 5.80 min 和 6.60 min，峰宽分别为 0.78 min 和 0.82 min，甲烷通过色谱柱需 1.10 min。计算：(1)载气的平均线速度；(2)组分 B 的容量因子；(3)A 和 B 的分离度；(4)分离度为 1.5 时，所需的柱长；(5)在长色谱柱上 B 的保留时间。

(1.52cm/s，5.00，1，2.25cm，14.85min)

16. 用一根长 2m 的 GC 填充柱分离多组分混合物，理论板数为 4000m^{-1}，死时间为 20s，混合物中最后流出色谱柱的组分的容量因子为 10，问：(1)若不考虑组分间的分离度，最后流出色谱柱的组分所需的时间；(2)若其他条件不变，当最难分离物质对的选择性因子为 1.10 时，其流出色谱柱的时间。

(220s，76.4s)

17. 某混合物中只含有乙醇、正庚烷、苯和醋酸乙酯，用热导池检测器进行色谱分析，测定数据如下：

化合物	色谱峰面积/cm^2	校正因子 f
乙醇	5.0	0.64
正庚烷	9.0	0.70
苯	4.0	0.78
醋酸乙酯	7.0	0.79

计算各组分的百分含量。

(依次为 17.6%，34.7%，17.2%，30.5%)

18. 采用内标标准曲线法测定某药品中丁香酚含量。取丁香酚标准对照品和水杨酸甲酯(内标)配制系列标准溶液。精密称取药物样品 0.2518g，经处理后得到 10.0 ml 供试品溶液，加入水杨酸甲酯后的浓度与标准对照品溶液相同。进样后，测定数据如下：

丁香酚浓度/(mg/ml)	0.83	0.93	1.04	1.14	1.24	供试品溶液
丁香酚色谱峰面积/(mV/s)	56428	61664	68619	78387	84901	63247
水杨酸甲酯色谱峰面积/(mV/s)	53335	52037	51710	53837	53700	51757

计算药品中丁香酚含量。

(3.84%)

| 第 11 章 | 高效液相色谱法

❧ 第 1 节 概 述 ❧

高效液相色谱法(high performance liquid chromatography，HPLC)是 20 世纪 70 年代初发展起来的一种以液体作为流动相的新型色谱技术。高效液相色谱在经典液相柱色谱的基础上，引入了气相色谱的理论和技术，采用高压泵输送流动相，使用了高效固定相以及高灵敏度的检测器。因而高效液相色谱法具有高压、高速、高效、高灵敏度的特点。目前，高效液相色谱法已成为现代仪器分析中最重要的分离分析方法之一。

1. 高效液相色谱法的分类　近年来，高效液相色谱法的发展非常迅速。在经典液相色谱各类方法的基础上，高效液相色谱又不断涌现出许多新方法。按照固定相所处的状态不同，可分为液-固色谱法(LSC)和液-液色谱法(LLC)两大类；按照分离机制不同，可分为吸附色谱法、分配色谱法、离子交换色谱法、尺寸排阻色谱法和键合相色谱法五种基本类型；按照固定相和流动相的极性不同，可分为正相色谱法和反相色谱法；按照分离目的不同，可分为分析型液相色谱法和制备型液相色谱法。除此之外，高效液相色谱法还包括许多与分离机制有关的色谱类型，如亲和色谱法、手性色谱法、胶束色谱法、电色谱法和生物色谱法等。目前高效液相色谱法最常用的固定相是化学键合相，使用这种固定相的色谱法称为化学键合相色谱法。

2. 高效液相色谱法和经典液相色谱法的比较　高效液相色谱法与经典液相色谱法相比，其优点主要体现在"四高"，即高速、高效、高灵敏度、高自动化四个方面。①高速：经典液相色谱法是在常压下靠重力或毛细作用输送流动相，而高效液相色谱法采用高压泵输送流动相，流速快，分析速度快。②高效：高效液相色谱法使用粒度细小而均匀的高效固定相(一般小于 $10\mu m$)，采用高压匀浆填充技术，分离效率高，柱效板数一般可达 $10^4 m^{-1}$。③高灵敏度：经典液相色谱法无在线检测装置，而高效液相色谱法柱后连有高灵敏度的检测器，灵敏度高。紫外检测器检测限可达 $10^{-9} g/ml$，荧光检测器检测限可达 $10^{-11} g/ml$。④高自动化：现代高效液相色谱仪配有计算机系统(色谱工作站，由色谱数据采集卡、色谱仪器控制卡、色谱软件、微型计算机和打印机组成)，实现了对仪器的自动控制，自动处理数据、绘图及打印分析结果，自动化与智能化的程度在不断提高。

3. 高效液相色谱法和气相色谱法的比较　高效液相色谱法和气相色谱法都具有高效、高选择性、高灵敏度、高自动化的特点，但高效液相色谱法还具有以下三个方面的特点：①应用范围广：GC 主要用于分析易挥发、热稳定性好的化合物，而它们仅占有机物总数的 20%左右；而 HPLC 不受样品挥发性、热稳定性的限制，能分析的物质占有机物总数的 80%左右，应用范围广。②操作温度低：GC 一般在较高温度下进行分离，而 HPLC 一般在室温下进行分离分析，操作方便。③流动相种类多：GC 用气体作为流动相，载气种类少，它和组分之间没有相互作用力，仅起运载作用；HPLC 以液体为流动相，种类多，可供选择范围广，且流动相和组分之间有亲和作用力，因此改变流动相可提高分离的选择性，改善分离度。

4. 高效液相色谱法的特点　高效液相色谱法具有如下优点：高压、高速、高效、高灵敏度、应用范围广、流动相选择余地大、流出组分易收集、色谱柱可反复使用等。其缺点是所用仪器设备昂贵、操作严格等。

第 2 节　高效液相色谱仪

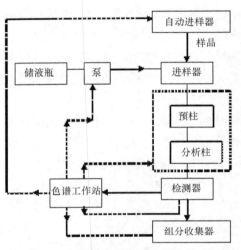

图 11-1　高效液相色谱仪基本组成

虽然高效液相色谱仪型号、配置多种多样，但其基本工作原理和基本流程是相同的，主要包括高压输液系统、进样系统、分离系统、检测系统、计算机系统。如图 11-1 所示，流动相(溶剂)由高压泵系统吸入并以恒定流量输出，样品由进样器导入，随流动相进入色谱柱进行分离，被分离组分由流动相携带进入检测器，所检测的信号经计算机系统(色谱工作站)采集、记录、处理，获得色谱图和分析结果。如果是制备色谱，根据信号用组分收集器将流出液自动分段收集，得到目标化合物。目前常见的 HPLC 仪生产厂家，国外有 Waters 公司、Agilent 公司、Shimadzu 公司等，国内有大连依利特公司、上海分析仪器厂、北京分析仪器厂等。

一、高压输液系统

1. 储液瓶　储液瓶用来储存流动相，其材质应耐腐蚀，一般为内表面经过处理的玻璃或塑料瓶，容积为 0.5～2.0L，无色或棕色。储液瓶的位置应高于泵，以保持一定的输液静压差。

溶剂应经过 0.45μm 滤膜(有机相或水相滤膜)离线过滤后，再置储液瓶中，以除去溶剂中＞0.5μm 的固体微粒，防止堵塞管路系统。此外，还在插入储液瓶内输液管的始端连有不锈钢或玻璃制成的在线微孔过滤头，如图 11-2 所示。

2. 溶剂脱气装置　流动相进入高压泵之前，不仅要过滤，还需要脱气，以免溶解在流动相中的空气在输液泵、色谱柱内或检测器中形成气泡，从而影响输液、分离与检测。输液泵内有气泡，使活塞动作不稳定，流量

图 11-2　溶剂储液瓶

变动，严重时无法输液；色谱柱内有气泡，使柱效降低；检测池中有气泡，会影响检测器的灵敏度、基线稳定性，甚至无法检测。此外，溶解在流动相中的氧还可能与样品、固定相反应使其降解；与某些溶剂(如甲醇、四氢呋喃)形成有紫外吸收的配合物，产生背景吸收；在荧光检测中，溶解氧在一定条件下还会引起荧光淬灭现象；在电化学检测中，氧的影响更大。常用的脱气方法如下。

(1) 离线脱气法 ①抽真空脱气，用微型真空泵，降压至 0.05~0.07MPa 即可除去溶解在流动相中的气体。使用真空泵连接抽滤瓶还可以完成过滤和脱气的双重任务，由于抽真空会引起混合溶剂组成的变化，故此法适用于单一溶剂的脱气。对于多元溶剂体系，每种溶剂应预先脱气后再进行混合，以保证混合后的比例不变。② 超声波振荡脱气，将欲脱气的流动相置于超声波清洗机中，用超声波振荡 10~30min，即可。 ③ 吹氦脱气，使用在液体中比空气溶解度低的氦气，以 60ml/min 的流速缓缓地通过流动相 10~15min，除去溶于流动相中的气体。此法适用于所有的溶剂，脱气效果较好，但也会影响混合流动相的比例。

(2) 在线脱气法 离线脱气法不能维持流动相的脱气状态，在停止脱气后，气体又开始逐渐溶于流动相中，使用联机脱气设备既方便又可克服此种现象，通常应用的是真空脱气机，它可实现流动相在进入输液泵前的在线连续真空脱气，脱气效果优于其他方法，适用于多元溶剂系统，其结构示意图见图 11-3。当流动相流经半透膜管时，在高真空的作用下，溶剂中的气体逸出管外，流动相被保持在管内。

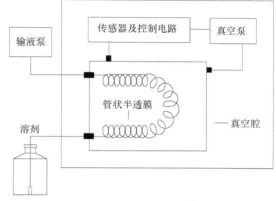

图 11-3 HPLC 在线真空脱气机原理示意图

3. 高压输液泵

1) 构造和性能

输液泵是 HPLC 系统中最重要的部件之一。泵的性能直接影响到整个系统的质量和分析结果的可靠性。输液泵应具备如下性能：① 流量稳定，其 RSD 应 < 0.3%。② 流量范围宽，分析型应在 0.1~10 ml/min 连续可调，制备型应能达到 100ml/min。③ 输出压力高，一般可高达 400~500 kg/cm²。④ 液缸容积小，适于梯度洗脱。⑤密封性好，耐腐蚀。

泵的种类很多，目前应用最多的是柱塞往复泵，见图 11-4。

柱塞往复泵的泵腔容积小，易于清洗和更换流动相，特别适合于再循环和梯度洗脱；能方便地调节流量，流量不受柱阻影响；泵压可达 400 kg/cm²(1bar=1.0197 kg/cm² =0.987atm=14.503 Psi =0.1MPa)。其主要缺点是输出的脉动性较大，现多采用双泵补偿法及脉冲阻尼器来克服。双泵补偿按连接方式不同可分为并联泵和串联泵。串联泵是将两个柱塞往复泵串联，其结构见图 11-5。

串联泵工作时，两个柱塞杆运动方向相反，柱塞 1 的行程是柱塞 2 的 2 倍，即吸液和排液的流量是柱塞 2 的 2 倍。当柱塞 1 吸液时，柱塞 2 排液，入口单向阀打开，出口单向阀关闭，液体由泵腔 2 经清洗阀输出；当柱塞 1 排液时，柱塞 2 吸液，入口单向阀关闭，出口单向阀打开，其排出的液体 1/2 被柱塞 2 吸取到泵腔 2，经清洗阀输出；如此往复运动，由清洗阀输出恒定流量的流动相。

2) 使用和维护

(1) 防止任何固体微粒进入泵体，因此应过滤流动相。

(2) 流动相不应含有任何腐蚀性物质，含有缓冲液的流动相不应停泵过夜或保留在泵内更长时间。必须泵入纯水将泵充分清洗后，再换成适合于保存色谱柱和有利于泵维护的溶剂。

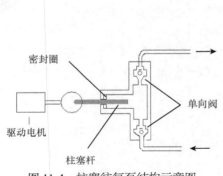

图 11-4　柱塞往复泵结构示意图

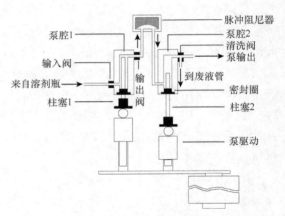

图 11-5　HPLC 单元泵结构示意图

(3) 防止流动相耗尽空泵运转，导致柱塞磨损、缸体或密封损坏，最终漏液。

(4) 输液泵的工作压力不能超过规定的最高压力，否则会使高压密封环变形，产生漏液。

(5) 流动相应脱气，以免在泵内产生气泡，影响流量的稳定性，如果有大量气泡，泵就无法正常工作。

4. 梯度洗脱装置　高效液相色谱洗脱方式有等度(isocratic)洗脱和梯度(gradient)洗脱两种。等度洗脱是在同一分析周期内流动相中各溶剂比例保持恒定，以恒定比例的各溶剂组成的流动相洗脱色谱柱。等度洗脱适合于组分数目较少、性质差别不大的样品。梯度洗脱是在一个分析周期内，按照一定程序改变流动相的比例，以不断变化的比例洗脱色谱柱。梯度洗脱用于分离组分数目多、组分 k 值差异太小或太大的复杂样品，以缩短分析时间、提高分离度、改善峰形、提高检测灵敏度，缺点是常常引起基线漂移，重现性较差。

梯度洗脱有两种实现方式：低压梯度(外梯度)和高压梯度(内梯度)。

低压梯度是在常压下将两种或多种溶剂按一定比例在(泵前)比例阀中混合后，再由高压泵以一定的流量输出至色谱柱。常见的是四元泵，其结构见图 11-6。其特点是只需一台泵，由计算机控制电磁比例阀的开关频率来改变溶剂的比例，即可实现二元～四元梯度洗脱，成本低廉、使用方便。由于溶剂在常压下混合，易产生气泡，故需要良好的在线脱气装置。

高压梯度一般只用于二元梯度，采用两个高压泵分别按设定的不同比例输送两种不同溶剂至(泵后)混合器，在高压状态下将两种溶剂进行混合，然后以一定的流量输出。其结构见图 11-7。其主要优点是只要通过梯度程序控制器控制每个泵的输出，就能获得任意形式的梯度比例，而且精度很高，易于实现自动化控制。缺点是必须使用两个高压输液泵，因此仪器比较昂贵，故障率也较高。

二、进样系统

进样系统的作用是将试样导入色谱柱，位于高压泵和色谱柱之间，常用的是六通阀手动进样器及自动进样器。

1. 六通阀手动进样器　结构原理见图 11-8。六通阀有 6 个口，1 和 4 之间接样品环(又称

定量环)，2 接高压泵，3 接色谱柱，5、6 接废液管。进样时先将阀切换到"采样位置"(Load)，

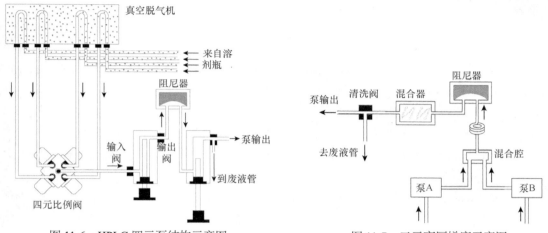

| 图 11-6　HPLC 四元泵结构示意图 | 图 11-7　二元高压梯度示意图 |

注射口与 4 相连，用微量注射器将样品溶液由针孔注入样品环中，充满后多余的从 6 处排出，后将进样器阀柄顺时针转动 60° 至"进样位置"(Inject)，流动相与样品环接通，样品被流动相带到色谱柱中进行分离，完成进样。样品环常见的体积有 5μL、10μL、20μL、50μL 等，可以根据需要更换不同体积的样品环。六通阀进样器具有进样重现性好、耐高压的特点。使用时要注意必须用 HPLC 专用平头微量注射器，不能使用气相色谱尖头微量注射器，否则会损坏六通阀。

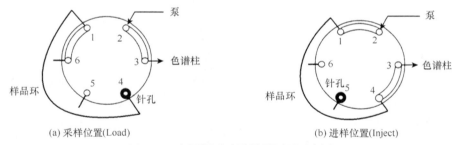

图 11-8　六通阀手动进样器原理示意图

六通阀的进样方式有部分装液法和完全装液法(满阀进样)两种。① 用部分装液法进样时，注入的样品体积应不大于定量环体积的 50%，并要求每次进样体积准确。此法进样的准确度和重现性决定于注射器的精度与操作平行性。② 用完全装液法进样时，注入的样品体积应大于定量环体积的 5~10 倍(最少 3 倍)，这样才能完全置换定量环内的流动相，消除管壁效应，确保进样的准确度及重现性。

2. 自动进样器　自动进样器由计算机自动控制进样六通阀、计量泵和进样针的位置，按预先编制的进样操作程序工作，自动完成定量取样、洗针、进样、复位等过程。进样量连续可调，进样重现性好，可自动按顺序完成几十至上百个样品的分析，适合于大量样品的分析。

三、分离系统

色谱分离系统包括保护柱、色谱柱、柱温箱等。

1. 色谱柱　色谱柱是分离好坏的关键。色谱柱由固定相、柱管、密封环、筛板(滤片)、接头等组成。柱管材料多为不锈钢，其内壁要求镜面抛光。在色谱柱两端的柱接头内装有筛板，由不锈钢或钛合金烧结而成，孔径 $0.2\sim10\mu m$，取决于填料粒度，目的是防止填料漏出。

由于在装填固定相时是有方向的，色谱柱在使用时，流动相的方向应与柱的填充方向一致。色谱柱的柱管外壁都以箭头显著地标示了该柱的使用方向，安装和更换色谱柱时一定要使流动相按箭头所指方向流动。

色谱柱按用途不同，有分析型和制备型两类。常用分析柱的内径 $2\sim4.6mm$，柱长 $10\sim30cm$；毛细管柱内径 $0.2\sim0.5mm$，柱长 $3\sim10cm$；实验室用制备柱内径 $20\sim40mm$，柱长 $10\sim30cm$。

色谱柱的正确使用和维护十分重要，稍有不慎会降低柱效、缩短使用寿命甚至损坏。应避免压力、温度和流动相的组成比例急剧变化及任何机械振动。色谱柱经再生后可重复使用，再生的方法是经常用洗脱强度更大的溶剂冲洗色谱柱，清除保留在柱内的杂质。

硅胶柱以正己烷(或庚烷)、二氯甲烷和甲醇依次冲洗，再以相反顺序依次冲洗，所有溶剂都必须严格脱水。甲醇能洗去残留的强极性杂质，己烷能使硅胶表面重新活化。

反相柱可用水、甲醇、乙腈依次循环冲洗。如果下一步分析用的流动相不含缓冲液，那么可以省略最后用水冲洗这一步。在甲醇(乙腈)冲洗时重复注射 $100\sim200\mu L$ 四氢呋喃数次，有助于除去强疏水性杂质。四氢呋喃与乙腈或甲醇的混合溶液能除去类脂。有时也注射二甲亚砜数次。此外，用乙腈、丙酮和三氟醋酸(0.1%)梯度洗脱能除去蛋白质污染。

2. 保护柱　保护柱由卡套和柱芯组成。柱芯是与分析柱相同固定相的短柱(长 $5\sim20mm$)或用特殊材料制作的一个滤件，装在卡套内连接到分析柱前端，起保护、延长分析柱寿命的作用。视色谱柱使用频率适时更换柱芯。

3. 柱温箱　柱温箱是用来控制色谱柱柱温的装置，一般其控温范围可高于室温，也可低于室温。有些柱温箱还具有柱切换装置。

色谱柱的柱温对分配系数 K、保留时间、色谱柱的性能、流动相的黏度都有影响。一般来说，升高柱温，可增加组分在流动相中的溶解度，减小分配系数 K，缩短分析时间；还可降低流动相的黏度，降低柱压与提高柱效。通常色谱柱的柱温不能超过 $40\,^{\circ}\!C$。

四、检测系统

检测器是高效液相色谱仪的重要部件之一，其作用是把洗脱液中组分的量(或浓度)转变为电信号。检测器按用途可分为通用型和专属型两大类。通用型检测器可检测所有有机化合物，如蒸发光散射检测器和示差折光检测器。专属型检测器只能检测某些具有某一性质的物质，如紫外检测器、荧光检测器、电化学检测器等。检测器应满足灵敏度高、线性范围宽、稳定性好、响应快、噪声低、漂移小等要求。应根据待测组分的性质选择合适的检测器。

1. 紫外检测器 紫外检测器是高效液相色谱中应用最广泛的检测器。它适用于有共轭结构的化合物的检测，具有灵敏度高、精密度好、线性范围宽、对温度及流动相流速变化不敏感、可用于梯度洗脱等特点。缺点是只能检测有紫外吸收物质，流动相的选择有一定限制，即流动相的截止波长应小于待测组分的检测波长。目前常用的有可变波长紫外检测器和二极管阵列检测器。

1) 可变波长紫外检测器

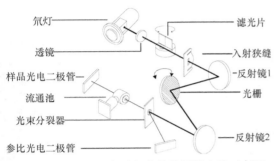

图 11-9 HPLC 可变波长紫外检测器光路示意图

可变波长紫外检测器(variable wavelength detector，VWD)的光路见图 11-9，光源(氘灯)发射的光经透镜、滤光片、入射狭缝、反射镜 1 到达光栅产生单色光，单色光经反射镜 2 至光束分裂器，其中透过光束分裂器的光通过流通池，到达样品光电二极管；被光束分裂器反射的光到达参比光电二极管；比较两束光的光强即可以获得样品的净信号(吸光度 A)，目的是消除光源光强波动造成的影响。

这种可变波长紫外检测器在某一时刻只能采集某一波长的吸收信号，可预先编制采集信号程序，控制光栅的偏转，在不同时刻根据不同组分的最大吸收波长改变检测波长，使洗脱出的每个组分都获得最高灵敏度的检测。

在紫外检测器中，与普通紫外-可见光分光光度计完全不同的部件是流通池。一般标准流通池体积为 $5\sim8\mu L$，光程长为 $5\sim10mm$，内径小于 1mm。

2) 二极管阵列检测器

二极管阵列检测器(diode array detector，DAD；photo-diode array detector，PDA)是 20 世纪 80 年代发展起来的的一种新型紫外检测器，其光路见图 11-10。与可变波长紫外检测器不同的是，光源发出的复合光不经分光先通过流通池，被流动相中的组分选择性吸收后，再通过狭缝到光栅进行色散分光。使含有吸收信息的全部波长投射到一个由 1024 个二极管组成的二极管阵列上而被同时检测，每一个二极管各自测量某一波长下的光强，并用电子学方法及计算机技术对二极管阵列快速扫描采集数据。由于扫描速度非常快，远远超过色谱流出峰的速度，所以无须停流扫描即可获得柱后流出物质的各个瞬间光谱图及各个波长下的色谱图，经计算机处理后可得到色谱-光谱三维图谱，如图 11-11 所示。

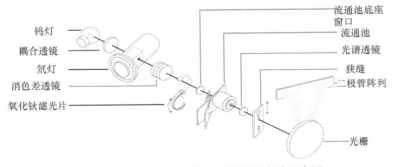

图 11-10 HPLC 二极管阵列检测器光路示意图

可以从获得的数据中提取出各个色谱峰 UV 光谱图,利用色谱保留值及光谱特征综合进行定性分析;也可以根据需要提取出不同波长下的色谱图作色谱定量分析。此外,还可对每个色谱峰的不同位置(峰前沿、峰顶点、峰后沿等)的光谱图进行比较,若色谱峰分离良好、纯度高(仅有一个组分),则不同位置的光谱图应一致,因此通过计算不同位置光谱间的相似度即可判断色谱峰的纯度及分离状况。

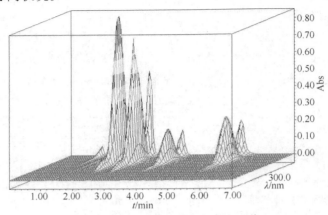

图 11-11　多组分混合物的三维图谱

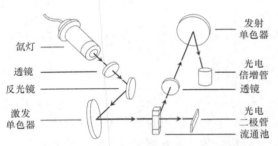

图 11-12　HPLC 荧光检测器光路示意图

2. 荧光检测器　荧光检测器(fluorescence detector,FLD)是利用某些物质在受紫外线激发后,能发射荧光的性质来进行检测。它是一种具有高灵敏度和高选择性的浓度型检测器,相当于一台荧光分光光度计,其光路见图 11-12。由光源(氙灯)发出的光,经激发单色器选择特定的激发波长的光通过流通池,流动相中的荧光组分受激发后产生荧光,为避免透射光的干扰,在与激发光成 90° 方向上经发射单色器选择特定波长的荧光,到达光电倍增管测定荧光强度,其荧光强度与产生荧光物质的浓度成正比。荧光检测器灵敏度比紫外检测器高 1~2 个数量级。荧光检测器适用于能发射荧光的组分,对不发生荧光的物质,可利用柱前或柱后衍生化技术,使其与荧光试剂反应,生成可产生荧光的衍生物后再进行测定。

3. 示差折光检测器　示差折光检测器(refractive index detector,RID)是基于连续测定流通池中溶液折射率的变化来测定样品浓度的检测器。光从一种介质进入另一种介质时,由于两种物质折射率的不同就会产生折射。只要样品组分与流动相的折光指数不同,就可被检测,二者相差越大,灵敏度就越高,在一定浓度范围内检测器的输出与溶质浓度成正比。溶液的折射率是纯溶剂(流动相)和纯溶质(样品)的折射率乘以各物质的浓度之和。因此 RID 是一种通用型、浓度

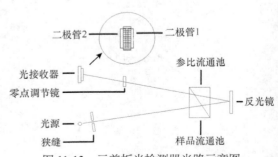

图 11-13　示差折光检测器光路示意图

型检测器，其光路示意图见图 11-13。

进样前先用流动相冲洗样品流通池和参比流通池，调节"零点调节镜"使照射到光接收器(光电二极管)上的折射率之差为零。进样后，流动相只流经样品流通池，当有组分进入时，样品流通池内不再是纯流动相，折射率改变，其折射率之差不为零，产生信号，即含有组分的流动相和流动相本身之间折射率之差反映了组分在流动相中的浓度。

RID 通用性强，但灵敏度较低，对温度、压力等变化也很敏感，且色谱柱和检测器本身均需恒温。此外，由于流动相组成的变化会使折射率变化很大，流动相须预先配好并充分脱气，因此这种检测器不适用于梯度洗脱。

4. 蒸发光散射检测器　蒸发光散射检测器(evaporative light scattering detector，ELSD)是利用将含有待分离组分的流动相雾化、蒸发形成固体微粒后对光的散射现象来检测色谱流出组分，是一种通用型检测器，适用于任何挥发性小于流动相组分的检测，结构原理见图 11-14。含有样品组分的流动相在进入检测器后，被高速载气(N_2)喷成雾状液滴，在恒温的蒸发漂移管中，流动相不断蒸发，形成只含溶质的微小颗粒，随载气进入由激光光源和光电倍增管构成的检测室，在强光的照射下，含有溶质的微小颗粒对光产生散射现象(丁铎尔效应)，光散射强度的对数与组分质量的对数成正比：

$$\lg I = b \lg m + \lg a \tag{11-1}$$

蒸发光散射检测器与紫外检测器和示差折光检测器比较，消除了因溶剂和温度变化而引起的基线漂移，特别适合于梯度洗脱。对于其他检测器难以检测的化合物如磷脂、皂苷、糖类和聚合物等，均可使用此检测器进行检测，但不适于检测挥发和半挥发性的化合物。流动相必须是可挥发的，如果流动相含有缓冲盐，则必须使用挥发性盐如醋酸铵等，而且浓度要尽可能低。

使用蒸发光散射检测器时，还必须对其工作模式(液滴是否分流)、载气压力或流量、漂移管温度、进样量、信号放大倍数进行选择与优化。

5. 其他检测器　其他检测器包括电化学检测器(electrochemical detector)、化学发光检测器(chemilum-inescence detector)、质谱检测器(HPLC-MS 联用)等，在此不作详述。

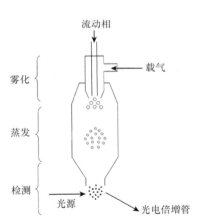

图 11-14　蒸发光散射检测器原理示意图

6. 检测器的性能指标　与气相色谱检测器相同的性能指标主要有灵敏度(sensitivity，S)、噪声(noise，N)、漂移(drift，d)、检测限(delectability，D)、线性范围(liner range)等，参见气相色谱法。另外紫外、荧光等光学检测器还有波长准确度、光源光强度等指标。

五、计算机系统

计算机系统(色谱工作站)由色谱数据采集卡、色谱仪器控制卡、色谱工作软件、微型计算机和打印机组成，主要有以下三大功能：

(1) 仪器的自动化控制　在高压输液系统中控制流速，在多元溶剂系统中控制溶剂间的比例及混合，在梯度洗脱中控制溶剂比例或流速的变化。控制检测器的信噪比达到最大。控制可变紫外检测器的波长、响应速度、量程、自动调零和光谱扫描。色谱工作站还可控制自动进样，实现准确、定时地进样。这样提高了仪器的准确度和精密度。利用色谱管理软件可以实现全系统的自动化控制。

(2) 采集、处理与分析色谱数据　它能对来自检测器的原始数据进行分析处理，给出所需要的信息。例如，二极管阵列检测器的计算机软件可进行三维谱图、光谱图、波长色谱图、比例图谱、峰纯度检查和谱图搜寻等工作。许多数据处理系统都能进行峰宽、峰高、峰面积、对称因子、保留因子、选择性因子和分离度等色谱参数的计算，这对色谱方法的建立都十分重要。

(3) 各种报告的选取与打印　例如，分析结果(保留时间、峰高、峰面积等)报告，色谱系统评价(柱效、分离度、拖尾因子等)报告等。

此外，为了满足 GMP / GLP 法规的要求，许多色谱仪的色谱软件具有方法认证功能，使分析工作更加规范化，这对医药分析尤其重要。

第 3 节　基 本 理 论

高效液相色谱法的塔板理论与气相色谱法完全相同，速率理论(柱内效应)大致相似，略有不同。此外，与气相色谱相比，由于高效液相色谱的色谱柱在整个管路系统中所占的比例较小，故存在不可忽略的柱外效应(柱外谱带展宽)。

一、Giddings 速率理论方程 (柱内效应)

1958 年 Giddings 等提出了液相色谱速率方程，由于液体和气体性质的差异，液相色谱的速率方程式在纵向扩散项(B/u)和传质阻力项(Cu)上与气相色谱有所差异：

$$H = A + B / u + (C_m + C_{sm} + C_s)u \tag{11-2}$$

式中，C_{sm} 为静态流动相传质阻力项系数，其余各项与 van Deemter 方程含义相同。

1. 涡流扩散项 A　当样品注入由全多孔微粒固定相填充的色谱柱后，在液体流动相驱动下，样品分子会遇到固定相颗粒的阻碍，不可能沿直线运动，而是不断改变方向，形成紊乱类似涡流的曲线运动。由于样品分子运行路径的长短不一，加上在不同流路中受到的阻力不同，其在柱中的运行速度不同，从而到达柱出口的时间不同，导致色谱峰展宽(图 11-15 中"b")。该项仅与固定相的粒度和柱填充的均匀程度有关。为了降低涡流扩散的影响，HPLC 中一般使用粒度细小而均匀的高效固定相(3～10μm)，采用高压匀浆填充技术制备色谱柱。

2. 纵向扩散项 B/u　样品分子在色谱柱中沿着流动相前进的方向产生扩散，所引起的色谱峰展宽，称为纵向扩散。显然，样品在色谱柱中滞留的时间越长，组分在液体流动相中的扩散程度越大，谱带展宽越严重。由于液体黏度(η)比气体大得多，柱温(T)又比气相色谱低得多，根据 $D_m \propto T / \eta$，液相色谱的扩散系数 D_m 比气相色谱的 D_m 小约 10^5 倍，而且液相色谱中流动相流速一般是最佳流速的 3 倍以上，所以液相色谱中纵向扩散项 B/u 很小，在大多数情况下可忽略不计。

3. 流动的流动相传质阻力项 $C_m u$　组分分子从流动的流动相中迁移到液固界面，并从液固界面返回流动的流动相中的传质过程中，会受到阻力，引起色谱峰展宽。同时，就流动相本身而言，处于不同层流的流动相分子具有不同的流速。因此，组分分子在紧挨颗粒边缘的流动相层流中的移动速度要比在中心层流中的移动速度慢，也会引起色谱峰的展宽(图 11-15 中"c")。由于 $C_m \propto d_p^2 / D_m$，所以减小固定相颗粒及流动相液体的黏度，可以减小峰展宽，提高柱效。另外，也会有一些组分分子从移动快的层流向移动慢的层流扩散(径向扩散)，使得不同层流中的组分分子的移动速度趋于一致，从而减小峰展宽，显然这是有利因素。

4. 静态流动相的传质阻力项 $C_{sm}u$ 液相色谱柱中装填的无定形或球形全多孔微粒固定相，其颗粒内部的孔穴充满了静态流动相，组分分子在静态流动相中受到传质阻力，导致色谱峰展宽。对于扩散到孔穴表层静态流动相中的组分分子，只需移动很短的距离，就能很快地返回颗粒间流动的流动相之中；而扩散到孔穴较深处静态流动相中的组分分子，就需要更多的时间才能返回颗粒间流动的流动相之中，而导致色谱峰的展宽(图 11-15 中"d")。影响 C_{sm} 的因素与 C_m 相同，即 $C_{sm} \propto d_p^2 / D_m$，所以减小固定相颗粒直径、孔穴深度及流动相的黏度，可以减小峰展宽，提高柱效。

5. 固定相的传质阻力项 $C_s u$ 组分分子从液固界面进入固定相内部，并从固定相内部重新返回液固界面的传质过程中，会受到阻力，引起色谱峰的展宽(图 11-15 中"e")。当载体上涂布的固定液液膜比较薄，且载体无吸附效应时，都可减少由于固定相传质阻力所引起的峰展宽。由于目前大多采用化学键合相，其"固定液"是键合在载体表面的单分子层，传质阻力很小，所以 C_s 可以忽略不计。

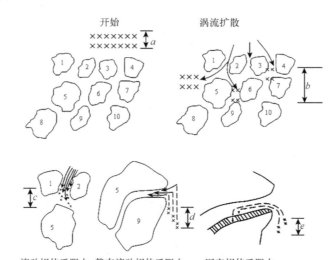

图 11-15　涡流扩散与各种传质阻力对色谱峰展宽的影响

"×"表示组分分子，a 为原始样品宽，b、c、d、e 分别为影响因素造成的谱带展宽

在 HPLC 中，当使用键合固定相时，速率方程的表现形式为

$$H = A + (C_m + C_{sm})u \tag{11-3}$$

在一定温度下，组分性质、流动相、色谱柱一旦给定，式(11-2)中除 u 外所有参数都恒为一常数，用式(11-2)中 H 对 u 作图，可绘制出和气相色谱相似的板高-流速曲线，如图 11-16 所示。曲线的最低点对应着最低理论塔板高度 H_{min} 和流动相的最佳线速 u_{opt}。在 HPLC 中，$H\text{-}u$

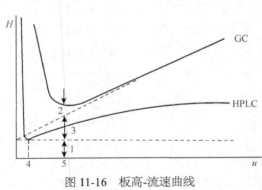

图 11-16　板高-流速曲线
1. A；2. B/u；3. Cu；4.HPLC 的 u_{opt}；5.GC 的 u_{opt}

双曲线右半边部分比较平坦，这表明采用高流速的流动相时，色谱柱柱效无明显的损失。因此，实际应用中可以采用高流速，缩短分析时间，进行快速分析。

二、柱外谱带展宽(柱外效应)

从进样器到检测器之间，除柱本身的体积之外，所有的体积(如进样器、接头、连接管路和检测池等处的体积)称为柱外死体积。在这些死体积区域由于没有固定相，处于流动相中的组分不仅得不到分离，反而会产生扩散，导致色谱峰展宽，柱效下降。

为了减小柱外效应的影响，应当尽可能减小柱外死体积。各部件连接时，一般使用所谓的"零死体积接头"；管道对接宜呈流线形；检测器流通池应采用尽可能小的池体积等。

三、管壁效应

在柱子的装填过程中，由于柱内壁周围的固定相粒度大于柱中心的固定相粒度，所以柱内壁周围的流动相流速大于柱中心的流速，致使柱内壁周围的溶质流出较快，柱中心的溶质流出较慢，引起谱带展宽，这种现象称为管壁效应。柱内径越小，固定相筛分范围越宽，此效应越大。当柱内径较大时，样品分子就不受管壁效应的影响。高效液相色谱中，当柱内径大于 3mm 时，管壁效应的影响可忽略不计。

第4节　各类高效液相色谱法

一、液-固吸附色谱法

1. 分离原理　吸附色谱(adsorption chromatography)是以固体吸附剂为固定相，利用其对不同组分吸附能力的差异进行分离。吸附剂是一些多孔性的固体颗粒，如氧化铝、硅胶等。当混合物随流动相通过吸附剂时，在吸附剂表面，组分分子和流动相分子对吸附剂表面活性中心发生竞争吸附。对极性吸附剂来讲，极性大的组分易被吸附，此时流动相分子不易被吸附(即流动相分子置换能力或解吸附能力弱)，则组分滞留时间长，K 值大，迁移速度慢，后流出色谱柱；当流动相极性增大时，流动相分子易被吸附剂吸附，即解吸附(置换)能力增强，组分的 K 值减小，迁移速度快。

2. 固定相　吸附色谱固定相可分为极性和非极性两大类。极性固定相主要有硅胶、氧化铝、分子筛等。非极性固定相有高强度多孔微粒活性炭和近来开始使用的 $5\sim10\mu m$ 的多孔石墨化炭黑、高交联度苯乙烯-二乙烯基苯共聚物的多孔微球($5\sim10\mu m$)与碳多孔小球(TDX)等，其中应用最广泛的是极性固定相硅胶，主要有表面多孔型硅胶、无定形全多孔硅胶、球形全多孔硅胶、堆积硅珠等类型，如图 11-17 所示。

(a) 表面多孔型硅胶   (b) 无定形全多孔硅胶   (c) 球形全多孔硅胶   (d) 堆积硅珠

图 11-17   各种类型硅胶示意图

其中表面多孔型硅胶粒度为 30～70μm，出峰快，适用于极性范围较宽的混合样品的分析，缺点是样品容量小，现在已很少应用。无定形全多孔硅胶常用粒度为 5～10μm，柱效高、样品容量大，但涡流扩散大、渗透性差。球形全多孔硅胶外形为球形，常用粒度为 3～10μm，除具有无定形全多孔硅胶的优点外，还有涡流扩散小、渗透性好的优点，是化学键合相的理想载体。堆积硅珠与球形全多孔硅胶类似，常用粒度为 3～5μm。

硅胶的主要性能参数有形状、粒度、粒度分布、比表面积、平均孔径等。

硅胶是应用范围很广的吸附色谱固定相，主要用于能溶于有机溶剂的不同极性的混合物及异构体的分离。

3. 流动相   在吸附高效液相色谱中，流动相通常为混合溶剂系统，主体溶剂为正己烷或环己烷，以一氯甲烷、二氯甲烷、三氯甲烷或丙酮等作为调节性溶剂，用于调整流动相的极性与分离的选择性等。

这种色谱方法，由于分析成本高、色谱柱再生困难、基线很难平稳等因素的影响，故很少使用。在绝大多数情况下，应用键合相色谱法。

二、化学键合相色谱法

化学键合相(chemical bounded phase)是通过化学反应将固定液以共价键的形式键合在载体表面而形成的固定相，简称键合相。以化学键合相为固定相的液相色谱法称为化学键合相色谱法(chemical bounded phase chromatography)或键合相色谱法(bounded phase chromatography，BPC)。键合到载体表面的固定液可以是不同极性的，它适用于各种样品的分离分析，是应用最广的色谱法。

键合相的优点是：① 使用过程中固定液不易流失；② 化学性能稳定，一般在 pH2～8 的溶液中不分解；③ 热稳定性好(70℃以下)；④ 载样量大，比硅胶约高一个数量级；⑤ 适于梯度洗脱。

目前，化学键合相广泛采用全多孔硅胶为载体，按固定液中所含基团与载体(硅胶)相结合的化学键类型，可分为 Si—O—C、Si—N、Si—C 及 Si—O—Si—C 键型键合相。其中 Si—O—Si—C 键型键合相稳定性好，容易制备，是目前应用最广的键合相。制备方法是用氯代硅烷或烷氧基硅烷与硅胶表面的游离硅醇基反应，形成 Si—O—Si—C 键型的键合相。按极性可分为非极性、中等极性与极性三类。

(1) 非极性键合相   十八烷基键合相(octadecylsilane，ODS 或 C_{18})是最常用的非极性键合相。将十八烷基氯硅烷试剂与硅胶表面的硅醇基，经多步反应脱 HCl 生成 ODS 键合相。键合反应如下：

$$\equiv Si-OH \ + \ Cl-\underset{\underset{R_2}{|}}{\overset{\overset{R_1}{|}}{Si}}-C_{18}H_{37} \longrightarrow \equiv Si-O-\underset{\underset{R_2}{|}}{\overset{\overset{R_1}{|}}{Si}}-C_{18}H_{37} \ + \ HCl$$

键合相的键合量往往差别很大，使其产品性能有很大的不同。键合相的键合量常用含碳量 (C%)来表示，按含碳量的不同，可分为高碳、中碳及低碳型 ODS 键合相。若 R_1、R_2 是两个甲基，构成高碳 ODS 键合相 [$Si-O-Si(CH_3)_2-C_{18}H_{37}$]，高碳 ODS 键合相载样量大、保留能力强；若 R_1 是氢，R_2 是氯，氯与硅胶的另一个硅醇基脱 HCl，则生成中碳 ODS 键合相 [$(Si-O-)_2Si(H)-C_{18}H_{37}$]；若 R_1、R_2 都是氯，与硅胶的另两个硅醇基再脱两分子 HCl，生成低碳 ODS 键合相 [$(Si-O-)_3Si-C_{18}H_{37}$]。含碳量与键合反应及表面覆盖度有关。

在硅胶表面，每平方纳米有 5～6 个硅醇基可供化学键合。由于键合基团的立体结构障碍，这些硅醇基不能全部参加键合反应。参加反应的硅醇基数目占硅胶表面硅醇基总数的比例，称为该固定相的表面覆盖度。覆盖度决定键合相是分配还是吸附占主导。Partisil 5-ODS 的表面覆盖度为 98%，即残存 2%的硅醇基，分配占主导。Partisil 10-ODS 的表面覆盖度为 50%，既有分配又有硅醇基的吸附作用。

残余的硅醇基对键合相的性能有很大影响，特别是对非极性键合相，它可以减小键合相表面的疏水性，对极性组分(特别是弱碱性化合物)产生次级化学吸附，从而使保留机制复杂化，使组分在两相间的平衡速度减慢，降低了键合相填料的稳定性，使碱性组分的峰形拖尾等。为尽量减少残余硅醇基，一般在键合反应后，用小分子的三甲基氯硅烷(TMCS)或六甲基二硅胺(HMDS)进行钝化处理，称封尾(或称遮盖、封端、封尾，end-capping)。封尾后的 ODS 吸附性能降低，稳定性增加，具有较强疏水性。使用经过封尾的键合相，若分离弱碱性化合物峰形仍然拖尾，可在流动相中加入 0.1%～1%的三乙胺作为扫尾剂，以改善峰形。

有时为了使 ODS 与含水弱碱性化合物流动相有较好的湿润性，有些 ODS 填料是不封尾的。

其他非极性键合相常见的有八烷基及苯基键合相等。八烷基键合相(C_8)与十八烷基键合相类似，但残余硅醇基的量更少，更适合弱碱性成分的分离。苯基键合相($-C_6H_5$)，适合含有芳香环成分的分离，极性略大于 ODS。这两种键合相常见的产品有 Zorbax-C_8(球形 4～6μm)、YWG-C_6H_5 等。

(2) 中等极性键合相　常见的有醚基键合相。这种键合相既可作正相色谱又可作反相色谱的固定相，视流动相的极性而定。进口产品如 Permaphase-ETH(载体为表孔硅胶)，国产品为 YWG-ROR′。这类固定相应用较少。

(3) 极性键合相　常用的极性键合相有氨基键合相、氰基键合相，分别将氨丙硅烷基 [$-Si-(CH_2)_3-NH_2$] 及氰乙硅烷基 [$-Si(CH_2)_2CN$] 键合在硅胶上而制成，可用作正相色谱的固定相。氨基键合相是分离糖类最常用固定相，常用乙腈-水为流动相；氰基键合相与硅胶类似，但极性比硅胶弱，对双键异构体有良好的分离选择性。国产品有 YWG-CN 及 YWG-NH(5、10μm)、YQG-CN 及 YQG-NH$_2$(5、10μm)，进口产品有 Nucleosil CN 或 NH$_2$(球形，5μm)、Zorbax-CN(球形，4～6μm)、Lichrosorb NH$_2$(无定形，10μm)等。

1. 正相键合相色谱 根据键合相与流动相相对极性的强弱，可将键合相色谱法分为正相键合相色谱法和反相键合相色谱法。至今对键合相色谱的选择性、相互作用本质的认识不统一，对保留机制的解释也存在争议。以下介绍这方面的主要观点，重点在于阐述溶质的保留规律。

1) 分离原理

正相键合相色谱法分离机制有各种不同的解释，通常认为属于分配过程，把有机键合层作为一个液膜看待，组分在两相间进行分配，极性强的组分分配系数 K 大，t_R 也大。也有人认为是吸附过程，即溶质的保留主要是它与键合极性基团间的诱导、氢键和定向作用的结果。例如，用氨基键合相分离可形成氢键的极性化合物时，主要依靠被分离组分和键合相形成的氢键进行分离；若分离含有芳环等可诱导极化的弱极性化合物，则键合相与组分间的作用主要是诱导作用。

2) 固定相

正相键合相色谱法的固定相是极性键合相，如胺基(—NH₂)、氰基(—CN)等键合相。许多需要用硅胶分离的可用氰基键合相来完成。正相键合相色谱法适用于分离溶于有机溶剂的极性至中等极性的分子型化合物，还能够分离大多数顺、反和邻位、对位异构体。

3) 流动相

以非极性或弱极性溶剂作为主体溶剂，加适量极性调节剂以调节流动相的极性，如正己烷-二氯甲烷、正己烷-异丙醇等。

正相键合相色谱法的分离选择性决定于键合相的种类、流动相的强度和试样的性质。总的来说，在正相键合相色谱中，组分的保留和分离的一般规律为极性强的组分容量因子 k 大，后洗脱出柱。随着流动相的极性增大，洗脱能力增强，使组分的 k 减小，t_R 减小。

2. 一般反相键合相色谱

1) 分离原理

长期以来，对反相键合相色谱法分离机制没有一致的看法，存在吸附与分配的争论，而后又有疏溶剂作用理论、双保留机制等。其中疏溶剂作用理论得到了一定的认可，这种理论认为：键合在硅胶表面的非极性或弱极性固定液具有较强的疏水性，当用极性溶剂作为流动相时，组分分子中的非极性部分与极性溶剂相接触产生排斥力(疏溶剂斥力)，促使组分分子与键合相的烃基产生疏溶剂缔合作用；另外，当组分分子中有极性官能团时，极性部分受到极性溶剂的作用，促使它离开固定相，产生解缔合作用并减小其保留作用，如图 11-18 所示。不同结构的组分在键合固定相上的缔合和解缔合能力不同，因而不同组分分子在色谱分离过程中的迁移速度是不一致的，使得各种不同组分得到了分离。

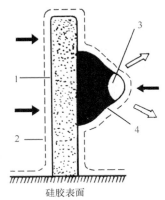

图 11-18 疏溶剂缔合作用示意图
➡ 表示疏溶剂作用 ⇨ 表示极性溶剂的解缔合作用
1. 烷基键合相；2. 溶剂膜；3. 组分分子极性部分；
4. 组分分子非极性部分

烷基键合固定相对每种组分分子缔合作用和解缔合作用能力之差，就决定了组分分子在色谱过程中的保留值。每种组分的容量因子 k，与它和非极性烷基键合相缔合过程的总自由能的

变化 ΔG 值相关，可表示为

$$\ln k = \ln \frac{1}{\beta} - \frac{\Delta G}{RT} \tag{11-4}$$

式中，β 为相比；ΔG 与组分的分子结构、烷基固定相的特性和流动相的性质密切相关。

2) 固定相

反相键合相色谱采用非极性键合相，如十八烷基硅烷(C_{18})、辛烷基(C_8)和苯基键合相等，有时也用弱极性或中等极性的键合相为固定相。

3) 流动相

在反相键合相色谱法中，流动相主体溶剂为水或缓冲盐的水溶液，再加一定比例的能与水混溶的甲醇、乙腈或四氢呋喃等极性调节剂。

反相键合相色谱法适合分离非极性至中等极性的组分，其溶质保留行为受到以下因素影响。

(1) 组分分子结构对保留值的影响　在反相键合相色谱中，组分的分离是以它们的疏水结构差异为依据的，组分的极性越弱，疏水性越强，保留值越大。根据疏溶剂作用理论，组分的保留值与其分子中非极性部分的总表面积有关，总表面积越大，与烷基键合固定相接触的面积越大，保留值也越大。

(2) 烷基键合固定相的特性对保留值的影响　烷基键合固定相的作用在于提供非极性作用表面，因此键合到硅胶表面的烷基数量决定着组分 k 的大小。随碳链的加长，烷基的疏水特性增强，键合相的非极性作用的表面积增大，组分的保留值增加，其对组分分离的选择性也增加。

(3) 流动相性质对保留值的影响　流动相的表面张力越大、介电常数越大，其极性越强，此时组分与烷基键合相的疏溶剂缔合作用越强，流动相的洗脱强度越弱，组分的保留值越大。

3. 反相离子对色谱　在流动相中加入与组分分子带相反电荷的离子对试剂，分离分析离子型或可离子化的化合物的方法称为离子对色谱法(ion pair chromatography，IPC 或 paired ion chromatography，PIC)。可用于同时分离不同类型的离子型化合物及离子型化合物和中性化合物的分离。

1) 分离原理

将一种(或数种)与样品离子(A^+)带相反电荷的 B^- 离子(称为反离子或对离子)加入流动相中，使其与样品离子结合生成弱极性的离子对 A^+B^-(中性缔合物)。此离子对不易在水中离解而迅速进入有机相中，存在以下平衡：

$$A_W^+ + B_W^+ \Longleftrightarrow (A^+B^-)_O \tag{11-5}$$

式中，下标 W 为水相，O 为有机相，反应平衡常数 E_{AB} 为

$$E_{AB} = \frac{[A^+B^-]_O}{[A^+]_W[B^-]_W} \tag{11-6}$$

当用非极性键合相为固定相时，就构成反相离子对色谱，则组分 A 的 K 值为

$$K = \frac{C_s}{C_m} = \frac{[A^+B^-]_O}{[A^+]_W} = E_{AB}[B^-]_W \tag{11-7}$$

由此可见，当流动相的 pH、离子强度、离子对试剂的种类及温度保持恒定时，K 与离子对试剂的浓度$[B^-]_W$ 成正比。因此通过调节对离子的浓度，可改变被分离样品离子的

保留时间 t_R。

当离子对试剂的浓度 $[B^-]_W$ 一定时，不同组分的 E_{AB} 不同，K 值不同，借此实施不同组分的相互分离。

2) 影响保留值及分离选择性的因素

(1) 溶剂极性的影响　在反相离子对色谱中，当增加甲醇或乙腈比例，降低水的比例时，会使流动相的洗脱强度增大，使组分的 K 减小。

(2) 离子强度的影响　在反相离子对色谱中，增加含水流动相的离子强度，会使组分的 K 值降低。

(3) pH 的影响　在离子对色谱中，改变流动相的 pH 是改善分离选择性的很有效的方法。在反相离子对色谱中，当 pH 接近 7 时，组分的 K 值最大，此时样品分子完全电离，最容易形成离子对。当流动相的 pH 降低时，样品阴离子 X^- 开始形成不离解的酸 HX，从而导致固定相中样品离子对的减少。因此对阴离子样品来讲，其 K 值随体系的 pH 降低而减小。

(4) 离子对试剂的性质和浓度的影响　在离子对色谱中，分析有机碱常用的离子对试剂为高氯酸盐和烷基磺酸盐，分析有机酸常用的离子对试剂为叔胺盐和季铵盐。

在反相离子对色谱中，离子对试剂的烷基链越长，疏水性越强，生成的离子对缔合物的 K 值越大；若使用无机盐离子对试剂，因其疏水性减弱，则缔合物的 K 值显著降低。

4. 反相离子抑制色谱　在反相色谱法中，通过调节流动相的 pH，抑制样品组分的解离，增加它在固定相中的溶解度，以达到分离有机弱酸、弱碱的目的，这种方法称为反相离子抑制色谱(ISC)法。

1) 分离原理

当较弱的有机弱酸、弱碱，在流动相中以离子形式和分子形式共存时，离子存在形式极性大，K 值小，迁移速度快；分子存在形式极性小，K 值大，迁移速度慢，则可能使峰变宽和拖尾，甚至出现假二组分色谱峰。在流动相中加入少量酸、碱，可抑制组分的离解，使其全部以分子形式存在，消除离子存在形式的影响，还可增加组 K 值，提高分离度。

例如，有机碱胺类，注入反相色谱分离系统时，以水溶液作为流动相，在洗脱过程中发生解离，其反应如下：

$$R—NH_2 + H_2O \rightleftharpoons R—NH_3^+ + OH^-$$

若调整流动相的 pH，使 pH 在弱碱的范围内，则抑制了有机碱的离解，所以可以通过调整流动相的 pH，使容量因子向有利于有机碱与其他组分分离的方向变动。

2) 适用范围

反相离子抑制色谱适于分离 $3.0 \leqslant pKa \leqslant 7.0$ 的弱酸及 $7.0 \leqslant pKa \leqslant 8.0$ 的弱碱。一般来讲，对于弱酸，降低流动相的 pH，使 k 增加，t_R 增大；对于弱碱，则需要提高流动相的 pH，使 k 增加，t_R 增大。若 pH 控制不合适，溶质以离子形式和分子形式共存，则可能使峰变宽和拖尾。另外，还要注意流动相的使用应该在反相键合色谱柱允许的 pH2~8 范围内。pH>8，键合相脱落，并腐蚀仪器。常用的离子抑制剂为弱酸(HAc)、弱碱($NH_3 \cdot H_2O$)或缓冲液。

此外在高效液相色谱法中，还包括空间排阻色谱(steric exclusion chromatography，SEC)、离子交换色谱(ion exchange chromatography，IEC)、亲和色谱(affinity chromatography)、胶束色谱(micellar chromatography)、手性色谱(chiral chromatography)等方法，在此不一一详述，请参

考有关专著。

第 5 节　改善分离度的方法

在高效液相色谱分析中，实际上固定相的种类选择十分有限，当色谱柱选定后，主要通过调节流动相的组成改善分离，因此流动相的作用非常重要。根据基本分离方程 $R = \dfrac{\sqrt{n}}{4} \cdot \left(\dfrac{\alpha - 1}{\alpha} \right) \cdot \left(\dfrac{k}{1 + k} \right)$，应选择合适的溶剂强度使组分的 k 处于最佳范围，选择合适的溶剂以改善选择性，来获得良好的分离度。

一、对流动相的要求

从实用角度考虑，选用作为流动相的溶剂应当价廉、容易购得、使用安全、纯度要高。除此之外，还应满足高效液相色谱分析的下述要求：

1. 用作流动相的溶剂应与固定相不互溶，并能保持色谱柱的稳定性；所用溶剂应有高纯度，以防所含微量杂质在柱中积累引起柱性能的改变，保证分析结果的重现性。

2. 选用的溶剂性能应与所使用的检测器相匹配。若使用紫外吸收检测器，不能选用在检测波长处有紫外吸收的溶剂。

3. 选用的溶剂应对样品有足够的溶解能力，以提高测定的灵敏度和精密度。

4. 选用的溶剂应具有低的黏度和适当低的沸点。溶剂黏度低，可减小组分的传质阻力，利于提高柱效。另外从制备、纯化样品考虑，低沸点的溶剂易用蒸馏方法从柱后收集液中除去，利于样品的纯化。

5. 应尽量避免使用具有显著毒性的溶剂，以保证操作人员的安全。

二、改善分离度的方法

1. **加入调节剂**　为使组分获得良好的分离，通常希望组分的容量因子 k 保持在 $2 \sim 10$，若组分的 k 值大于 10 或小于 2，可通过调节流动相的极性，来获取适宜的 k 值。

在正相色谱中常采用饱和烷烃如正己烷作为主体溶剂，加入具有不同选择性的溶剂如乙醚、二氯甲烷、三氯甲烷等，来调节溶剂的洗脱强度；在反相色谱中则常采用水为主体溶剂，加入甲醇、乙腈、四氢呋喃等来调节溶剂的洗脱强度，并获得不同的选择性。

2. **加入改性剂**　当选择的二元混合溶剂对给定的分离有合适的溶剂强度时，即被分离组分的 k 在 $2 \sim 10$，但选择性不好时，为改善分离的选择性，可在流动相中加入改性剂。

(1) 抑制组分分子离解　在反相色谱中分离分析有机弱酸、弱碱时，常向含水流动相中加入酸、碱或缓冲溶液，以控制流动相的 pH，抑制组分的离解，减少谱带拖尾、改善峰形，提高分离的选择性。

(2) 调节流动相离子强度　在反相色谱中，在分离易离解的碱性有机物时，随流动相 pH 的增加，键合相表面残存的硅羟基与碱的阴离子的亲和能力增强，会引起峰形拖尾并干扰分离，此时若向流动相中加入 0.1%～1% 的乙酸盐或硫酸盐、硼酸盐，就可利用盐效应减弱残存硅羟基的干扰作用，抑制峰形拖尾，并改善分离效果。但应注意经常使用磷酸盐或卤化物会引起硅烷化固定相的降解。此外，向含水流动相中加入无机盐后，还会使流动相的表面张力增大，对非离子型组分，会引起 k 值增加；对离子型组分，会随盐效应的增加，引起 k 值的减小。

3. 梯度洗脱　梯度洗脱是指在洗脱过程中含两种或两种以上不同极性的溶剂的比例连续或间歇地改变，以调节流动相的极性、离子强度和 pH 等，起到改善样品中各组分间的分离度与缩短分析时间等作用，用于分离组分数目多、性质差异较大的复杂样品。

若试样中含有多个组分，其容量因子 k 值的分布范围很宽，用低强度的流动相进行等度洗脱，此时 k 值小的组分分离度会较大，而 k 值大的组分保留值会很大，流出的峰很宽；用高强度的流动相进行等度洗脱，虽然强保留组分可在适当的时间范围内作为窄峰被洗脱下来，但弱保留的组分就会在色谱图的起始部分拥挤在一起，而不能获得满意的分离。对上述等度洗脱时存在的问题，若改用梯度洗脱，就可圆满地予以解决。

梯度洗脱可先用低强度流动相开始洗脱，待 k 值小的组分彼此分离后，逐渐增加流动相的洗脱强度，使 k 值大的强保留组分能在适当的保留时间内，也以良好的分离度从色谱柱中洗脱，从而获得满意的分析结果。高效液相色谱分析中的梯度洗脱和气相色谱分析中的程序升温相似，可以缩短分析时间，提高分离度，改善峰形，提高检测灵敏度，但是常常引起基线漂移和降低重现性。

第 6 节　分 析 方 法

一、定性分析

高效液相色谱的定性方法和气相色谱法相似，但由于液相色谱过程中影响组分迁移的因素较多，同一组分在不同色谱条件下的保留值相差很大，即便在相同的操作条件下，同一组分在不同色谱柱上的保留也可能有很大差别，因此液相色谱与气相色谱相比，定性的难度更大。常用的定性方法有如下几种。

1. 利用标准品对照定性　利用标准品对未知化合物定性是最常用的液相色谱定性方法，该方法的原理与气相色谱法中相同。

(1) 利用保留时间的一致性定性　由于每一种化合物在特定的色谱条件下(流动相组成、色谱柱、柱温等相同)，其保留值具有特征性，所以可以利用保留值进行定性。如果在相同的色谱条件下被测化合物与标准品的保留值一致，就可以初步认为被测化合物与标准品相同。若流动相组成经多次改变后，被测化合物的保留值仍与标准品的保留值一致，就能进一步证实被测化合物与标准品相同。

(2) 利用加入标准品增加峰高法定性　与气相色谱中的方法一样，将适量的已知标准物质加入样品中，混匀，进样。对比加入前后的色谱图，若加入后某色谱峰相对增高，则该色谱组分与已知标准物质可能为同一物质。

2. 利用检测器的选择性定性　同一种检测器对不同种类的化合物的响应值是不同的，而不同的检测器对同一种化合物的响应也是不同的，所以当某一被测化合物同时被两种或两种以上检测器检测时,两检测器或几个检测器对被测化合物检测灵敏度比值与被测化合物的性质密切相关,因此可以用来对被测化合物进行定性分析,这就是双检测器定性的基本原理。

3. 利用色谱-光谱联用技术定性　DAD检测器(二极管阵列检测器)可得到三维色谱-光谱图(HPLC-UV联用),可以对比待测组分及标准物质的UV光谱图结合保留时间进行定性鉴别。此外还可利用HPLC-MS、HPLC-NMR、HPLC-FTIR等联用技术进行定性分析。

二、定量分析

高效液相色谱的定量方法与气相色谱定量方法类似,主要有归一化法、外标法和内标法,简述如下。

1. 归一化法　归一化法要求所有组分都能流出色谱柱并能被检测。其基本方法与气相色谱中的归一化法类似。由于液相色谱所用检测器为选择性检测器,对很多组分没有响应,所以液相色谱法较少使用归一化法。

2. 外标法　外标法是以待测组分纯品配制标准试样和待测试样同时作色谱分析来进行比较而定量的,可分为标准曲线法、外标一点法和外标两点法。

3. 内标法　内标法是比较精确的一种定量方法。它是将一定量的内标物加入样品中,再经色谱分析,根据样品的质量和内标物质量以及待测组分峰面积和内标物的峰面积,就可求出待测组分的含量。内标法可分为标准曲线法、内标一点法(内标对比法)、内标二点法及校正因子法。

内标标准曲线法与外标法相同,只是在各种浓度的标准溶液中,加入相同量的内标物后进样。分别测量组分 i 与内标物 s 的峰面积 A(或峰高),以其峰面积比 A_i / A_s 为纵坐标,以对照品溶液的 $c_{i(标准)}$ 为横坐标绘制标准曲线,计算回归方程及相关系数。

对内标物的要求同气相色谱。内标法的优点是可抵消仪器稳定性差、进样量不准确等原因带来的定量分析误差。缺点是样品配制比较麻烦,不易寻找合适的内标物。

第7节　发展与趋势

高效液相色谱是分析化学中发展最快、应用最广的方法之一。高效液相色谱的发展趋势主要是两个方面,一方面是色谱方法及其硬件的进一步研究,另一方面是联用技术的发展。

一、超高效液相色谱和快速高分离度液相色谱

由Waters公司推出的超高效液相色谱(ultra performance liquid chromatography,UPLC)和Agilent公司推出的快速高分离度液相色谱(rapid resolution liquid chromatography,RRLC),借助于HPLC的理论及原理,利用小颗粒固定相(1.7μm)、非常低的系统体积及快速检测手段等全新技术,使分辨率、分析速度、检测灵敏度等显著提高,从而全面提升了液相色谱的分离效能,使液相色谱在更高水平上实现了突破,必将显著拓宽液相色谱的应用范围。

1. 理论基础　在高效液相色谱的速率理论中,如果仅考虑固定相粒度 d_p 对板高 H 的影

响，其简化方程式可表达为

$$H = a(d_p) + \frac{b}{u} + c(d_p)^2 u \tag{11-8}$$

所以，减小固定相粒度 d_p，可显著减小板高 H。不同粒度 d_p 的固定相的 H-u 曲线见图 11-19。

由式(11-18)可明显看出，随色谱柱中装填固定相粒度 d_p 的减小，色谱柱的 H 也减小，柱效增加。因此，色谱柱中装填固定相的粒度是对色谱柱性能产生影响的最重要的因素。具有不同粒度固定相的色谱柱，都对应各自最佳的流动相线速度，在图 11-19 中，不同粒度的 H-u 曲线对应的最佳线速度见表 11-1。

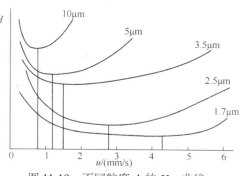

图 11-19　不同粒度 d_p 的 H-u 曲线

表 11-1　不同粒度的 H-u 曲线对应的最佳线速度

d_p / μm	10	5	3.5	2.5	1.7
u / (mm / s)	0.79	1.20	1.47	2.78	4.32

上述数据表明，随色谱柱中固定相粒度的减小，最佳线速度向高流速方向移动，并且有更宽的优化线速度范围。因此，降低色谱柱中固定相的粒度，不仅可以增加柱效，还可增加分离速度。但是，在使用小颗粒的固定相时，会使柱压(Δp)显著增加，使用更高的流速会受到固定相的机械强度和色谱仪系统耐压性能的限制。因而，只有当使用很小粒度的固定相，并达到最佳线速度时，它具有的高柱效和快速分离的特点才能显现出来。因此要实现超高效液相色谱分析，还必须提供高压溶剂输送单元、低死体积的色谱系统、快速的检测器、快速自动进样器以及高速数据采集控制系统等。上述这几个单独领域最新成果的组合，才促成超高效液相色谱的实现。

2. 实现超高效液相色谱的必要条件

(1) 解决小颗粒填料的耐压问题。

(2) 解决小颗粒填料的装填问题，包括颗粒度的分布以及色谱柱的结构。

(3) 高压溶剂输送单元。

(4) 完善的系统整体性设计，降低整个系统的体积，特别是死体积，并解决超高压下的耐压及渗漏问题。

(5) 快速自动进样器，降低进样的交叉污染。

(6) 高速检测器，优化流动池以解决高速检测及扩散问题，由于出峰速度非常快，所以要使用高速检测器，需保证数据采集频率满足要求。

(7) 系统控制及数据管理，解决高速数据的采集、仪器的控制问题。

3. 应用前景　与传统的 HPLC 相比，UPLC 和 RRLC 的速度、灵敏度及分离度分别是 HPLC 的 9 倍、3 倍及 1.7 倍，因此显著节约分析时间，节省溶剂，在很多领域里将会得到广泛应用。

(1) 在组合化学和各种化合物库的合成中,可用于对合成的大量化合物进行快速高通量筛选。

(2) 在蛋白质、多肽、代谢组学分析及其他一些生化分析时，大量的样品需要在很短的时间内完成，这时 UPLC 和 RRLC 与质谱联用发挥重要作用。

(3) 用于在新药合成中作为候选药物的先导化合物的筛选、确定药物破坏性试验的分析方法等，可在短时间内获得大量信息。

(4) 在天然产物的分析方面，使用 UPLC 和 RRLC 与质谱检测器联用，会对天然产物分析，特别是中药研究领域的发展是一个极大的促进。

(5) 用于通用、常规 HPLC 分析方法的开发，可显著提高开发速度，节省开发时间。

二、联用技术

联用技术是色谱分析方法发展的重要趋势，包括色谱-色谱联用技术和色谱-光谱联用技术。色谱-色谱联用技术是将不同类型的色谱或同一类型不同分离模式的色谱连接在一起，来完成复杂样品的分离分析。这类联用种类很多，包括 GC-GC、HPLC-HPLC、HPLC-GC 等联用，主要通过柱切换技术实现。色谱-光谱联用技术是把色谱作为分离手段，光谱作为鉴定工具，各用其长，互为补充。已有 HPLC-UV、HPLC-MS 等多种联用仪器的商品。此外还有 HPLC-NMR、HPLC-FTIR、HPLC-AAS 等联用技术。

1. 二维高效液相色谱法 HPLC 由于可以正相、反相、离子交换、空间排阻等多种分离，在解决实际分析任务时比 GC 具有更大的灵活性。对容量因子分布较宽的样品还可使用梯度洗脱来实现所期望的分离。但由于每根色谱柱的分离能力是有一定限度的，用一根高效液相色谱柱无法解决所有不同类型的分析问题，如一个样品中含有多个难分离的物质对。二维高效液相色谱在蛋白质组学等复杂样品分析方面应用较多。

在 20 世纪 70 年代就由 Huber 等提出了二维高效液相色谱分离技术，在一维和二维色谱柱之间用柱切换阀实现各维色谱柱的独立运行，能够将样品在经过一维色谱柱分离的基础上，利用柱切换阀把谱图中某个色谱峰(混合组分峰)的一部分(或全部)选择性地切换到二维色谱柱上进行再次分离，从而显示出二维高效液相色谱的超强分离能力。二维高效液相色谱具有谱带切割与再循环、反向冲洗、痕量组分富集、多功能柱切换等技术功能，因此二维高效液相色谱具有以下独特优点：

(1) 显著提高色谱系统的选择性和分离能力，节省分析时间。

(2) 能从含多种未知组分、组成复杂的样品中分离出需要分析的组分，而无须对样品进行预处理。

(3) 可对纯净样品中含有的痕量杂质进行分析，并可进行对痕量组分的富集以提高检测灵敏度。

(4) 具有反冲洗脱功能，可减少色谱柱的污染。当进行重复分析时，不必对色谱柱进行再生。

(5) 易于实现自动化操作，分析数据可靠，重现性好。

2. 液相色谱-质谱联用技术 液相色谱-质谱联用技术(liquid chromatography mass spectrometer，LC-MS)发挥了色谱分离的长处和质谱能进行定性与结构分析的优势，是目前应用最广的色谱-质谱联用技术之一。随着联用仪器接口问题的解决，LC-MS 有了飞速发展，其应用也越来越广泛，特别是近年来迅速发展的生命科学研究中的生物大分子的分析。

1) 仪器组成

LC-MS 由高效液相色谱仪、质谱检测器及 LC 和 MS 之间的接口组成。LC-MS 的关键是 LC 和 MS 之间的接口装置。接口装置的主要作用是除去流动相并使样品离子化。目前 LC-MS 接口装置大多使用大气压离子源 (atmosphere pressure ionization，API)，包括电喷雾离子源 (electrospray ionization，ESI)和大气压化学离子源(atmospheric pressure chemical ionization，APCI) 两种，其中电喷雾离子源应用最为广泛。按质量分析器不同，质谱类型主要有单四极杆质谱、串联四极杆质谱、离子阱质谱、飞行时间质谱等，也有多种质量分析器联合使用的情况。

2) 实验条件的选择

(1) HPLC 分析条件的选择　主要是流动相的组成和流速条件的选择。在 LC 和 MS 联用时，由于要考虑喷雾雾化和电离，有些溶剂、无机酸、不挥发的盐(如磷酸盐)和表面活性剂等不适合作为流动相，不挥发的盐会在离子源内析出结晶，而表面活性剂会抑制其他化合物电离。在 LC-MS 分析中常用的溶剂和缓冲液有水、甲醇、乙酸、氢氧化铵和乙酸铵等。由于 LC 分离的最佳流量往往超过电喷雾允许的最佳流量，常需要采取柱后分流，以达到好的雾化效果。

(2) 离子源的选择　ESI 适合于中等极性到强极性的化合物的电离，APCI 适合于非极性或中等极性的小分子的电离。

(3) 正、负离子模式的选择　ESI 和 APCI 接口都有正、负离子测定模式可供选择。正离子模式适合于碱性样品；负离子模式适合于酸性样品。样品中含有仲氨或叔氨基时可优先考虑使用正离子模式。如果样品中含有较多的电负性强的基团，如含氯、溴、羧酸和酚羟基时可尝试使用负离子模式。有些酸碱性并不明确的化合物则要进行预试验方可决定。

3) 应用

LC-MS 由于其检测灵敏度高、选择性好，在药物及其代谢产物的分析、中药活性成分分析、分子生物学如蛋白质分析等方面均有广泛的应用。

(1) 定性分析　由于 LC-MS 电喷雾是一种软电离源，碎片通常很少或无，谱图中只有准分子离子，因而只能提供未知化合物的分子量信息，不能提供结构信息。如果有标准样品，利用 LC-MS/MS 可以自己建立标准样品的子离子质谱库，利用谱库检索进行定性分析。

(2) 定量分析　LC-MS 得到的信息与 GC-MS 联用仪类似，可获得总离子流色谱图(TIC)、选择离子监测(SIM)、多反应监测(MRM)等图谱。使用 LC-MS 进行定量分析，其基本方法与色谱定量方法相同。对于 LC-MS 定量分析，通常采用 SIM、MRM 等方法与技术，此时，不相关的组分将不出峰，这样可以减少组分间的互相干扰。尤其是使用 MRM 方法与技术，相当于复杂试样进行了 3 次提纯：LC 进行了分离——第 1 次提纯；串联质量分析器的第一级从柱后流出物中选择了一个待定量的目标化合物——第 2 次提纯；串联质量分析器的第三级选择了该目标化合物的特征子离子——第 3 次提纯。这样得到的色谱峰可以认为不再有干扰，且峰的强度已被放大了若干倍，大幅度地提高了定量分析的灵敏度，因此常用于复杂试样中微量成分的定量分析，如血液、尿样中的微量成分或代谢产物等。

三、其他研究进展

1. 新型固定相和色谱柱的研究　虽然已有很多种类的色谱固定相，但新型固定相仍然不断出现，从而使色谱分析方法的应用越来越广泛。例如，各种手性固定相的出现使手性药物的分析变得十分方便，显著促进了手性药物的立体选择性研究。

为解决由于键合相的硅胶基质中所含的杂质金属离子、残存的或新生的硅羟基对极性组分特别是对碱性组分的非特异性的强烈吸附，导致生物大分子变性和失活等问题，许多学者和公司进行了大量的研究，提出了许多改进方法，主要有：① 开发、研制高纯度或超纯硅胶。② 设计和发展新的配基和新的键合试剂。③ 使用长链配基或含氟配基增强表面的疏水性。④ 研制了有机高分子基质液相色谱填料，从根本上解决硅羟基的吸附并提高化学稳定性。⑤ 研制了聚合物包覆型填料，使其具有硅胶等无机基质的高强度和高聚物型填料的高化学稳定性。⑥ 开发了氧化锆、石墨化碳、氧化钛等新型基质填料。此外，还有各种特殊用途的固定相的研制。

近年来，随着发展新药和基因组研究，特别是组合化学和蛋白质组学研究的蓬勃开展，高通量分析也对色谱柱提出了高效、高选择性以及快速检测等要求。因而，微型液相色谱柱、芯片式色谱柱乃至微芯片全色谱分析系统成了色谱技术中的一个热点。此外，将色谱的多模式分离与毛细管电泳结合起来的毛细管电色谱，也需要特殊的微色谱柱系统。

面对生物高技术产业和制药工业的制备色谱系统，需要发展简单、高效、高速、低成本的色谱柱填料及制备型色谱柱。

2. 色谱新方法的研究　目前色谱方法的研究仍然十分活跃。新近发展起来的毛细管电色谱法兼有毛细管电泳和微填充柱色谱法的优点，其应用研究越来越多。1995 年又出现了以激光的辐射压力为色谱分离驱动力的光色谱，按几何尺寸对组分进行分离，其应用还在研究之中。

3. 色谱专家系统　这是一种色谱-计算机联用技术。色谱专家系统是指模拟色谱专家的思维方式，解决色谱专家才能解决的问题的计算机程序。完整的色谱专家系统包括柱系统推荐和评价、样品预处理方法推荐、分离条件推荐与优化、在线定性/定量及结果的解析等功能。色谱专家系统的应用，将显著提高色谱分析工作的质量和效率。

（夏林波，陈晓霞）

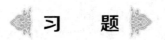

习　题

1. 简述 HPLC 中降低板高、提高柱效的方法。
2. 高效液相色谱法中化学键合固定相有哪些优点？
3. 液相色谱的梯度洗脱与气相色谱中的程序升温有何异同之处？
4. 高效液相色谱常用检测器有哪几种？其适用范围是什么？
5. 分离一组高沸点的物质时，下列色谱方法中，最适合的是(　　)。
A. 气液色谱　　　　　B. 气固色谱　　　　　C. 毛细管气相色谱　　　　　D. 液相色谱
6 在高效液相色谱中，影响柱效的主要因素是(　　)。
A. 涡流扩散　　　　　B. 分子扩散　　　　　C. 传质阻力　　　　　D. 输液压力
7. 下列色谱分析方法中，梯度洗脱适用于(　　)。

A. 气液色谱　　　　B. 液液分配色谱　　C. 凝胶色谱　　　　D. 反相键合相色谱

8. 高效液相色谱法的分离效能比经典液相色谱法高，主要原因是(　　)。

A. 流动相种类多　　B. 操作仪器化　　　C. 采用高效固定相　　D. 采用高灵敏检测器

9. 在高效液相色谱中，下列属于通用型检测器的是(　　)。

A. 紫外检测器　　　B. 荧光检测器　　　C. 示差折光检测器　　D. 电导检测器

10. 测定生物碱试样中黄连碱和小檗碱的含量，称取内标物、黄连碱和小檗碱对照品各 0.2000g 配成混合溶液。测得峰面积分别为 $3.60×10^5 \mu V \cdot s$、$3.43×10^5 \mu V \cdot s$ 和 $4.04×10^5 \mu V \cdot s$。称取 0.2400g 内标物和试样 0.8560g 同法配制成溶液后，在相同色谱条件下测得峰面积分别为 $4.16×10^5 \mu V \cdot s$、$3.71×10^5 \mu V \cdot s$ 和 $4.54×10^5 \mu V \cdot s$。计算试样中黄连碱和小檗碱的质量分数。

(黄连碱 26.2%，小檗碱 27.3%)

| 第 12 章 | 高效毛细管电泳法

第 1 节 概 述

在外加电场的作用下，带电粒子(离子或胶粒)以一定的速度在缓冲溶液中做定向移动的现象称为电泳(electrophoresis)。利用不同带电粒子在电场的作用下，发生差速迁移的现象而进行分离分析的技术，称为电泳技术。毛细管电泳(capillary electrophoresis，CE)又称高效毛细管电泳(high performance capillary electrophoresis，HPCE)，是一类以装有缓冲溶液的毛细管为分离通道、以高压直流电场为驱动力的新型分离分析方法。

一、毛细管电泳的特点

毛细管电泳是 20 世纪 80 年代发展起来的一种分离分析技术,是经典电泳技术和现代柱分离技术相结合的产物。经典电泳法虽然仍应用于医学和生物化学分离分析,但存在着操作烦琐、分离效率低、重现性差等缺点。与经典电泳法相比，毛细管电泳具有高效、快速、微量和自动化的特点。毛细管电泳由于采用了 $25\sim75\mu m$ 内径的毛细管和高达数千伏的电压，使分析时间显著缩短，并获得了很高的分辨率。在毛细管区带电泳中，柱效可达每米几十万甚至几百万以上。毛细管电泳样品用量仅为纳升级，并配置了高灵敏度的检测器，仪器操作过程实现了自动化。

毛细管电泳与色谱相比，两者的分离过程都是利用差速迁移，可用相同的理论来描述，色谱中所用的一些名词概念和基本理论，如保留值、塔板理论和速率理论等均可借用于 CE 中。但两者的分离原理、分离条件和分析对象有差异。

二、毛细管电泳的分类

1984 年 Terabe 将胶束引入毛细管电泳，开创了毛细管电泳的重要分支——胶束电动毛细管色谱。1987 年 Hjerten 等把传统的等电聚焦过程转移到毛细管内进行。同年，Cohen 发表了毛细管凝胶电泳的研究论文。近年来，将高效液相色谱的固定相引入毛细管电泳中，又发展了毛细管电色谱，扩大了电泳的应用范围。

根据毛细管的种类和所用分离缓冲溶液的不同,将毛细管电泳的分离模式主要分为如下几种：毛细管区带电泳(capillary zone electrophoresis，CZE)、胶束电动毛细管色谱(micellar electrokinetic capillary chromatography，MECC 或 MEKC)、毛细管凝胶电泳(capillary gel electrophoresis，CGE)、毛细管等电聚焦(capillary isoelectric focusing，CIEF)、毛细管电色谱

(capillary electrocharomatography, CEC)、等速电泳(isotachophoresis, ITP)、电动色谱(electrokinetic chromatography，EKC)、非水毛细管电泳(non-aqueous capillary electrophoresis, NACE)和亲和毛细管电泳(affinity capillary electrophoresis，ACE)。毛细管区带电泳和胶束电动毛细管色谱可解决毛细管电泳 80%的分离问题，其中毛细管区带电泳是最基本、最简单也是应用最为广泛的。

目前，毛细管电泳在化学、生命科学、药学、临床医学、法医学、环境科学及食品科学等领域有着十分广泛的应用。《中国药典》2015 年版已将毛细管电泳法收载为法定方法。其在药品、生物制品定性定量以及中药材种属鉴定方面，有着重要的实用价值和非常好的应用前景。

 ## 第 2 节　毛细管电泳的基本理论

一、电泳和电泳淌度

1. 电泳与电泳速度　电泳是在电场作用下，带电粒子在电解质溶液中向电荷相反的电极迁移的现象。根据电学定律可知，当带电粒子在电场中运动时，所受的电场力 F_E 是粒子所带的有效电荷 q 与电场强度 E 的乘积：$F_E = qE$；又根据流体力学知道，带电粒子运动时所受的阻力为摩擦力 F_f。F_f 是摩擦系数 f 与粒子在电场中的迁移速度 u_{ep} 的乘积：$F_f = fu_{ep}$。

当平衡时，电场力 F_E 和摩擦力 F_f 相等而方向相反，即

$$qE = fu_{ep} \tag{12-1}$$

则

$$u_{ep} = qE/f \tag{12-2}$$

f 与带电粒子的大小、形状以及介质黏度有关。对于球形粒子，$f = 6\pi\eta\gamma$；对于棒状粒子，$f = 4\pi\eta\gamma$。其中 γ 是粒子的表观液态动力学半径；η 是电泳介质的黏度，所以，

$$u_{ep} = \frac{q}{6\pi\eta\gamma}E \tag{12-3a}$$

或

$$u_{ep} = \frac{q}{4\pi\eta\gamma}E \tag{12-3b}$$

从式(12-3a)或式(12-3b)可知，带电粒子的电泳速度除与电场强度成正比外，还与其有效电荷成正比，与其表观液态动力学半径以及介质黏度成反比。

不同物质在同一电场中，由于它们的有效电荷、形状、大小的差异，它们的电泳速度不同，所以可能实现分离，也就是说带电粒子在电场中电泳速度的不同是电泳分离的基础。

2. 电泳淌度　电泳淌度(electrophoresis mobility) μ_{ep} 是单位电场强度下，带电粒子的电泳速度，即

$$\mu_{ep} = u_{ep}/E \tag{12-4}$$

由式(12-3a)或式(12-3b)及式(12-4)可得

$$\mu_{ep} = \frac{q}{6\pi\eta\gamma} \tag{12-5a}$$

或
$$\mu_{ep} = \frac{q}{4\pi\eta\gamma} \tag{12-5b}$$

式(12-5a)或式(12-5b)表明，电泳淌度与带电粒子的有效电荷成正比，与其表观液态动力学半径以及介质黏度成反比。

3. 有效淌度 在实际溶液中，离子活度系数、溶质分子的离解程度均对带电粒子的电泳淌度有影响，这时的电泳淌度称为有效淌度 μ_{ef}，可表示为

$$\mu_{ef} = \sum_i \alpha_i\gamma_i\mu_{ep} \tag{12-6}$$

式中，α_i 为样品分子的第 i 级离解度；γ_i 为活度系数或其他平衡离解度。

由上而知，带电粒子在电场中的迁移速度，除与电场强度和介质特性有关外，还与质点的离解度、电荷数及其大小和形状有关。

二、电渗和电渗率

1. 电渗现象 当固体与液体接触时，固体表面由于某种原因带一种电荷，则因静电引力使其周围液体带有相反电荷，在液-固界面形成双电层，二者存在电位差。

当在液体两端施加电压时，就会发生液体相对于固体表面的移动，这种液体相对于固体表面移动的现象称为电渗现象。

2. 电渗流 电渗现象中整体移动着的液体称为电渗流(electroosmotic flow，EOF)。

由于用作毛细管材料的石英的等电点约为 1.5，在常用缓冲溶液 pH(pH>3)下，管壁带负电，即石英毛细管内壁的 Si—OH 离解为硅氧基(Si—O⁻)阴离子，并吸引溶液中的水合离子(阳离子)而形成双电层。当在毛细管两端加电压时，双电层中的阳离子向阴极移动，由于离子是溶剂化的，所以带动了毛细管中整体溶液向阴极移动，见图 12-1。

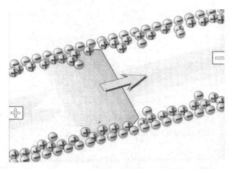

图 12-1 毛细管中的电渗流

3. 电渗流的大小与方向 电渗流的大小用电渗流速度 u_{os} 表示，取决于电渗淌度 μ_{os} 和电场强度 E，即

$$u_{os} = \mu_{os}E = \frac{\varepsilon\xi_{os}}{\eta}E \tag{12-7}$$

式中，ε 和 η 分别为缓冲溶液的介电常数和黏度；ξ_{os} 为管壁的 Zeta 电势。

在通常的毛细管区带电泳条件下，电渗流从阳极流向阴极，其大小受电场强度、Zeta 电势、双电层厚度和介质黏度的影响。一般，Zeta 电势越大，双电层越薄，黏度越小，电渗流值越大。在一般情况下，电渗流的速度是电泳速度的 5～7 倍。

实际毛细管电泳分析中，可在实验测定相应参数后，按下式计算：

$$u_{os} = L_{ef}/t_{os} \tag{12-8}$$

式中，L_{ef} 为毛细管有效长度即进样口到检测器的距离；t_{os} 为电渗流标记物(中性物质)的迁移时间。

毛细管电泳中电渗流的方向取决于毛细管内表面电荷的性质。内表面带负电荷，则溶液带正电荷，电渗流流向阴极；内表面带正电荷，则溶液带负电荷，电渗流流向阳极。

石英毛细管内表面带负电荷，则电渗流流向阴极。如果要改变电渗流方向，一是可对毛细管内壁进行改性，在其内壁表面键合上阳离子基团；二是加入电渗流反转剂，在内充液中加入大量的阳离子表面活性剂，将使石英毛细管壁带正电荷，溶液表面带负电荷，电渗流流向阳极。

4. 电渗流的流形　在 HPLC 的泵驱动中，流体为层流(压力流)，呈抛物线流型，管壁处流速为零，管中心处的速度为平均速度的 2 倍，从而引起谱带展宽。

在内径很小的毛细管内，CE 的整个流体为塞流，呈均匀塞子状的扁平流型。两种流型和峰型的比较如图 12-2 所示。

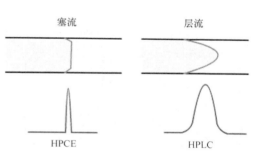

5. 电渗流的作用　在毛细管电泳中，由于电渗流的速度等于一般离子电泳速度的 5～7 倍，所以在毛细管柱中迁移速度最快的是运动方向与电渗流一致的阳离子，其次是被电渗流带动的中性分子，最慢的是运动方向与电渗流相反的阴离子。这样在毛细管电泳中，可一次完成阳离子、阴离子和中性分

图 12-2　CE 与 HPLC 的流型和峰型比较

子的分离，且改变电渗流的大小和方向可改变分离效率与选择性，就如同改变 HPLC 中的流速一样。电渗流的微小变化会影响分离结果的重现性，因此在 CE 中，控制电渗流非常重要。

1) pH 对 EOF 的影响

对未涂层的熔融石英毛细管而言，pH 控制着 EOF。pH<3 时，EOF 很低，pH>8 以后，EOF 基本不增加。在 pH3～8 范围内，随着缓冲溶液 pH 增加，EOF 迅速增加，如果在 EOF 迅速增加的 pH 范围内，所用分离缓冲溶液的缓冲容量不足或超范围使用，不易获得良好的重现性。因此，为获得稳定的 EOF，从而获得满意的重现性，尽量使用 pH<3 或 8<pH≤10 的分离缓冲溶液进行分离。

2) 缓冲溶液离子强度对 EOF 的影响

缓冲溶液的离子强度是影响分离的效率、分离度的重要因素。低浓度分离缓冲溶液可以使用较高的分离电压，所以分离速度一般较快，但样品的装载能力降低。在毛细管内径及分离电压不变的条件下，分离缓冲溶液浓度越高，产生的焦耳热越多，EOF 也越低；过高的浓度将导致焦耳热的增加，峰展宽、灵敏度和分离度的下降。

3) 有机溶剂

在全球乙腈短缺的情况下,毛细管电泳最大的特点就是几乎不使用有机溶剂,而是用无机盐缓冲溶液实现分离,分离对象多为水溶性好的物质。然而,当被分析物为难溶物质时,也经常在分离缓冲溶液及样品溶液中加入有机溶剂,以确保难溶物质形成均一溶液。但有机溶剂消耗量与 HPLC 相比也是微量的。有机溶剂不导电,加入缓冲溶液后,可使溶液的电导降低,特别是使用高浓度无机盐缓冲溶液时,可通过加入有机溶剂,降低溶液电导。

4) 物理吸附聚合物涂层

将高分子水溶液引入毛细管中,实现大分子的无胶筛分毛细管电泳。筛分介质一般选用水溶性好、黏度小的线型高分子聚合物,如聚乙二醇(PEG)、聚吡咯烷酮(PVP)、聚氧乙烯(PEO)等,可减少管壁对生物大分子的吸附,提高柱效,减少峰拖尾,改善峰形。

三、表观淌度和权均淌度

在毛细管电泳中,粒子被观测到的淌度应当是其有效淌度 μ_{ef} 和缓冲溶液的电渗淌度 μ_{os} 的矢量和,称为表观淌度(apparent mobility) μ_{ap} ,即

$$\mu_{ap} = \mu_{ef} + \mu_{os} \tag{12-9}$$

实验中可通过所施加的电压 V 或测量电场强度 E 、毛细管的总长度 L 及有效长度 L_{ef} 和粒子迁移时间 t 等,可计算表观淌度,即

$$\mu_{ap} = \frac{u_{ap}}{E} = \frac{L_{ef}/t}{V/L} \tag{12-10}$$

当在毛细管的正极端进样、负极端检测时,由于表观淌度不同,分离后的出峰先后次序是:阳离子($\mu_{ap} = \mu_{ef} + \mu_{os}$)、中性分子($\mu_{ap} = \mu_{os}$)和阴离子($\mu_{ap} = \mu_{os} - \mu_{ef}$)。由于样品中不同中性分子的表观淌度 μ_{ap} 都等于电渗流速度 u_{os} ,故不能互相分离,如图 12-3 所示。

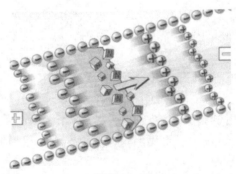

图 12-3 毛细管区带电泳分离示意图

在毛细管内一旦灌入缓冲液,就可能形成固-液界面,这就有了相分配的基础条件或可能。进一步,如果特意在毛细管内引入另一相(如胶束、高分子团等准固定相或色谱固定相)P,样品就完全有机会在溶液相与 P 相之间进行分配。这样,当样品组分在电迁移过程中发生相间

分配时，其迁移速度或淌度将发生变化。这种改变了的迁移速度和淌度称为加权平均速度和加权平均淌度，简称为权均速度(u)和权均淌度(μ)。设相分配过程快于电泳过程，则有

$$k_p = n_p / n_s \tag{12-11}$$

和

$$\mu = \frac{u}{E} = \frac{1}{1+k_p}\mu_{ap} + \frac{k_p}{1+k_p}\mu_p \tag{12-12}$$

式中，k_p 为组分的容量因子；n_p 和 n_s 分别为组分在 P 相和溶液相中的分子数；μ_p 为 P 相的表观淌度。需要注意的是 P 相在电场中可静止，也可迁移，运动方向可正可负，这与纯色谱不同。利用两相分配，能使中性组分产生不同的权均淌度，因而可以分离，这是传统电泳技术做不到的。

四、分离效率和分离度

1. 理论塔板数和塔板高度　如果 CE 中无固定相，则速率理论方程中不存在涡流扩散项和传质阻力项，而且流型又是扁平的，于是只有纵向扩散项，即

$$H = 2D/u_{ap} = 2D/\mu_{ap}E \tag{12-13}$$

将式(12-10)代入式(12-13)，则理论塔板数为

$$n = \frac{L_{ef}}{H} = \frac{\mu_{ap}VL_{ef}}{2DL} = \frac{\mu_{ap}EL_{ef}}{2D} \tag{12-14}$$

由式(12-14)可见，理论塔板数 n 与外加电压 V 成正比，与组分的扩散系数 D 成反比。因为分子越大，扩散系数 D 越小，所以 CE 特别适合分离生物大分子。

毛细管电泳的理论塔板数也可直接从电泳谱图中求得

$$n = 5.54\left(\frac{t}{W_{1/2}}\right)^2 \tag{12-15}$$

在毛细管电泳中，按理想的扁平流型导出的柱效方程(12-14)显示，增加速度是减少谱带展宽、提高柱效的重要途径，而在电泳条件下，一般增加速度靠增加电场强度来实现，但是充满在管子里的电介质在高电场下会产生焦耳热，在传统电泳中这种焦耳热已成为其实现快速、高效分离的重大障碍，研究已表明，管径是影响焦耳热的一个重要因素，Knox 等指出，如果管子的直径能满足下述方程，焦耳热就不会引起太严重的谱带展宽带来的柱效损失。此方程为

$$Edc^{1/3} < 1500 \tag{12-16}$$

式中，d 为管径；c 为介质浓度。在 $E = 50$ kV/m，$c = 0.01$mol/L 的常规条件下，求得 d 值小于140μm。实验结果较此值还略小，因此目前采用的多是 25～75μm 的毛细管。事实上毛细管电泳之所以能实现快速高效，很大程度上就是因为采用了极细的毛细管。

2. 分离度　在毛细管电泳中，分离度是指将电泳淌度相近的组分分开的能力，仍沿用色谱分离度 R 的计算公式，也可表示为柱效的函数：

$$R = \frac{\sqrt{n}}{4} \cdot \frac{\Delta u}{\bar{u}} \tag{12-17}$$

式中，n 为平均理论塔板数；Δu 为两组分迁移速度的差值；$\bar{u}$ 为平均迁移速度。

第3节 毛细管电泳仪

毛细管电泳仪主要由高压电源、电极槽、进样系统、毛细管柱系统、检测系统及工作站等组成，如图 12-4 所示。

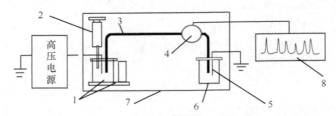

图 12-4　毛细管电泳仪示意图

1. 高压电极槽与进样系统；2. 填灌清洗系统；3. 毛细管系统；4. 检测系统；5. 铂丝电极；6. 低压电极槽；7. 恒温机构；8. 工作站

一、流程及主要部件

1. 高压电源　一般采用 0～±30kV 连续可调的直流高压电源。为获得迁移时间的高重现性，要求电压输出精度应高于±0.1%。

2. 电极槽　CE 的电极通常由直径 0.5～1 mm 的铂丝制成，电极槽通常是带螺口的小玻璃瓶或塑料瓶(1～5 ml 不等)，要便于密封。

3. 进样系统　由于毛细管柱的柱体积一般只有 4～5 μL，所以要求进样系统和检测系统的体积只能有数纳升或更少。否则会产生严重的柱外展宽，使分离效率显著下降。

CE 一般采用无死体积进样，即让毛细管直接与样品接触，然后通过重力、电场力或其他动力来驱动样品流入管中。进样量可以通过驱动力或进样时间来控制，这样，对应的进样系统必须包含动力控制、计时控制、电极槽或毛细管移位控制等机构。

移位控制机构用来改变电极槽或毛细管的状态，便于毛细管插入样品溶液或恢复到电泳位置，一般主要通过转动和升降电极槽来实现。

4. 毛细管柱系统　毛细管是 CE 分离的心脏，可分为开口毛细管柱、凝胶柱及电色谱柱等类别。毛细管电泳的分离通道目前普遍采用外表面涂有耐高温的聚酰亚胺涂料的熔融石英毛细管，内径尺寸 25～75 μm，长度一般为 20～100 cm。毛细管尺寸的选择要充分考虑到分离效率和检测灵敏度两方面。内径越小，分离效率越高，但由于内径小的毛细管进样量受限，对检测器的灵敏度有更高的要求。为了实现柱上检测，需在毛细管上制作检测窗口。毛细管外涂的聚酰亚胺涂层不透明，所以检测窗口部位的外涂层应剥离除去，剥离长度通常控制在 2～3 mm。剥离方法有浓硫酸腐蚀法、灼烧法和刀片刮除等。

毛细管首次使用或长时间不用后重新使用时，应清洗管内壁表面并用稀碱液使之活化。使用完毕后，应用水充分冲净，然后用高纯氮气吹干后保存。

装填缓冲溶液是 CE 分离的基本要求，对毛细管进行清洗则是保持自由溶液 CE 高效和重现分离的条件之一。采用正压或负压容易实现毛细管的装填或冲洗。其中负压可由泵或注射器

(抽)来产生，而正压则可用压缩气或注射器(推)来施加。

5. 检测系统 检测器是毛细管电泳仪的关键组成部分，因为毛细管内径很小，进样量是纳升级，所以需要检测器具有高灵敏度、高选择性和快速响应的特性。目前能与毛细管电泳相连接的检测手段有紫外-可见光、激光诱导荧光、化学发光、电化学和质谱等。

(1) 紫外-可见光检测器 紫外-可见光检测器是毛细管电泳中最先商品化，同时也是应用最广的检测器。为了实现光学检测，首先要将毛细管检测器位置处的不透明聚酰亚胺高聚物涂层去除，形成检测窗口，让光路直接对准窗口位置，由于检测器本身不存在死体积，不存在由于死体积造成的组分混合而产生的样品区带展宽现象。紫外-可见光检测器原理是根据样品的紫外吸收波长位置调节检测波长，从而获取样品信息。被分析物必须具有发色团[如蛋白质的紫外吸收在 214 nm，脱氧核糖核酸(DNA)的紫外吸收在 254 nm]。由于受到光程的限制，紫外-可见光检测器的灵敏度较低，检测限在 $10^{-5} \sim 10^{-6}$ mol/L。

(2) 激光诱导荧光检测器 激光诱导荧光检测器是用激光作为光源，通过激发被测样品的荧光基团使其产生荧光信号为依据来测定分析物的检测方法。与紫外检测不同，激光诱导荧光检测器的灵敏度与激发光的强度成正比，因此激光诱导荧光检测器灵敏度高，可达 $10^{-10} \sim 10^{-13}$ mol/L。然而，被分析物必须具有荧光特性，但大多数分离对象不具有荧光特性或荧光特性很弱，往往需要对被分析物进行荧光标记衍生，操作步骤相对复杂。

(3) 化学发光检测器 化学发光是物质在进行化学反应过程中伴随的一种光辐射现象。在一类特定的化学反应中，产物吸收反应所释放出的化学能从基态变成激发态，当其从激发态再次回到基态时以光辐射的形式释放出一定的能量。化学发光检测器的原理是在检测窗口处引入发光试剂，使之与分析物复合发光，通过检测此光信号强度达到检测被分析物的目的。常见的化学发光体系包括鲁米诺–过氧化氢体系、过氧化草酸酯体系、Ce(IV)体系、钌(II)联吡啶配合物体系以及吖啶酯类体系。

(4) 电化学检测器 电化学检测器根据电化学原理和物质的电化学性质进行检测，分为安培检测器、电导检测器以及电位梯度检测器。电导检测器又分为接触式电导检测器和非接触式电导检测器。接触式电导检测将电极直接插入溶液中，易造成电极的污染。1980 年 Vacik 等发明了非接触式电导检测器并将其用于毛细管等速电泳无机物的测定。后来发展的电容耦合非接触式电导检测器 C^4D 应用更为广泛。C^4D 最初主要用于无机离子的检测，后来又逐渐扩展到有机酸、有机胺、氨基酸、糖和蛋白质等多种物质检测。对无机离子检测，包括碱金属阳离子和碱土金属阳离子、过渡金属离子、卤素离子和常见的无机酸根离子等，这是 C^4D 检测目前最主要的应用。无机离子摩尔电导率比较大，常使用摩尔电导率小的 BGE(背景、电解质)，采用直接或间接方法检测。有机酸在 pH 大于解离常数的缓冲溶液中解离，带负电荷，电导率显著增大，可在负电压模式下采用 C^4D 检测。有机酸的摩尔电导率差别比较大，对于较大电导率的有机酸宜选择摩尔电导率小的 BGE 直接电导检测，而较小电导率的有机酸宜选择摩尔电导率大的 BGE 间接电导检测。有机胺类物质在较低 pH 的缓冲溶液中容易质子化，如以醋酸钾为缓冲溶液，电导率显著增大，此时可用 C^4D 检测。C^4D 在氨基酸检测上也有很重要的用途，在低 pH 溶液中氨基酸呈阳离子形式，用其作为缓冲溶液可以 C^4D 检测氨基酸。蛋白质紫外吸收较弱，荧光检测需要复杂的标记过程，但可以采用 CE-C^4D 方法检测，有较高的灵敏度。此外，C^4D 还可以用作农药、环境、毒品等有机磷化合物的检测。C^4D 检测器的结构原理简单，制作成本低，克服了其他电化学检测器电极污染的缺点，成功应用于 CE 中，已经发展成为一种很有应用价值的检测器，并将在分析检测领域发挥重要作用。

电位梯度检测器(potential gradient detection，PGD)是一种在直流模式下工作的电导检测方式。尽管在仪器元件上略有不同，但都是基于待测物质与背景电解质中同离子淌度上的差异而达到检测目的的。电位梯度检测器维护简单、体积小、质量轻；属于一种便携式仪器。电化学检测方法可以避免光学检测器中光程太短的问题，对电活性的组分的检测具有灵敏度高、线性范围宽、选择性好等优点。

(5) 质谱检测器　毛细管电泳-质谱检测器联用，能够提供一个极强大的复杂大分子混合物的分离和鉴定系统，在肽链序列及蛋白质结构以及分子量测定方面都有卓越的表现。CE-MS在线联用一般需要挥发性盐(如甲酸铵、乙酸铵等)作为分离缓冲液的背景电解质，至少进入离子源的是挥发性缓冲盐，且对缓冲溶液的浓度也有要求，这很大程度上限制了 CE 分离过程中最优条件的实现。CE-MS 中接口问题是难点，基于鞘流液实现电接触的接口中，鞘流液有如下作用：作为电极与毛细管内缓冲液的电接触"桥梁"、提供稳定喷雾所需的流速、改性缓冲液、提高雾化效率。管套管式的同轴鞘流液模式是商品化仪器常用的，但鞘流液对样品有稀释作用，使检测灵敏度降低。此外，由于质谱检测器成本较高，应用还不是很广泛。

二、进样方式

进样方法主要有下列三种。

1. 电动进样　当将毛细管的进样端插入样品溶液并加上电场 E 时，组分就会因电迁移和电渗作用而进入管内。此法对毛细管内的填充介质没有特别限制，属普适性方法，可实现完全自动化操作，通过改变进样电压和时间能对进样量实现控制。但对离子组分存在进样偏向，即迁移速度大者多进，小者少进或不进，就会降低分析的准确性和可靠性。另外，基质变化也会引起导电性和进样量的变化，影响进样的重现性。

2. 压力进样　当将毛细管的两端置于不同的压力环境中时，管中溶液即能流动，将样品带入。此法要求毛细管内的填充介质具有流动性。由于没有加电场，不存在进样偏向，但选择性差，样品及其背景都同时引入管中，对后续分离可能产生影响。利用压缩空气如钢瓶气可以实现正压进样，并能与毛细管清洗系统共用。

3. 扩散进样　当将毛细管插入样品溶液时，组分分子因在管口界面存在浓度差而向管内扩散。此法对毛细管内的填充介质没有任何限制，属普适性方法。扩散进样动力属不可控制参数，进样量仅由扩散时间控制，一般在 $10\sim60\ \text{s}$。

第 4 节　毛细管电泳法的分离模式

按毛细管内分离介质和分离原理的不同，毛细管电泳有多种分离模式。在药物分析中，最常用的 CE 是毛细管区带电泳和胶束电动毛细管色谱。

一、毛细管区带电泳

1. 分离原理和应用范围　毛细管区带电泳(capillary zone electrophoresis，CZE)是在开管毛细管和一般缓冲溶液中进行的电泳，其分离原理是电泳淌度的差别(图 12-3)。它是应用最多的一种分离模式，其电泳介质的选择与控制也是其他分离模式的基础。虽然它只能分离有机、无机的阴、阳离子，但这类样品很多，如天然产物及中药的水溶性成分等。此外，CZE 还可以作为反相 HPLC 的补充，因此应用很广。

2. 分离操作条件的选择

1) 缓冲溶液的选择

由 CE 的原理可知，背景电解质溶液的 pH 明显影响电渗流的大小，影响两性物质及弱电解质的带电状况(荷电量及电性)。同时，随着电泳的进行，电极反应不断改变两个电极附近电泳介质的氢离子或氢氧根离子的浓度，使电泳介质的 pH 发生变化，从而明显影响溶质迁移时间的重现性及分离状况。从提高柱效及分离度考虑，应该在适当 pH 条件下进行电泳；从保证溶质迁移时间及分离的重现性考虑，必须保持电泳介质 pH 稳定，必须在缓冲溶液中进行电泳。

CZE 的电泳介质实际上是一种具有 pH 缓冲能力的均匀的自由溶液，由缓冲试剂、pH 调节剂、溶剂和添加剂组成。实验条件选择的内容包括缓冲液浓度、pH、添加剂、电压和温度等。

(1) 缓冲溶液的种类　缓冲溶液的种类对于柱效和分离度都有很大影响，是 CE 分离条件选择中首先必须考虑的问题，但目前尚无严格的规律可循。一般应考虑如下：①所选择的缓冲溶液在所在的 pH 范围内有较强的缓冲能力。②组成缓冲溶液的物质在检测波长处的紫外吸收较小。③缓冲溶液自身的淌度低，即分子大而电荷小，以减少电流的产生。④为了达到有效的进样和合适的电泳淌度，缓冲液的 pH 至少比分析物质的等电点高或低 1 个 pH 单位。⑤只要条件允许就尽可能采用酸性缓冲液，在低 pH 下，吸附和电渗流都很小，毛细管涂层的寿命较长。

实际应用中一般多采用磷酸盐或硼酸盐缓冲液。

(2) 缓冲溶液的 pH　在 pH 为 4～7 的范围内，毛细管的电渗流随 pH 增大而明显增大。从式(12-11)、式(12-15)和式(12-17)知，pH 增大，表观淌度增大，分离时间缩短，柱效提高。改变缓冲溶液的 pH，可使溶质淌度改变，从而改变 CE 分离的选择性。

(3) 缓冲溶液的离子强度或浓度　一般来说，缓冲溶液的离子强度增大，电渗流减小，迁移时间延长。许多实验证明：有效淌度与 $1/\sqrt{c}$ 有线性关系，c 为缓冲溶液的离子浓度。随着缓冲溶液浓度的增加，导电的离子数增加，在相同的电场强度下毛细管的电流值增大，焦耳热增加。

缓冲溶液的浓度对柱效和分离度的影响比较复杂，因为要同时顾及扩散和黏度的影响，一般来说，对于迁移时间较短的组分，其柱效随浓度的增加而明显增大。

(4) 缓冲溶液添加剂　在缓冲溶液中适当添加其他试剂，如表面活性剂、有机溶剂、中性盐类、两性物质和手性选择剂等，可以改善柱效，改变选择性，进而改善分离度。

2) 工作电压的选择

由式(12-15)知，柱效随工作电压的增大而增高，但工作电压增加，工作电流也增大，焦耳热的影响加剧，柱效反而下降。因此，分离体系的最佳工作电压与体系的组成、离子强度等因素有关。实际工作中要通过实验确定。

二、胶束电动毛细管色谱

胶束电动毛细管色谱(micellar electrokinetic capillary chromatography，MECC 或 MEKC)是以胶束为准固定相的一种 CE 模式。它具有电泳及色谱双重分离原理，是一种既能用于中性物质的分离又能分离带电组分的 CE 模式。MEKC 拓宽了 CE 的应用范围，主要用于小分子、中性化合物、手性对映体和药物等。

MEKC 是在 CZE 基础上使用表面活性剂来充当胶束，以胶束增溶作为分配原理，溶质在水相、胶束相中的分配系数不同，在电场作用下，毛细管中溶液的电渗流和胶束的电泳，使胶束和水相有不同的迁移速度，同时待分离组分在水相和胶束相中被多次分配，在电渗流和这种分配过程的双重作用下得以分离。

1. 胶束　表面活性剂分子是一端为亲水性、一端为疏水性的物质。当它们在水中的浓度达到其临界胶束浓度(CMC)时，疏水性的一端聚在一起朝向里，避开亲水性的缓冲溶液，亲水端朝向缓冲溶液，即分子缔合而形成胶束。

MEKC 中最常用的阴离子表面活性剂是十二烷基硫酸钠 [$CH_3(CH_2)_{10}CH_2OSO_3Na$，SDS]，当浓度为 8～9 mmol/L 时，SDS 单个分子靠彼此间的疏水性聚集形成网状结构的带负电胶束，如图 12-5 所示。带负电荷的 SDS 胶束不溶于水，在毛细管中作为独立的一相向阳极迁移。由于在中性或碱性条件下电渗流淌度大于胶束淌度，所以 SDS 胶束的实际移动方向和电渗流相同，最终在阳极端流出。

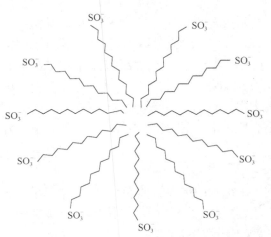

图 12-5　十二烷基硫酸钠形成的负胶束

2. 分离原理　在 MEKC 中，中性溶质按其疏水性不同，在缓冲溶液和胶束之间分配。疏水性强、亲水性弱的溶质分配到胶束中的多，分配到缓冲溶液中的少；反之，亲水性强、疏水性弱的溶质分配到胶束中的少，分配到缓冲溶液中的多。当溶质进入胶束时，以胶束的速度向阴极迁移；溶质进入缓冲溶液时，以电渗的速度前移。在胶束中分配系数越大的溶质，在柱中迁移时间越长，从而使疏水性稍有差别的中性物质在电泳中得以分离，如图 12-6 所示。

显然，表面活性剂的种类、性质及其浓度是 MEKC 分离条件选择的关键之一。对表面活性剂的要求是：①经济易得；②水溶性高；③紫外吸收背景低；④对样品无破坏性；⑤胶束具有足够的稳定性；⑥中性样品需选用离子型表面活性剂。

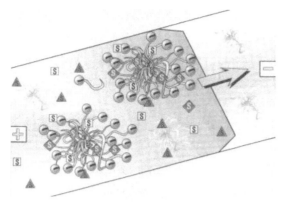

图 12-6 胶束电动毛细管色谱分离示意图

常用表面活性剂有各种阴离子表面活性剂、阳离子表面活性剂、非离子表面活性剂和两性表面活性剂，也有用混合胶束，如阴离子表面活性剂和胆酸盐组合混合胶束。

3. 环糊精电动毛细管色谱 环糊精改性电动毛细管色谱(cyclodextrin electrokinetic capillary chromatography，CDEKC)是在具有一定浓度环糊精(CD)的背景电解质中进行的电动毛细管色谱。CDEKC 不仅可以分离离子型、电中性疏水性化合物，而且可以分离光学异构体。

(1) 环糊精 环糊精(CD)是由 6～12 个 D- (+)- 吡喃葡萄糖单元，通过 1，4-α-苷键联结而成的环状低聚糖。含有 6、7、8 个吡喃葡萄糖单元的环糊精，分别称为 α、β、γ 环糊精，具有桶形结构，腔内疏水，腔外亲水，内腔平均直径分别为 0.5 nm、0.63 nm、0.80 nm。

(2) 分离原理 CD 能与手性分子形成包合物，其稳定性取决于手性分子的疏水性、空间大小、构象以及环境条件，特别是温度和溶剂性质。在相同的环境条件下，不同手性分子的空间构象和疏水性不同，包合物的稳定性和有效淌度也因此不同而得以分离。

三、毛细管凝胶电泳

毛细管凝胶电泳(gel capillary electrophoresis，GCE)是毛细管内填充凝胶或其他筛分介质作为支持物进行电泳，不同体积的溶质分子在起"分子筛"作用的凝胶中得以分离。常用于蛋白质、寡聚核苷酸、核糖核酸(RNA)、DNA 片段分离和测序及聚合酶链反应(PCR)产物分析。CGE 能达到 CE 中最高的柱效。为了解决人类基因组计划的关键，即 DNA 测序的速度，已试制出 96 支毛细管阵列的 DNA 测序仪，并已有 8 支毛细管阵列的 DNA 测序商品仪器。

四、毛细管电色谱

毛细管电色谱(capillary electro- chromatography，CEC)是将毛细管电泳的高效性和高效液相色谱的选择性相结合的分离手段。它用装(或涂)有固定相的毛细管色谱柱，以电渗流或电渗流与压力联合作为驱动力，使样品在两相间进行分配，具有高柱效和高选择性。填充柱毛细管电色谱(packed-column CEC)、开管柱毛细管电色谱(open-tubular CEC)、整体柱毛细管电色谱(monolithic-column CEC)和准固定相毛细管电色谱(pseudostationary phase CEC)是毛细管电色谱的基本模式。最早的 PSP-CEC(准固定相毛细管电色谱)是用胶束作为准固定相，也就是常提到的胶束电动色谱。然而，胶束作为准固定相存在几个问题：由于存在单体和胶束的平衡，准固定相均一性差；胶束对有机溶剂较为敏感；当毛细管电色谱与质谱联用时，低分子量的胶束会产生较大的背景干扰。与之不同的是，单分子胶束在 PSP-CEC 中的应用更为灵活，而纳米粒子与其电泳行为则较为相似。

1989 年 Wallingford 和 Ewing 最早将纳米材料应用于毛细管电色谱中，解决了传统准固定相稳定性差的问题。与传统的填充柱或整体柱相比，PSP-CEC 柱子可再生、不存在负载过量问题、不需要复杂的填充键合过程且负压小。纳米粒子因其表面积大在提高分离效率方面有巨大潜力。Göttlicher 和 Bächmann 总结归纳了纳米粒子作为准固定相应具备的基本性质：①在不同的缓冲液中能形成稳定均一的悬浮溶液；②与被分析物之间存在选择性相互作用；③为了不与 EOF 一同洗脱，能分离中性物质，纳米粒子需带电荷；④淌度要一致；⑤传质阻力要小；⑥不干扰检测；⑦小而多孔，可以提供足够大的比表面积。毛细管电色谱中常用的纳米材料有二氧化硅纳米粒子、金纳米粒子、碳纳米管、脂质纳米粒子和纳米尺寸的新材料。CEC 能分析有机和无机的阴离子、阳离子、手性分子、大分子和中性分子，是当前最活跃的 CE 研究领域。

五、非水毛细管电泳

非水毛细管电泳(non-aqueous capillary electrophoresis，NACE)是以有机溶剂替代水溶液作为运行介质的一种毛细管电泳分离分析模式。在 NACE 中，有机溶剂的选择直接关系到分离方法的成功与否。因此，需要考虑非水介质的偶极矩、介电常数、溶剂挥发性、黏度、电渗流速度、酸碱性、质子离解等多方面因素的综合影响效果。有机溶剂种类繁多，而且它们的物理化学性质各不相同。乙腈、甲醇、甲酰胺、N-甲基甲酰胺、N, N-二甲基甲酰胺是 NACE 中最常使用的有机介质。在实际实验中，甲酰胺-水或甲醇-乙腈等混合溶剂也有很多应用。溶剂的挥发性是有机溶剂选择的重要参数之一。挥发性强弱会影响溶液的组成和稳定性，所以在 NACE 中使用的有机溶剂一般需要满足一定的条件：①相对介电常数高、黏度低、蒸气压低；②无毒，不易燃烧，没有反应活性；③对电解质和分析物的溶解能力大；④室温下为液体；⑤与检测方法兼容；⑥纯溶剂的价格低廉。目前，NACE 已经广泛用于药物、环境和生物分析等领域的研究。

第 5 节　毛细管电泳的应用与进展

一、离子分析

与离子色谱相比较，CE 在无机阴阳离子和有机小离子分离分析上具有很多优势，它能在数分钟内分离出几十种离子组分，而且不需要任何复杂的操作程序。对于有紫外吸收的小离子，可以直接采用紫外吸收检测器，对于大多数无机离子不能直接使用紫外检测，可以进行间接紫外吸收检测，即在具有紫外吸收离子的电泳介质中进行电泳，可以测得无吸收同符号离子的倒峰，如芳香胺、咪唑、吡啶及其衍生物均可用作背景缓冲介质。此外，无机离子还可以利用电位法或电导法检测。CE 法分离检测小离子在食品、环境等应用方面有很重要的意义。

【例 12-1】　无机离子分离分析(图 12-7)。

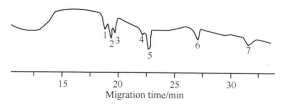

图 12-7　毛细管电泳-非接触式电导检测器分离检测 7 种无机阴离子

背景缓冲液 DMF/HAc=1∶1，毛细管长度 60cm，有效长度 50cm，分离电压–14kV；峰指认：1. BF_4^-；2. ClO_4^-；3. PF_6^-；4. I^-；5. NO_3^-；6. Br^-；7. Cl^-

二、药物分析

药品是与人们生命息息相关的特殊商品，检验其真伪或质量的优劣，需要先进、快速、准确的定性和定量手段。因此，CE 分析技术很快即被药物分析工作者在药品检验领域迅速推广应用。

氟喹诺酮类抗生素药物具有广谱抗菌性，通过抑制细菌的 DNA 旋转酶影响 DNA 的正常形态与功能，阻碍 DNA 的正常复制、转录、转运与重组，从而产生快速杀菌的作用。从 20 世纪 80 年代问世以来，喹诺酮广泛用于临床医学和动物疾病的预防与治疗。然而，过量或不当地使用喹诺酮类抗生素药物会使细菌的耐药性增强，人体产生抗药性。氟喹诺酮在动物体内的残留很可能会通过食物链传递给食用者，对食用者的中枢神经和关节部位产生毒性。欧盟(1990 年、1996 年、2002 年)和世界卫生组织(2001 年)为确保食品安全，对在动物产品中使用的氟喹诺酮规定了最大残留限量。中药品种繁多、药材产地各异、成分复杂，无论是药材还是成药的分析，都是一项非常艰难的任务。中药分析工作用现代化仪器设备和科技手段(如薄层色谱、HPLC 等)虽取得巨大进展与成就，但往往只是对药材和成药成百上千个成分中的一个或几个成分的分析，实际只是一种象征性的代表式分析，与之起化学和药理效应的实际组合成分(起码是有效成分)相比，仍有相当大的距离。随着 CE 技术对中药材及其有效成分的鉴别与分析的快速发展，建立在此基础上的中成药成分的定性、定量分析已有进展，且有希望解决长期困扰中药质量控制中的重大难题。

【例 12-2】　毛细管电泳分离分析氟喹诺酮类抗生素(图 12-8)。

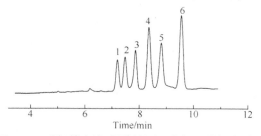

图 12-8　毛细管电泳-紫外检测器分析 6 种氟喹诺酮

缓冲液组成 $Na_2B_4O_7$ 5 mmol/L + 树枝状大分子(pH 9.3)；进样时间 20 s；分离电压 10 kV；检测波长 254 nm；峰指认：1. 莫西沙星；2. 加替沙星；3. 洛美沙星；4. 依诺沙星；5. 氧氟沙星；6. 帕珠沙星

【例 12-3】 金银花的毛细管电泳指纹图谱研究。

金银花为忍冬科植物忍冬 Lonicera japonica Thunb.的干燥花蕾或初开的花。其主要化学成分包括绿原酸、异绿原酸、黄酮类化合物、皂苷和挥发油等，具有清热解毒、凉散风热等作用，用于痈肿疔疮、喉痹、丹毒、热毒血痢、风热感冒、温病发热。金银花应用广泛而其植物来源复杂，全国有几十种忍冬科忍冬属植物作为金银花入药，所以有效地控制其质量势在必行。

(1) 电泳条件　石英毛细管 65 cm×75 μm，有效长度 53 cm；紫外检测波长 254 nm；灵敏度 0.005 AUFS；运行电压 12 kV；电流约 112μA；背景电解质为 50 mmol/L 硼砂缓冲液(含 20 mmol/L β-CD，磷酸调 pH 8.0)；压力进样 15 s(高度差 8.5cm)。

(2) 测定结果　将 13 个不同产地的金银花药材供试液的指纹图谱进行比较，以电泳峰出现率100%计，确定金银花的共有指纹峰为 18 个(图 12-9)；该指纹图谱具有较好的精密度和重现性，分离效率高且成本低廉。

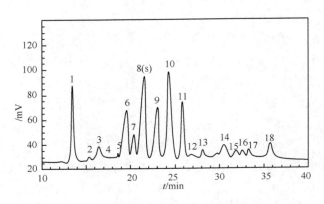

图 12-9　金银花样品的毛细管电泳指纹图谱
8(s)绿原酸

三、手性化合物分析

手性毛细管电泳应用的研究，最早从氨基酸开始，后来随着手性药物分析的迫切需要，大量的应用研究转到药物分析上来。其应用主要包括对映异构体拆分、对映异构体纯度测定、手性药物筛选等。CE 实现手性分离的策略有两种，一是构建手性分离环境，将手性物质加入毛细管电泳缓冲介质中或毛细管中，可以构建出不同手性环境，此法高效快速、应用多样化，对样品无害，应用较为广泛；二是手性消除，就是让对映异构体与一种手性试剂反应，使之转变成非对映异构体，用普通的 CE 就可以分离分析，不过手性试剂昂贵，产物的手性不能得到恢复。目前 CE 手性分离正在向理论化、应用化、新方法的方向发展。

【例 12-4】 毛细管电泳法分析手性药物度洛西汀。

度洛西汀是一个 5-羟色胺和去甲肾上腺素再摄取双重抑制剂，用于治疗成人抑郁、妇女中至重度应激性尿失禁症或糖尿病性外周神经病性疼痛。采用毛细管区带电泳法分析度洛西汀及其合成过程中的直接中间体——R-对映体，为其杂质检查及制剂的含量测定等工作奠定基础。

(1) 电泳条件　石英毛细管 55 cm×50 μm，有效长度 38 cm；背景电解质为 55 mmol/L 三羟甲基氨基甲烷缓冲液加 0.1 mol/L 磷酸调至 pH 1.8，添加 40 mmol/L 羟丙基-β-环糊精手性选择剂和甲醇(80∶20)有机改性剂；分离电压 20kV；压力进样 10 s，高度差 10cm，检测波长 214 nm。

(2) 测定结果　度洛西汀与其 R-对映体的分离度为 1.66,度洛西汀峰面积的 RSD 为 1.8%,迁移时间的 RSD 为 2.0%；度洛西汀在 0.05~0.3mg/mL 浓度范围内线性关系良好，而且能同时分离度洛西汀的合成中间体及其对映异构体。

四、氨基酸分析

氨基酸是生物体的重要组成单元，参与并控制着体内代谢，对一切生物体的生长发育有举足轻重的作用，因此，氨基酸的检测对于营养食品的研究与对机体营养状况的判断有着重要意义。氨基酸分析一般采用传统的液相色谱法或氨基酸分析仪分离氨基酸，但色谱法在样品分离前需对色谱柱进行预处理或改性，色谱柱昂贵，分离效率不高，检测速度慢，操作较烦琐；氨基酸分析仪分析成本较高。毛细管电泳用于氨基酸检测，方便快捷，无须复杂的前处理过程。

【例 12-5】　毛细管电泳-电化学检测法测定山药中 8 种必需氨基酸。

(1) 电泳条件　缓冲液：0.10 mol/L 的硼砂-硼酸溶液(pH8.0)为运行缓冲液，电动进样时间 8s，检测池为阴极电泳槽。分离电压 17kV；检测电位 0.85V。

(2) 测定结果　苏氨酸、缬氨酸、蛋氨酸、异亮氨酸、亮氨酸、苯丙氨酸、赖氨酸、色氨酸 8 种氨基酸在 12min 内实现基线分离，被测物浓度与峰电流呈良好的线性关系。

五、核酸分析及 DNA 测序

生物制品是医药药品的重要组成部分，随着 DNA 技术和克隆技术的应用，它的研制和生产成了医药行业的热点。但其分子量大、结构复杂，较难鉴别和定量一直是阻碍其快速发展的因素之一。HPCE 技术的应用正在逐步解决着这一难题。生物制品绝大多数由氨基酸、肽、蛋白质组成，CE 技术主要是用 CZE 测定肽谱、SDS-CGE 测定蛋白分子量和 CE-MS 直接测定分子量。步骤是将蛋白酶解或化学裂解成肽片断，利用 CZC 分离后所得的电泳图(称 CE 肽图)，根据蛋白一级结构和所用裂解试剂，给出不同特征的肽图作指纹图谱，并用作鉴别标准。还可通过各片段峰的收集和测序，用肽图测定蛋白质的一级结构，鉴别种属遗传差异。蛋白质结构和种类的复杂性使得其分离分析一直是一项挑战性课题，毛细管电泳的出现显著方便了蛋白质样品的分离分析，CE 用于蛋白质研究有很多方面，包括蛋白质组学研究。蛋白质强烈的吸附能力会导致分离效率下降、峰高严重降低，而管壁的电荷及蛋白质的亲疏水性质是蛋白质分子吸附的主要原因。蛋白质吸附主要是因为静电作用，也可能有氢键形成。要消除或减小吸附的影响，可以通过化学物理方法消除或覆盖毛细管壁的硅羟基，使表面改性，使之亲水化；或者对样品使用变性剂处理，如 SDS 等，不过其可能会破坏蛋白质生理活性，不宜进行与生理活性相关的研究；也可以对缓冲溶液进行一定的处理，令缓冲溶液的 pH 远高于或远低于样品等电点，或在缓冲溶液中加入高浓度无机离子、两性电解质以及有机胺等添加剂，或者在缓冲水溶液中加入一定有机溶剂及纳米材料等，都可以克服或抑制吸附程度。

脱氧核糖核酸(DNA)是一类带有遗传信息的生物大分子，分子生物学、生物技术、临床诊断、遗传及法医领域都十分关注 DNA 的分析研究。1990 年人类基因组计划展开，2001 年多国合作的国际团队与私人企业塞雷拉基因组公司，分别将人类基因组序列草图发表于《自然》与《科学》两份期刊，使得越来越多的人投入 DNA 的分析研究中。1988 年毛细管电泳分析 DNA 的第一批文献发表，标志着毛细管电泳分离 DNA 时代的开始。DNA 分子由于其重复的核苷子单元结构使其质荷比大小基本相同，碱基对个数大于 400 bp 的 DNA 在自由溶液中具有相同的淌度。若要分离 DNA 就是使其淌度间产生差别，这种差别的创造使毛细管电泳分离 DNA 的方法朝多样化发展。

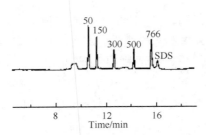

图 12-10　毛细管电泳无胶筛分 PCR marker
电泳条件 1 μg/ml 的 PCR marker 配制在 1/100× TA 中。分离缓冲液 1 × TA–0.5% HEC(pH 8.7)。采用 75 μm 内径，总长度 50.0 cm(有效长度 40.0 cm)的熔融石英弹性毛细管；分离电压为–10 kV，检测波长设定为 254 nm。DNA 样品的电动进样电压为–3 kV

人类基因组计划的完成催化了分析技术的改革与创新，像 454、SOLiD 这样的新一代高通量基因测序技术构成了第三代基因测序系统。然而，毛细管电泳基因测序仍然是广泛使用的测序手段。因为 DNA 在生物体内浓度较低，需要高灵敏的检测手段或者高效的富集手段才能满足检测需求。尽管聚合酶链式反应(polymerase chain reaction，PCR)可以在检测前将 DNA 的浓度水平提升，但 PCR 的循环次数应尽可能少，避免非特异性扩增和错配等问题的出现。通常采用毛细管在线富集手段使检测灵敏度满足 DNA 的检测需求。

【例 12-6】　毛细管电泳 DNA 的无胶筛分(图 12-10)。

六、新进展及热点问题

毛细管电泳与具有精确质量数的飞行时间或四极杆-飞行时间质谱仪的联用，为毛细管电泳的发展提供了新的方向。毛细管电泳作为 ESI-MS 检测前的分离技术，非常适用于极性分子的分析。毛细管电泳和质谱都是基于带电组分质核比不同实现分离，前者是在液相环境中，后者是在气相环境中，两者分析的样品往往带有相同电荷，减少了液相色谱-质谱联用中存在的离子抑制。同时，毛细管电泳是低流速技术，能使 ESI 的离子化效率达到最优水平，最大限度地增加了检测灵敏度及定量的准确性。代谢组学是近年来快速增长的研究领域，可作为复杂生物体的探针，用于研究人类、环境和疾病领域的问题。代谢物大部分是极性小分子，甚至是离子化合物，非常适合毛细管电泳-飞行时间质谱联用技术分析，可以解决液相色谱中不被固定相保留组分的分离及定量，也不需要气相色谱-质谱联用中常用的衍生化反应。

微流控芯片毛细管电泳(chip CE)是毛细管电泳未来发展中的重要部分。它是利用刻制在石英、玻璃或高分子材料上的微通道或通道网络实施样品的处理、转移、分离及检测等的电泳方法，其尺寸可以小至数厘米。芯片分离分析是一种涉及很多方面的前沿研究领域，可用于各种离子或非离子组分的分析，如氨基酸、细胞及其代谢物、核苷酸、DNA、免疫分析及药物分析、普通无机和有机分子或离子分析等，能实现高速分离。目前最热门的应用研究方向是蛋白质和核酸的高速高通量分离。

(田　婧)

习 题

1. 毛细管电泳的主要进样方式有哪些？各有什么特点？

2. 高效毛细管电泳与传统电泳相比，有什么大的技术突破？

3. 毛细管电泳与高效液相色谱的特点有哪些异同？

4. 胶束电动毛细管电泳的分离原理是什么？

5. 实际操作中，影响体系电渗流的因素有哪些？

6. 毛细管电泳常用的检测器有哪些？

7. 试分析电渗流产生的原因。

8. 毛细管区带电泳适合哪些样品的分离分析？

9. 某 CZE 体系，分离电压 V=25kV，柱长 L=55cm，有效长度 l=50cm，扩散系数 D=2.0×10^{-9}m^2/s，通过柱子的时间是 10min，求理论塔板数。 （n=1.25×10^5）

10. CZE 系统的毛细管长度 L = 65cm，由进样器至检测器长度 l = 58cm，分离电压 V=20kV，扩散系数 D=5.0×10^{-9}m^2/s。测得某中性分子 A 迁移时间是 9.96min。(1)求出该系统的电渗淌度；(2)求电泳淌度为 2.0×10^{-9}m^2/(V · s)的阴离子 B 的迁移时间；(3)以 A 计算理论塔板数；(4)求 A 与 B 分离度。

（3.2×10^{-4}cm^2/(V · s)；11min；6.4×10^4；1.12）

参 考 资 料

陈义，2006. 毛细管电泳技术及应用. 2 版. 北京：化学工业出版社

丁明玉，2006. 现代分离方法与技术. 北京：化学工业出版社

方惠群，余晓冬，史坚，2004. 仪器分析学习指导. 北京：科学出版社

傅若农，2006. 色谱分析概论. 2 版. 北京：化学工业出版社

郭兴杰，2015. 分析化学. 3 版. 北京：中国医药科技出版社

何华，倪坤仪，2004. 现代色谱分析. 北京：化学工业出版社

华中师范大学，2001. 分析化学(下). 3 版. 北京：高等教育出版社

黄世德，梁生旺，2005. 分析化学. 北京：中国中医药出版社

回颂九，2006. 色谱在药物分析中的应用. 北京：化学工业出版社

可丽一，2005. 平面色谱方法及应用. 2 版. 北京：化学工业出版社

李发美，2003. 分析化学. 5 版. 北京：人民卫生出版社

李克安，2005. 分析化学教程. 北京：北京大学出版社

李彤，2005. 高效液相色谱仪器系统. 2 版. 北京：化学工业出版社

刘国诠，2006. 色谱柱技术. 2 版. 北京：化学工业出版社

刘虎威，2006. 气相色谱方法及应用. 2 版. 北京：化学工业出版社

刘约权，2001. 现代仪器分析. 北京：高等教育出版社

苏承昌，梁淑萍，揭新明，等，2000. 分析仪器. 北京：军事医学科学出版社

孙毓庆，2003. 分析化学. 4 版. 北京：人民卫生出版社

孙毓庆，2005. 现代色谱法及其在药物分析中的应用. 2 版. 北京：科学出版社

孙毓庆，2005. 仪器分析选论. 北京：科学出版社

汪尔康，1999. 21 世纪的分析化学. 北京：科学出版社

汪正范，2006. 色谱定性与定量. 2 版. 北京：化学工业出版社

汪正范，2006. 色谱联用技术. 2 版. 北京：化学工业出版社

吴烈钧，2006. 气相色谱检测方法. 2 版. 北京：化学工业出版社

吴性良，朱万森，马林，2004. 分析化学原理. 北京：化学工业出版社

武汉大学化学系，2001. 仪器分析. 北京：高等教育出版社

杨根源，金瑞样，应武林，1997. 实用仪器分析. 北京：北京大学出版社

于世林，2005. 高效液相色谱法及应用. 2 版. 北京：化学工业出版社

张晓彤，2000. 液相色谱检测方法. 北京：化学工业出版社

赵藻藩，周性尧，张悟铭，等，1990. 仪器分析. 北京：高等教育出版社

朱明华，2000. 仪器分析. 3 版. 北京：高等教育出版社

CHRISTIAN G D, DASGUPTA P K, SCHUG K A, 2013. Analytical chemistry. 7 th ed. NJ: John Wiley &. Sons Inc

SKOOG DA. HOLLE F J, NIEMAN A T, 1998. Principles of instrumental analysis. Philadelphia: Harcourt Brace &.
Company

|附录 A| 标准电极电位表(25℃)

按 E^0 值高低排列

半反应	E^0/V
$F_2(气)+ 2H^+ + 2e = 2HF$	3.06
$O_3 + 2H^+ + 2e = O_2 + 2H_2O$	2.07
$S_2O_8^{2-} + 2e = 2SO_4^{2-}$	2.01
$H_2O_2 + 2H^+ + 2e = 2H_2O$	1.77
$MnO_4^- + 4H^+ + 3e = MnO_2(固)+ 2H_2O$	1.695
$PbO_2(固)+ SO_4^{2-} + 4H^+ + 2e = PbSO_4(固)+ 2H_2O$	1.685
$HClO_2 + H^+ + e = HClO + H_2O$	1.64
$HClO + H^+ + e = 1/2\ Cl_2 + H_2O$	1.63
$Ce^{4+} + e = Ce^{3+}$	1.61
$H_5IO_6 + H^+ + 2e = IO_3^- + 3H_2O$	1.60
$HBrO + H^+ + e = 1/2\ Br_2 + H_2O$	1.59
$BrO_3^- + 6H^+ + 5e = 1/2\ Br_2 + 3H_2O$	1.52
$MnO_4^- + 8H^+ + 5e = Mn^{2+} + 4H_2O$	1.51
$Au(III)+ 3e = Au$	1.50
$HClO + H^+ + 2e = Cl^- + H_2O$	1.49
$ClO_3^- + 6H^+ + 5e = 1/2\ Cl_2 + 3H_2O$	1.47
$PbO_2(固)+ 4H^+ + 2e = Pb^{2+} + 2H_2O$	1.455
$HIO + H^+ + e = 1/2\ I_2 + H_2O$	1.45
$ClO_3^- + 6H^+ + 6e = Cl^- + 3H_2O$	1.45
$BrO_3^- + 6H^+ + 6e = Br^- + 3H_2O$	1.44
$Au(III)+ 2e = Au(I)$	1.41
$Cl_2(气)+ 2e = 2Cl^-$	1.3595
$ClO_4^- + 8H^+ + 7e = 1/2\ Cl_2 + 4H_2O$	1.34
$Cr_2O_7^{2-} + 14H^+ + 6e = 2Cr^{3+} + 7H_2O$	1.33
$MnO_2(固)+ 4H^+ + 2e = Mn^{2+} + 2H_2O$	1.23
$O_2(气)+ 4H^+ + 4e = 2H_2O$	1.229
$IO_3^- + 6H^+ + 5e = 1/2\ I_2 + 3H_2O$	1.20
$ClO_4^- + 2H^+ + 2e = ClO_3^- + H_2O$	1.19
$Br_2(水)+ 2e = 2Br^-$	1.087
$NO_2 + H^+ + e = HNO_2$	1.07
$Br_3^- + 2e = 3Br^-$	1.05
$HNO_2 + H^+ + e = NO(气)+ H_2O$	1.00
$VO_2^+ + 2H^+ + e = VO^{2+} + H_2O$	1.00

半反应	E^0/V
$HIO + H^+ + 2e === I^- + H_2O$	0.99
$NO_3^- + 3H^+ + 2e === HNO_2 + H_2O$	0.94
$ClO^- + H_2O + 2e === Cl^- + 2OH^-$	0.89
$H_2O_2 + 2e === 2OH^-$	0.88
$Cu^{2+} + I^- + e === CuI(固)$	0.86
$Hg^{2+} + 2e === Hg$	0.845
$NO_3^- + 2H^+ + e === NO_2 + H_2O$	0.80
$Ag^+ + e === Ag$	0.7995
$Hg_2^{2+} + 2e === 2Hg$	0.793
$Fe^{3+} + e === Fe^{2+}$	0.771
$BrO^- + H_2O + 2e === Br^- + 2OH^-$	0.76
$O_2(气) + 2H^+ + 2e === H_2O_2$	0.682
$AsO_8^- + 2H_2O + 3e === As + 4OH^-$	0.68
$2HgCl_2 + 2e === Hg_2Cl_2(固) + 2Cl^-$	0.63
$Hg_2SO_4(固) + 2e === 2Hg + SO_4^{2-}$	0.6151
$MnO_4^- + 2H_2O + 3e === MnO_2 + 4OH^-$	0.588
$MnO_4^- + e === MnO_4^{2-}$	0.564
$H_3AsO_4 + 2H^+ + 2e === HAsO_2 + 2H_2O$	0.559
$I_3^- + 2e === 3I^-$	0.545
$I_2(固) + 2e === 2I^-$	0.5345
$Mo(VI) + e === Mo(V)$	0.53
$Cu^+ + e === Cu$	0.52
$4SO_2(水) + 4H^+ + 6e === S_4O_6^{2-} + 2H_2O$	0.51
$HgCL_4^{2-} + 2e === Hg + 4Cl^-$	0.48
$2SO_2(水) + 2H^+ + 4e === S_2O_3^{2-} + H_2O$	0.40
$Fe(CN)_6^{3-} + e === Fe(CN)_6^{4-}$	0.36
$Cu^{2+} + 2e === Cu$	0.337
$VO^{2+} + 2H^+ + e === V^{3+} + H_2O$	0.337
$BiO^+ + 2H^+ + 3e === Bi + H_2O$	0.32
$Hg_2Cl_2(固) + 2e === 2Hg + 2Cl^-$	0.2676
$HAsO_2 + 3H^+ + 3e === As + 2H_2O$	0.248
$AgCl(固) + e === Ag + Cl^-$	0.2223
$SbO^+ + 2H^+ + 3e === Sb + H_2O$	0.212
$SO_4^{2-} + 4H^+ + 2e === SO_2(水) + H_2O$	0.17
$Cu^{2+} + e === Cu^-$	0.519
$Sn^{4+} + 2e === Sn^{2+}$	0.154
$S + 2H^+ + 2e === H_2S(气)$	0.141
$Hg_2Br_2 + 2e === 2Hg + 2Br^-$	0.1395
$TiO^{2+} + 2H^+ + e === Ti^{3+} + H_2O$	0.1
$S_4O_6^{2-} + 2e === 2S_2O_3^{2-}$	0.08
$AgBr(固) + e === Ag + Br^-$	0.071

半反应	E^0/V
$2H^+ + 2e = H_2$	0.000
$O_2 + H_2O + 2e = HO_2^- + OH^-$	-0.067
$TiOCl^+ + 2H^+ + 3Cl^- + e = TiCl_4^- + H_2O$	-0.09
$Pb^{2+} + 2e = Pb$	-0.126
$Sn^{2+} + 2e = Sn$	-0.136
$AgI(固) + e = Ag + I^-$	-0.152
$Ni^{2+} + 2e = Ni$	-0.246
$H_3PO_4 + 2H^+ + 2e = H_3PO_3 + H_2O$	-0.276
$Co^{2+} + 2e = Co$	-0.277
$Tl^+ + e = Tl$	-0.3360
$In^{3+} + 3e = In$	-0.345
$PbSO_4(固) + 2e = Pb + SO_4^{2-}$	-0.3553
$SeO_3^{2-} + 3H_2O + 4e = Se + 6OH^-$	-0.366
$As + 3H^+ + 3e = AsH_3$	-0.38
$Se + 2H^+ + 2e = H_2Se$	-0.40
$Cd^{2+} + 2e = Cd$	-0.403
$Cr^{3+} + e = Cr^{2+}$	-0.41
$Fe^{2+} + 2e = Fe$	-0.440
$S + 2e = S^{2-}$	-0.48
$2CO_2 + 2H^+ + 2e = H_2C_2O_4$	-0.49
$H_3PO_3 + 2H^+ + 2e = H_3PO_2 + H_2O$	-0.50
$Sb + 3H^+ + 3e = SbH_3$	-0.51
$HPbO_2^- + H_2O + 2e = Pb + 3OH^-$	-0.54
$Ga^{3+} + 3e = Ga$	-0.56
$TeO_3^{2-} + 3H_2O + 4e = Te + 6OH^-$	-0.57
$2SO_3^{2-} + 3H_2O + 4e = S_2O_3^{2-} + 6OH^-$	-0.58
$SO_3^{2-} + 3H_2O + 4e = S + 6OH^-$	-0.66
$AsO_4^{3-} + 2H_2O + 2e = AsO_2^- + 4OH^-$	-0.67
$Ag_2S(固) + 2e = 2Ag + S^{2-}$	-0.69
$Zn^{2+} + 2e = Zn$	-0.763
$2H_2O + 2e = H_2 + 2OH^-$	-8.28
$Cr^{2+} + 2e = Cr$	-0.91
$HSnO_2^- + H_2O + 2e = Sn^- + 3OH^-$	-0.91
$Se + 2e = Se^{2-}$	-0.92
$Sn(OH)_6^{2-} + 2e = HSnO_2^- + H_2O + 3OH^-$	-0.93
$CNO^- + H_2O + 2e = Cn^- + 2OH^-$	-0.97
$Mn^{2+} + 2e = Mn$	-1.182
$ZnO_2^{2-} + 2H_2O + 2e = Zn + 4OH^-$	-1.216
$Al^{3+} + 3e = Al$	-1.66
$H_2AlO_3^- + H_2O + 3e = Al + 4OH^-$	-2.35
$Mg^{2+} + 2e = Mg$	-2.37

半反应	E^0/V
$Na^+ + e \Longrightarrow Na$	-2.71
$Ca^{2+} + 2e \Longrightarrow Ca$	-2.87
$Sr^{2+} + 2e \Longrightarrow Sr$	-2.89
$Ba^{2+} + 2e \Longrightarrow Ba$	-2.90
$K^+ + e \Longrightarrow K$	-2.925
$Li^+ + e \Longrightarrow Li$	-3.042

|附录 B|　主要基团的红外吸收峰

基团	振动类型	波数/cm⁻¹	波长/mm	强度	备注
一、烷烃类	CH 伸	3000～2800	3.33～3.57	中、强	分为反对称与对称伸缩
	CH 弯(面内)	1490～1350	6.70～7.41	中、弱	
	C—C 伸(骨架振动)	1250～1140	8.00～8.77	中	不特征
1. CH$_3$	CH 伸(反称)	2962±10	3.38±0.01	强	分裂为三个峰,此峰最有用
	CH 伸(对称)	2872±10	3.48±0.01	强	共振时,分裂为两个峰,此为平均值
	CH 弯(反称,面内)	1450±20	6.90±0.10	中	
	CH 弯(对称,面内)	1380～1365	7.25～7.33	强	
2. CH$_2$	CH 伸(反称)	2926±10	3.42±0.01	强	
	CH 伸(对称)	2853±10	3.51±0.01	强	
	CH 弯(面内)	1465±10	6.83±0.10	中	
3. CH	CH 伸	2890±10	3.46±0.01	弱	
	CH 弯(面内)	～1340	～7.46	弱	
4. (CH$_3$)$_3$	CH 弯(面内)	1395～1385	7.17～7.22	中	
	CH 弯	1370～1365	7.30～7.33	强	
	C—C 伸	1250±5	8.00±0.03	中	骨架振动
	C—C 伸	1250～1200	7.00～8.33	中	骨架振动
	可能为 CH 弯(面外)	～415	～24.1	中	
二、烯烃类	CH 伸	3095～3000	3.23～3.33	中	$\nu_{=C-H}$
	C=C 伸	1695～1540	5.90～6.50	中、弱	C=C=C 则为 2000～1925cm⁻¹
	CH 弯(面内)	1430～1290	7.00～7.75	中	
	CH 弯(面外)	1010～667	9.90～15.0	强	中间有数段间隔
CH=CH(顺式)	CH 伸	3040～3010	3.29～3.32	中	
	CH 弯(面内)	1310～1295	7.63～7.72	中	
	CH 弯(面外)	770～665	12.99～15.04	强	
CH=CH(反式)	CH 伸	3040～3010	3.29～3.32	中	
	CH 弯(面外)	970～960	10.31～10.42	强	
三、炔烃类	CH 伸	～3300	～3.03	中	
	C≡C 伸	2270～2100	4.41～4.76	中	
	CH 弯(面内)	1260～1245	5.94～8.03		此位置峰多,故无应用价值
	CH 弯(面外)	645～615	15.50～16.25	强	
R—C≡CH	CH 伸	3310～3300	3.02～3.03	中	有用

基团	振动类型	波数/cm⁻¹	波长/mm	强度	备注
	C≡C 伸	2140~2100	4.67~4.76	特弱	可能看不见
R—C≡C—R	C≡C 伸	2260~2190	4.43~4.57	弱	
	①与 C=C 共轭	2270~2220	4.41~4.51	中	
	②与 C=O 共轭	~2250	~4.44	弱	
四、芳烃类					
1. 苯环	CH 伸	3125~3030	3.20~3.30	中	
	泛频峰	2000~1667	5.00~6.00	弱	一般为三、四个峰(苯环的高度特征峰)
	骨架振动($\nu_{C=C}$)	1650~1430	6.06~6.99	中、强	确定苯环存在最重要峰之一
	CH 弯(面内)	1250~1000	8.00~10.0	弱	
	CH 弯(面外)	910~665	10.99~15.03	强	确定取代位置最重要峰
	苯环骨架振动	1600±20	6.25±0.08		
	($\nu_{C=C}$)	1500±25	6.67±0.10		共轭环
		1580±10	6.33±0.04		
		1450±20	6.90±0.10		
(1)单取代	CH 弯(面外)	770~730	12.99~13.70	极强	五个相邻氢
		710~690	14.08~14.49	强	
(2)邻双取代	CH 弯(面外)	770~735	12.99~13.61	极强	四个相邻氢
(3)间双取代	CH 弯(面外)	810~750	12.35~13.33	极强	三个相邻氢
		725~682	13.79~14.71	中、强	三个相邻氢
		900~860	11.12~11.63	中	一个氢
(4)对双取代	CH 弯(面外)	860~790	11.63~12.66	极强	两个相邻氢
(5)1，2，3 三取代	CH 弯(面外)	780~760	12.82~13.16	强	三个相邻氢，与间双易混
		745~705	13.42~14.18	强	
(6)1，3，5 三取代	CH 弯(面外)	865~810	11.56~12.35	强	
		730~675	13.70~14.81	强	
(7)1，2，4 三取代	CH 弯(面外)	900~860	11.11~11.63	中	一个氢
		860~800	11.63~12.50	强	两个相邻氢
(8)1，2，3，4 四取代	CH 弯(面外)	860~800	11.63~12.50	强	两个相邻氢
(9)1，2，4，5 四取代	CH 弯(面外)	870~855	11.49~11.70	强	一个氢
(10)1，2，3，5 四取代	CH 弯(面外)	850~840	11.76~11.90	强	一个氢
(11)五取代	CH 弯(面外)	900~860	11.11~11.63	强	一个氢
2. 萘环	骨架振动($\nu_{C=C}$)	1650~1600	6.06~6.25		
		1630~1575	6.14~6.35		相当于苯环的 1580cm⁻¹ 峰
		1525~1450	6.56~6.90		
五、醇类	OH 伸	3700~3200	2.70~3.13	变	
	O—H 弯(面内)	1410~1260	7.09~7.93	弱	
	C—O 伸	1250~1000	8.00~10.00	强	

基团	振动类型	波数/cm⁻¹	波长/mm	强度	备注
	O—H 弯(面外)	750～650	13.33～15.38	强	液态有此峰
1. OH 伸缩频率					
游离 OH	OH 伸	3650～3590	2.74～2.79	变	尖峰
分子间氢键	OH 伸(单桥)	3550～3450	2.82～2.90	变	尖峰(稀释移动)
分子间氢键	OH 伸(多聚缔合)	3400～3200	2.94～3.12	强	宽峰(稀释移动)
分子间氢键	OH 伸(单桥)	3570～3450	2.80～2.90	变	尖峰(稀释无影响)
分子间氢键	OH 伸(螯合物)	3200～2500	3.12～4.00	弱	宽峰(稀释无影响)
2. OH 弯或					
C—O 伸					
伯醇	O—H 弯(面内)	1350～1260	7.41～7.93	强	
(—CH₂—OH)	C—O 伸	～1050	～9.52	强	
仲醇	O—H 弯(面内)	1350～1260	7.41～7.93	强	
(—CH—OH)	C—O 伸	～1110	～9.00	强	
叔醇	O—H 弯(面内)	1410～1310	7.09～7.63	强	
(—C—OH)	C—O 伸	～1150	～8.70	强	
六、酚	OH 伸	3705～3125	2.70～3.20	强	
	O—H 弯(面内)	1390～1315	7.20～7.60	中	
	C—O 伸	1335～1165	7.50～8.60	强	C—O 伸即芳环上的 ν_{C-O}
七、醚					
1. 脂肪醚	C—O 伸	1210～1015	8.25～9.85	强	
(1)(RCH₂)₂O	C—O 伸	～1110	～9.00	强	
(2)不饱和醚	C=C 伸	1640～1560	6.10～6.40	强	
(H₂C=CH)₂O					
2. 脂环醚	C—O 伸	1250～909	8.00～11.00	中	
(1)四元环	C—O 伸	980～970	10.20～10.31	中	
(2)五元环	C—O 伸	1100～1075	9.09～9.30	中	
(3)环氧化物	C—O 伸	～1250	～8.00	强	
		～890	～11.24		反式
		～830	～12.05		顺式
3. 芳醚	ArC—O 伸	1270～1230	7.87～8.13	强	
	R—C—O—φ 伸	1055～1000	9.50～10.00	中	
	CH 伸	～2825	～3.53	弱	含—CH₃的芳醚
	φ—伸	1175～1110	8.25～9.00	中、强	(O—CH₃)在苯环上，三或三以上取代时特别强
八、醛类	CH 伸	2900～2700	3.45～3.70	弱	一般为两个谱带～2855cm⁻¹及～2740cm⁻¹
1. 饱和脂肪醛	C=O 伸	1755～1695	5.70～5.90	中	CH 伸、CH 弯同上
	其他振动	1440～1325	6.95～7.55		

基团	振动类型	波数/cm^{-1}	波长/mm	强度	备注
2. α, β-不饱和脂肪醛	C=O 伸	1705~1680	5.86~5.95	强	CH 伸、CH 弯同上
3. 芳醛	C=O 伸	1725~1665	5.80~5.00	强	CH 伸、CH 弯同上
	其他振动	1415~1350	7.07~7.41	中	与芳环上的取代基有关
	其他振动	1320~1260	7.58~7.94	中	与芳环上的取代基有关
	其他振动	1230~1160	8.13~8.62	中	与芳环上的取代基有关
九、酮类	C=O 伸	1730~1540	5.78~6.49	极强	
	其他振动	1250~1030	8.00~9.70	弱	
1. 脂酮	泛频	3510~3390	2.85~2.95	很弱	
(1)饱和链状酮 —CH$_2$—CO—CH$_2$—	C=O 伸	1725~1705	5.80~5.86	强	
(2)α, β-不饱和酮 —CH=CH—CO—	C=O 伸	1685~1665	5.94~6.01	强	C=O 与 C=C 共轭而降低 40cm^{-1}
(3)α 二酮 —CO—CO—	C=O 伸	1730~1710	5378~5385	强	
(4)β 二酮(烯醇式) CO—CH$_2$—CO	C=O 伸	1640~1540	6.10~6.49	强	宽、共轭螯合作用，非正常 C=O 峰
2. 芳酮	C=O 伸	1700~1300	5.88~7.69	强	
	其他振动	1320~1200	7.57~8.33		
(1)Ar—CO	C=O 伸	1700~1680	5.88~5.95	强	
(2)二芳基酮 Ar—CO—Ar	C=O 伸	1670~1660	5.99~6.02	强	
(3)1-酮基-2-羟基或氨基 芳酮	C=O 伸	1665~1635	6.01~6.12	强	
3. 脂环酮					
(1)六七元环酮	C=O 伸	1725~1705	5.80~5.86	强	
(2)五元环酮	C=O 伸	1750~1740	5.71~5.75	强	
十、羧酸类					
1. 脂肪酸	OH 伸	3335~2500	3.00~4.00	中	二聚体，宽
	C=O 伸	1740~1650	5.75~6.05	强	二聚体
	OH 弯(面内)	1450~1410	6.90~7.10	弱	二聚体或 1440~1395cm^{-1}
	C—O 伸	1266~1205	7.90~8.30	中	二聚体
	OH 弯(面外)	960~900	10.4~11.1	弱	
(1)R—COOH(饱和)	C=O 伸	1725~1700	5.80~5.88	强	
(2)α 卤代脂肪酸	C=O 伸	1740~1720	5.75~5.81	强	
(3)α, β-不饱和脂肪酸	C=O 伸	1715~1690	5.83~5.91	强	
2. 芳酸	OH 伸	3335~2500	3.00~4.00	弱、中	二聚体
	C=O 伸	1750~1680	5.70~5.95	强	二聚体

基团	振动类型	波数/cm⁻¹	波长/mm	强度	备注
	OH 弯(面内)	1450～1410	6.90～7.10	弱	
	C—O 伸	1290～1205	7.75～8.30	中	
	OH 弯(面外)	950～870	10.5～11.5	弱	
十一、酸酐					
(1)链酸酐	C=O 伸(反称)	1850～1800	5.41～5.56	强	共轭时每个谱带降 20cm⁻¹
	C=O 伸(对称)	1780～1740	5.62～5.75	强	
	C—O 伸	1170～1050	8.55～9.52	强	
(2)环酸酐(五元)	C=O 伸(反称)	1870～1820	5.35～5.49	强	共轭时每个谱带降 20cm⁻¹
	C=O 伸(对称)	1800～1750	5.56～5.71	强	
	C—O 伸	1300～1200	7.69～8.33	强	
十二、酯类	C=O 伸(泛频)	～3450	～2.9	强	
—CO—O—R	C=O 伸	1820～1650	5.50～6.06	强	
	C—O—C 伸	1300～1150	7.69～8.70	强	
1. C=O 伸缩振动					
(1)正常饱和酯类	C=O 伸	1750～1735	5.71～5.76	强	
(2)芳香酯及 α, β-不饱和酯	C=O 伸	1730～1717	5.78～5.82	强	
(3)β 酮类酯(烯醇)	C=O 伸	～1650	～6.06	强	
(4)δ-内酯	C=O 伸	1750～1735	5.71～5.76	强	
(5)γ-内酯	C=O 伸	1780～1760	5.62～5.68	强	
(6)β-内酯	C=O 伸	～1820	～5.50	强	
2. C—O 伸缩振动					
(1)甲酸酯类	C—O 伸	1200～1180	8.33～8.48	强	
(2)乙酸酯类	C—O 伸	1250～1230	8.00～8.13	强	
(3)酚类乙酸酯	C—O 伸	～1250	～8.00	强	
十三、胺类	NH 伸	3500～3300	2.86～3.03	中	
	NH 弯(面内)	1650～1550	6.06～6.45		伯胺强、中；仲胺极弱
	C—N 伸 芳香	1360～1250	7.35～8.00	强	
	C—N 伸 脂肪	1235～1065	8.10～9.40	中、弱	
	NH 弯(面外)	900～650	11.1～15.4		
(1)伯胺类	NH 伸	3500～3300	2.86～3.03	中	两个峰
	NH 弯(面内)	1650～1590	6.06～6.29	强、中	
	C—N 伸 芳香	1340～1250	7.46～8.00	强	
	C—N 伸 脂肪	1220～1020	8.20～9.80	中、弱	
(2)仲胺类	NH 伸	3500～3300	2.86～3.03	中	一个峰
	NH 弯(面内)	1650～1550	6.06～6.45	极弱	
	C—N 伸 芳香	1350～1280	7.41～7.81	强	
	C—N 伸 脂肪	1220～1020	8.20～9.80	中、弱	

基团	振动类型	波数/cm^{-1}	波长/mm	强度	备注
(3)叔胺类	C—N 伸 芳香	1360~1310	7.35~7.63	强	
	C—N 伸 脂肪	1220~1020	8.20~9.80	中、弱	
十四、氰基类					
C≡N 伸缩振动					
(1)RCN	C≡N 伸	2260~2240	4.43~4.46	强	饱和脂肪族
(2)α，β-芳香氰	C≡N 伸	2240~2220	4.46~4.51	强	
(3)α，β-不饱和脂肪氰	C≡N 伸	2235~2215	4.47~4.52	强	
十五、杂环芳香族类					
1. 吡啶类	CH 伸	~3030	6.00~7.00	弱	
	环骨架振动($\nu_{C=C(N)}$)	1667~1430	8.50~10.0	中	
	CH 弯(面内)	1175~1000	11.0~15.0	弱	
	CH 弯(面外)	910~665	10.99~15.03	强	
环上的 CH 面外弯	①普通取代基 α 取代	780~740	12.82~13.51	强	
	β 取代	805~780	12.42~12.82	强	
	γ 取代	830~790	12.05~12.66	强	
	②吸电子基取代				
	α 取代	810~770	12.35~13.00	强	
	β 取代	820~800	12.20~12.50	强	
		730~690	13.70~14.49	强	
	γ 取代	860~830	11.63~12.05	强	
2. 嘧啶类	CH 伸	3060~3010	3.27~3.32	弱	
	环骨架振动($\nu_{C=C(N)}$)	1580~1520	6.33~6.58	中	
	环上的 CH 弯	1000~960	10.00~10.42	中	
	环上的 CH 弯	825~775	12.12~12.90	中	
十六、硝基类					
1. R—NO$_2$	NO$_2$ 伸(反称)	1565~1543	6.39~6.47	强	
	NO$_2$ 伸(对称)	1385~1360	7.22~7.35	强	
	C—N 伸	920~800	10.87~12.05	中	用途不大
2. Ar—NO$_2$	NO$_2$ 伸(反称)	1550~1510	6.45~6.62	强	
	NO$_2$ 伸(对称)	1365~1335	7.33~7.49	强	
	C—N 伸	860~840	11.63~11.90	强	
	不明	~750	~13.33	强